超轻镁锂合金的塑性变形

李瑞红　曾迎　蒋斌　等著

化学工业出版社
·北京·

内容简介

《超轻镁锂合金的塑性变形》总结了作者近年来在超轻镁锂合金的塑性变形方面的研究工作，同时对近年来国内外在这些方面的研究现状进行了综述。全书内容共7章，分别对镁合金及镁锂合金的塑性变形、HCP（密排六方）结构镁锂合金的凝固路径与生长限制因子计算、HCP结构Mg-xLi二元合金的塑性变形行为、HCP结构Mg-xLi-Al三元合金的塑性变形行为、HCP结构Mg-xLi-3Al-1Zn合金的塑性变形行为、双相镁锂合金的深冷轧制塑性变形进行了系统的论述。

《超轻镁锂合金的塑性变形》可供高等院校、科研院所材料科学与工程、冶金工程、材料成型及控制工程等相关领域的教师、科研工作者、研究生和工程技术人员作为科研及教学参考用书。

图书在版编目（CIP）数据

超轻镁锂合金的塑性变形 / 李瑞红等著. —北京：化学工业出版社，2023.7

ISBN 978-7-122-43293-3

Ⅰ.①超… Ⅱ.①李… Ⅲ.①镁合金-锂合金-塑性变形 Ⅳ.①TG111.7

中国国家版本馆CIP数据核字（2023）第065054号

责任编辑：丁建华 陶艳玲　　文字编辑：李 玥

责任校对：宋 玮　　装帧设计：关 飞

出版发行：化学工业出版社

（北京市东城区青年湖南街13号 邮政编码100011）

印 装：大厂聚鑫印刷有限责任公司

710mm×1000mm 1/16 印张12 彩插4 字数205千字

2023年6月北京第1版第1次印刷

购书咨询：010-64518888　　售后服务：010-64518899

网 址：http://www.cip.com.cn

凡购买本书，如有缺损质量问题，本社销售中心负责调换。

定 价：59.00元

前言

在当前能源紧缺的形势下，倡导绿色循环、节能减排等可持续发展战略对轻质材料的需求十分迫切。镁锂合金作为目前工程材料中最轻的合金，是实现轻量化的首选材料之一，并且一直受到广泛的关注。镁锂合金被称为“梦幻合金”，该合金具有超低密度、优良的阻尼性、电磁屏蔽性以及良好的塑性成形性，在军用、民用、3C（计算机类、消费类电子产品、通信类）产业领域，尤其是在航空航天领域具有极大的应用前景。

一般镁锂合金的密度为1.35～1.65g/cm^3，是金属结构材料中最轻的一种合金，比普通的镁合金轻1/4，比一般铝合金轻1/3，所以镁锂合金也被称为超轻合金。由镁锂二元相图知，当锂含量小于5.7%（质量分数）时，镁锂合金由HCP结构单相α-Mg相构成；当锂含量在5.7%～10.3%（质量分数）时，由HCP结构α-Mg相和BCC结构β-Li相组成，为双相组织；当锂含量大于10.3%（质量分数）时，由BCC结构单相β-Li组成。在镁中添加锂元素，不仅能够降低镁合金的密度，而且可以改善镁合金的塑性及稳定性。Mg-Li合金作为目前最轻的金属结构材料，在塑性变形方面受到了广泛的关注，比如传统的轧制、挤压、加工变形等工艺。

镁锂合金的开发和应用始于1910年，随后各国科学家对镁锂合金的相转变和制备方法开展了长期的研究工作。从20世纪80年代开始，各国相继对镁锂合金制备及变形加工、热处理等基础性工作进行深入研究。也是从20世纪80年代起，我国的东北大学、中南大学、重庆大学、上海交通大学以及中国科学院沈阳金属研究所等数十家重点大学及科研机构开展了对镁锂合金的研究，并取得了较好的成果。镁锂合金由于其绝对强度低、耐蚀性差的缺点，需要通过合金化、塑性变形等方法提高其综合力学性能和耐蚀性。目前，国内外已有一些知名学者编著了镁锂合金相关方面的著作。但大多是系统地介绍镁锂合金的性能及应用或涉及的仅为镁锂合金的某些性能的研究。本书作者近年来一直从事镁锂合金的相关研究工作，在镁锂合金的塑性变形方面开展了相关工作，并取得了一些研究成果，内容涉及密排六方结构 Mg-Li 二元合金、三元合金及双相镁锂合金及体心立方结构的镁锂合金相关热点研究工作。本书即在这些工作基础上对现有研究成果进行总结，重点内容为镁锂合金的塑性变形行为研究，所涉及的合金种类包括 α-Mg 单相合金和 α-Mg+β-Li 双相镁锂合金，塑性变形方法包括：轧制、锻造、挤压等。同时参考目前国内外同行的最新研究成果进行了镁合金及镁锂合金综述。

本书共 7 章，由李瑞红（内蒙古科技大学）、蒋斌（重庆大学）、曾迎（西南交通大学）、刘婷婷（西南大学）著。由李瑞红提出写作大纲和统稿。写作分工为：李瑞红第 1 章及第 5～7 章，蒋斌第 2 章，曾迎第 3 章，刘婷婷第 4 章。

谨向书中引用文献的作者表示由衷的感谢。同时在书稿编写过程中得到了内蒙古科技大学的赵莉萍教授、金自力教授、任慧平教授，硕士研究生冯效琰、逄雪和何旭的帮助，在此一并致以谢意！

作者衷心希望本书能够对从事镁锂合金研究、开发和生产的教师、研究生和技术人员提供有力的帮助，对我国变形镁锂合金的发展起到一定的推动作用。由于作者水平有限，书中难免存在不足及疏漏之处，恳请广大读者批评指正，作者将不胜感激。

作者

2023 年 2 月 12 日

目录

第7章 双相镁锂合金的深冷轧制塑性变形 148

第1章 绪论

镁于1774年首次被发现，属于ⅡA族碱土元素，原子量为24.305，密度为1.738g/cm^3。镁元素在地壳中大约占2.1%，我国的镁约占全球镁资源储备的40%。但在较长一段时期我国的镁工业技术发展落后，规模小、产品质量不稳定，缺乏先进的设备，尤其是高性能镁合金的制备技术落后于发达国家，其中80%以原镁出口[1,2]。20世纪80年代以来，德国、日本、美国等发达国家持续加大对镁合金的研究力度，并把镁资源作为21世纪的重要战略物资[1]。因此，合理利用我国镁资源的优势、促进镁合金产业化、研究开发出高性能镁合金对我国具有国际化战略意义。

1.1 镁合金简介

1.1.1 镁合金的特点及分类

1.1.1.1 镁合金的特点

镁合金的密度大约是钢铁的1/4～1/5，钛合金的1/2.6，铝合金的2/3，铜合金的1/5，较小的密度特性对于要求轻质结构材料工作环境的装备有较高的应用价值[3]。由于镁合金具有低密度、高的比刚度和比强度、较高的电磁屏蔽性能、较好的零件尺寸稳定性以及生物相容性等优点，使其在航空航天、民用及生物医学领域具有广阔的应用前景[4]。但是，镁合金受其塑性、耐蚀性、材料制备、加工技术及价格等因素影响，应用量远远小于钢铁及铝合金材料。近年来，由于能源的日趋紧张以及对环保的重视，很多应用领域均要求轻量化，这也为镁合金的进一步推广应用奠定了基础。

大多数镁合金是密排六方（HCP）结构，其滑移系较少，塑性变形性能较差。镁单胞的晶体结构如图1.1所示，镁晶格常数：$a=0.32092$nm，$c=0.52105$nm，其误差一般在±0.01%以内，堆垛顺序为ABAB……理想轴比为$c/a=1.633$，室温下实验值晶格$c/a=1.6236$[2]。镁合金具有优异的铸造性能以及良好的固相再生性能，致使镁合金主要以压铸件产品存在，但压铸件存在组织缺陷和精度不佳等问题，大大限制了镁合金的应用范围。

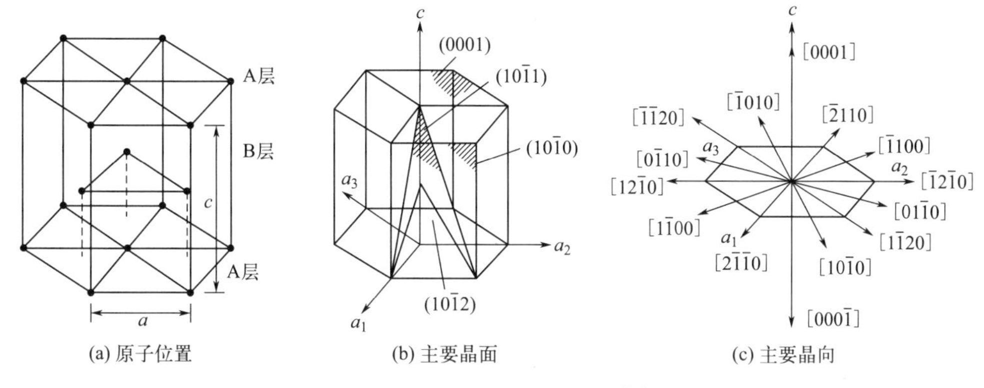

(a) 原子位置　(b) 主要晶面　(c) 主要晶向

图 1.1　镁单胞的晶体结构[1]

1.1.1.2　镁合金的分类

镁合金一般按合金成分、加工工艺及是否含锆分类。其中按合金成分分类主要有 Mg-Al、Mg-Mn、Mg-Li、Mg-Al-Zn、Mg-Zn-Zr 及 Mg-RE 系镁合金[2]。近年来，大量学者通过对镁合金进行合金化设计从而优化其综合性能。钍元素可以提高镁合金的焊接性和耐高温性，该合金系主要应用于航空航天领域。但由于钍具有放射性，对环境和人体具有较大危害，英国将钍含量大于 2%（质量分数）的材料定为放射性材料。目前，较多学者正在研发可以替代镁-钍系镁合金的产品。根据加工工艺可分为铸造镁合金和变形镁合金[5]。大多数镁合金结构件采用压铸成形，只有少量采用热处理和塑性变形成形工艺。我国铸造镁合金主要有 Mg-Zn-Zr、Mg-Al-Zn 及 Mg-Zn-Zr-RE 系，变形镁合金主要有 Mg-Mn、Mg-Al-Zn 和 Mg-Zn-Zr 系。变形镁合金又分为可以热处理强化镁合金（MB7、MB15）和不可热处理强化镁合金（MB1、MB2、MB3、MB5 和 MB8）[2]。

（1） Mg-Al 系

Mg-Al 系合金应用最广泛，包括变形镁合金和铸造镁合金。镁合金中添加铝元素降低共晶温度（710K），并提高铸造性能，同时，改善力学性能和耐蚀性。Mg-Al 系合金可以通过热变形加工细化晶粒，同时可以通过加入锌、锰等元素，有效地提高强度和耐蚀性[3]。

（2） Mg-Mn 系

Mg-Mn 系合金为变形镁合金，因为镁与锰不形成化合物，脱溶析出的锰为单质锰元素，强化效果差，而且铸件收缩严重，热裂倾向大，强度低，故 Mg-Mn 系合金主要通过变形提高其强度。Mg-Mn 系合金主要牌号有国内的 MB1 和 MB8、苏联的 MA8 以及美国材料与试验协会（American Society for of Testing and Materials，ASTM）标准牌号 M1A。Mg-Mn 系合金最显著的优点是优异的耐蚀性以及焊接性能，当铜、铁、镍含量极低时，镁合金抗海水腐蚀性非常好。Ce 元素的添加可以有效提高 Mg-Mn 系合金的高温性能。工业用 Mg-Mn 系合金主要为棒、管、型材及锻件，广泛应用于飞机蒙皮、控制箱板，以及机油腐蚀性的油管等管路系统[2]。

（3） Mg-Zn 系

Mg-Zn 系合金固溶时效处理时，时效过程析出强化相 Mg-Zn 化合物，形成连续 G. P. 区（Gunier-Preston 区）和半连续中间析出相，故不可通过变质处理细化晶粒。工业用 Mg-Zn 系合金 Zn 的含量一般在 4%～6%（质量分数）。因为添加较高 Zn 会导致疏松和热裂倾向，为了克服这一缺陷，人们开发了 Mg-Zn-Mn（ZM21）、Mg-Zn-Cu 以及 Mg-Zn-RE 合金。Cu 元素可以有效提高 Mg-Zn 合金的延展性和时效强化作用，同时，也可提高共晶温度，从而增加固溶度。Mg-Zn-RE 合金中最有代表的是 ZE33 和 ZE41 合金，RE 元素在 Mg-Zn 系合金中以 Mg-Zn-RE 中间相存在，可有效提高时效强化作用[4]。

（4） Mg-Li 系

Mg-Li 系合金是结构材料中最轻的金属材料，其具有超高比强度、比弹性模量，被称为“梦幻合金”。Mg-Li 系合金一般分为三类：①当 Li 含量小于 5.7%（质量分数）时，其组织为 Li 固溶于 HCP 镁晶格中的 α-Mg 相；②当 Li 含量在 5.7%～10.3%（质量分数）时，其组织为 α-Mg 和 β-Li 相组成的双相结构；③当 Li 含量大于 10.3%（质量分数）时，其组织为 Mg 固溶于体心立方（BCC）结构 Li 晶格中的 β-Li 固溶体。镁锂合金的高比强度、高阻尼性、优良的电磁屏蔽性和机加工性能，使其在航空航天及 3C［计算机类（computer）、消费类电子产品（consumer electronic product）、通信类（communication）］产业领域成为理想合金。Al、Ca 元素的添加可以形成 $Mg(OH)_2$ 化合物从而提高 Mg-Li 合金的耐蚀性，同时改善抗蠕变性和延展性。工业上的 Mg-Li 系合金主要有 LA141、LA91 及 LAZ933。早在 20 世纪 60 年代，西方国家已将镁合金应用于航天及军事领域。近年来，通过众多学者对镁锂合金的努力研发，镁锂合金在我国也成功应用于军事、民用及电子产品领域[2]。

1.1.2 镁合金的发展及应用

面对镁合金众多的优点及较大的应用潜力，近些年，学者们对镁合金展开了深入的研究，镁合金面临的三大病——“皮肤病”、“软骨病”以及“脆骨病”虽有改善，但还有很大的提升空间。镁合金具有良好的切削性、减震性、尺寸稳定和耐冲击性，远远优于其他材料。这些特性使得镁合金在大量领域都有应用，比如交通运输领域、电子工业、医疗领域、军事工业等，这种趋势只增不减。尤其在3C产品、高铁、汽车、自行车、航空航天、建筑装饰、手持工具、医疗康复器械等领域应用前景好、潜力大，已经成为未来新型材料的发展方向之一。工信部发布的“十四五”期间支持发展的多种新材料目录中，与镁相关的材料达到十多种。

1.1.2.1 交通运输领域

从20世纪开始，镁合金就在航空航天领域得到应用。基于镁合金可以大大改善飞行器的气体动力学性能并能明显减轻其结构重量，许多部件采用镁合金制作。一般航空用镁合金主要是板材和挤压型材，少部分为铸件。目前镁合金在航空领域的应用包括各种民用、军用飞机的发动机零部件、螺旋桨、齿轮箱、支架结构及火箭、导弹和卫星的一些零部件等。上海交通大学将先进镁合金材料与成形新工艺相结合，制备了多种航空航天用部件：①采用涂层转移精密铸造技术和JDM1铸造镁合金结合，成功制备了某型号轻型导弹舱体和发动机机匣，满足了舱体和发动机机匣的内表面（非加工面）对光洁度的高要求。②采用大型铸件低压铸造技术和JDM2铸造镁合金结合，成功制备了某型直升机尾部减速机匣和某型号导弹壳体。这两类铸件尺寸较大，结构复杂，采用常规铸造很难避免铸件缩松的产生。通过提高低压铸造保压压力和控制铸件凝固温度场的方法，成功解决了上述问题，制备的铸件已经通过用户严格检查。③JDM2镁合金与常规等温热挤压工艺相结合，成功制备了某型号轻型导弹弹翼。④JDM1镁合金与常规等温热挤压工艺相结合，成功制备了ϕ145mm的无缝管，该管材用于某型号轻型导弹壳体的制备。随着镁合金生产技术的发展，性能不断提高，应用范围不断扩大。

镁合金在造船工业和海洋工程中主要用于航海仪器、水中兵器、海水电池、潜水服、牺牲阳极、定时装置等。

现代高速列车必须满足安全性设计指标、节能环保设计指标和舒适性指标。镁合金能够很好地吸收震动冲撞等能量，如用其制造高铁列车座椅，能够更多地吸收列车碰撞后的震动能量，进而降低乘客受到的伤害。镁合金密度低，在列车轻量化方面和其他材料相比优势非常明显。镁合金已被发达国家广泛用于汽车仪表板、座椅支架、变速箱壳体、方向操纵系统部件、发动机罩盖、车门、发动机缸体、框架等零部件上。用镁合金制造汽车零部件，可以显著减轻车身重量，降低油耗，减少尾气排放，提高零部件的集成度，提高汽车设计的灵活性等。通常汽车自重每减轻10%，燃油效率可提高5.5%，废气排放相应减少。要使汽车轻量化，有两条途径：一是优化结构设计；二是选用轻量化材料。铝合金、塑料（树脂基复合材料）、镁合金是目前较为理想的三类材料。镁合金压铸件在所有压铸合金中最轻，是极具竞争力的汽车轻量化材料，镁合金产品的开发用以代替塑、铝合金，甚至钢制零件。随着科学技术的发展，镁合金在汽车领域的应用范围会更广。

随着现在百姓生活水平的提高，摩托车和自行车出行越来越盛行。镁合金铸件在摩托车上的应用日益扩大，用其取代铝合金或钢铁零部件，可有效减轻重量，从而显著降低能耗，提高整车性能。自行车也是镁合金新的应用领域，主要用作自行车车架。镁合金的优势在于不但轻便、快速、舒适，而且又可以使管径变小、管壁变薄、车架更强固。用镁合金制造的折叠式自行车车架质量仅1.4kg。

1.1.2.2 电子工业

由于数字化技术的发展，电子信息行业市场对电子及通信产品的高度集成化、轻薄化、微型化和环保要求越来越高。工程颜料曾作为主要材料，但其强度终究无法与金属相比。镁合金具有优异的薄壁铸造性能，其压铸件的壁厚可达0.6～1.0mm，并保持一定的强度、刚度和抗撞能力，非常有利于产品超薄、超轻和微型化的要求，这是工程颜料无法比拟的。

目前用镁合金制作零部件的电器产品有笔记本电脑、手机、照相机、数码相机、电视机、等离子显示器、硬盘驱动器等。在以笔记本电脑、手机和数码相机为代表的3C产品朝着轻、薄、短、小方向发展的推动下，镁合金的应用得到了持续增长。

（1）笔记本电脑

笔记本电脑使用镁合金作为机壳，防震性能提高了电脑部件的可靠运行；抗电磁波干扰和电磁屏蔽性能保证了电脑的信息安全；优良的热传导性，大大地改善了电脑散热问题。

（2）手机

利用镁合金防震、抗磨损及可屏蔽电磁波的特殊功能，又能满足轻、薄、短、小的要求，同时采用镁合金外壳的手机在电磁相容性方面有了更大提高，在减少通信过程中电磁波散失的同时也降低了电磁波对人体的伤害。据统计，2005年全球生产手机4亿部，其中约10％～11％采用镁合金机壳。

（3）数码相机

单反相机中的骨架常用镁合金来制作，一般中高端及专业数码单反相机都采用镁合金做骨架，使其坚固耐用，手感好。

1.1.2.3　医疗领域

在医疗领域，镁首先被作为整形外科生物材料，因其良好的生物相容性，使镁植入物成为非常具有吸引力的选择。早期，不锈钢、钛合金和钴铬合金等用于医用植入金属材料，其优势在于其良好的耐腐蚀性，可在体内长期保持整体的结构稳定。然而，植入这些金属材料后经过一段时间后，会让许多患者痛苦不已。因为这些材料无法与身体融合，有害金属离子溶出，引发人体过敏，病愈后需通过二次手术将其取出。因此，能够生物降解的医用金属材料就成为植入材料未来的研究与发展方向。与人体骨骼密度最为接近的镁合金有着独特的优势（镁合金密度约为$1.7g/cm^3$，人体骨骼密度约为$1.75g/cm^3$），镁合金容易加工成形，并且具有优良的综合力学性能以及独特的生物降解功能，而镁又是人体所必需的宏量金属元素之一，因此镁合金是医用金属材料的不二选择。镁合金的弹性模量约为45GPa，也接近于人体骨骼（10～40GPa），能有效缓解甚至避免“应力遮挡效应”。镁合金在人体中释放出的镁离子还可促进骨细胞的增殖及分化，促进骨骼的生长和愈合。不仅如此，镁合金的加工性能远优于聚乳酸、磷酸钙等其他类型可降解植入材料，因此其在心血管支架方面也具有临床应用价值。康复设施的代表性器械之一是轮椅，市售的轮椅按重量可分为标准型和轻量型（铝合金或钛合金)，所用的材料分别为钢管、铝管和钛管。选用 AZ31 镁合金制作轮椅架或除车轮外其余部件基本上都用镁合金制造，轮椅可减重 15%左右，既轻巧又灵活。

1.2 镁锂合金简介

随着科技的发展，尤其是在 20 世纪中叶能源危机的影响下，结构材料轻量化及可持续发展迫在眉睫。

作为目前最轻的金属结构材料，Mg-Li 合金是实现金属结构轻量化的首选材料之一，并且一直受到广泛的关注。在镁中添加锂元素，不仅能够降低镁合金的密度，而且可以改善镁合金的塑性及稳定性。一般镁锂合金的密度为 1.35～1.65g/cm^3，是金属结构材料中最轻的一种合金，比普通的镁合金轻 1/4，比一般铝合金轻 1/3，所以镁锂合金也被称为超轻合金[6-9]。同时，镁锂合金除具有一般镁合金的特性（如高的比强度、比刚度、阻尼减震性、电磁屏蔽性以及抗高能粒子穿透力）外，还具有一般镁合金所不具备的良好的低温韧性及低温加工性能。因此，镁锂合金在航空航天、兵器工业、汽车、3C 产业等领域都有巨大的发展潜力，并且在某些领域中已得到了很好的应用[10-12]。但由于镁锂合金自身所带来的缺点，如绝对强度低、耐蚀性差、高温性能低、铸造工艺复杂以及生产成本较高等，使得镁锂合金的工业化生产较难实现[10,13,14]。

1.2.1 镁锂合金的发展历史

镁锂合金的研究始于 1910 年，德国学者 G. Masing[15] 发现锂加入镁中可以改变镁的密排六方结构，这为镁锂合金的后续研究奠定了坚实的基础。20 世纪 30 年代以来，来自美国、英国以及德国等国的学者对 Mg-Li 二元平衡相图进行了详细的研究。研究者们最初通过实验获得了低密度、高比刚度的镁锂合金，但该合金的耐蚀性能及蠕变性能较差，所以其应用也受到了诸多限制。

随着科学家们对镁锂合金结构转变规律的深入研究，并证实 Li 含量增加到 5.7%（质量分数）时会发生 HCP-BCC 转变，到 20 世纪 50 年代中期，W.

Freeth 等人[16] 提出了精确完整的 Mg-Li 二元平衡相图，如图 1.2 所示，这也为人们研究镁锂合金提供了极大的方便。美国冶金学家 A. C. Loonam[17] 在 1942 提出在镁基合金中添加锂元素，以使合金的晶体结构由密排六方转变成体心立方结构，从而达到提高镁合金的加工性能以及降低镁合金密度的目的。由于这种性能是军事上迫切需求的，所以镁锂合金一度成为美国宇航局和海军部的重点研究对象。美国军用坦克指挥部与 DOW 化学公司共同开发了 M113 型装甲运兵车车体用镁锂合金[11]，随后，含有 14%（质量分数）Li 的 LA141（Mg-14Li-1Al）合金研制成功，并被纳入航空材料标准 AMS4386[18]。

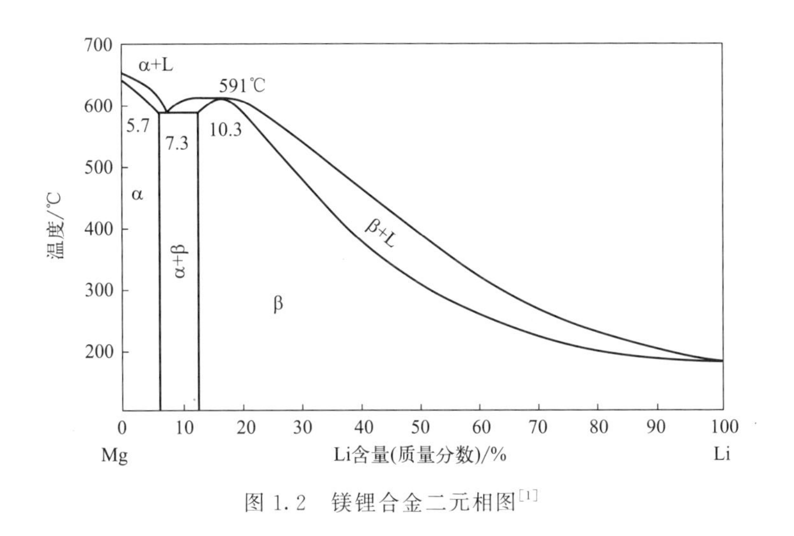

图 1.2　镁锂合金二元相图[1]

20 世纪 40 年代初期，Dean 和 Anderson 获得了一项关于镁锂合金的专利。他们指出，这种 Mg-10Mn-5Li-2Ag 合金经一般的冷轧工艺后，硬度和强度都比当时大部分镁合金高[1]。从 20 世纪 50 年代开始，人们开始就镁锂合金强度普遍较低的这一缺点进行研究，并探讨其强化机理。R. S. Busk 等人[19] 在 1950 年研制出 Mg-Li-Al/Zn 合金，并认为这些合金的强化机制可能是时效强化。从 20 世纪 60 年代到 70 年代，对于镁锂合金的研究进入了一个低谷期，这与前几年镁锂合金的研究结果与进展缓慢有关。研究者逐渐将目光转向镁锂合金功能领域。A. G. Mathewson 等人[20] 研究了镁锂合金的光学性质，结果表明，在纯锂和纯镁之间镁锂合金的光学性质会出现连续性变化且在较高锂含量下发现较强的吸收带。H. Saka 等人[21] 研究了 β-Li 基镁锂合金中非对称 {211} 滑移的热激活参数。此外，M. Sahoo 等人[22] 深入研究了镁锂合金在电池中的应用。另外，R. S. Crisp 等人[23] 对镁锂合金中的 α-Mg 和 β-Li 固溶体的 X 射线吸收与辐射性能也进行了深入研究，而且同时期 K. R. Rao 等人[24] 发现随着锂含量增加，镁合金织构出现弱化现象。

20 世纪 80 年代以来，美国麦道公司采用快速凝固的方法制备出了 Mg-9Li-X 合金，使用该方法制得的镁锂合金性能得到了改善。苏联科学家在 20 世纪 60～80 年代研制出了 MA21 和 MA18 等合金，并将这些强度与塑性优良、组织稳定的镁锂合金应用到了宇宙飞船和航天飞机上[25-28]。MA21 合金随后被发现具有一定的超塑性[29]。经过多年努力，一些科学家为镁锂合金设计出了激光凝固细化晶粒工艺[30,31]，这为镁锂合金的推广使用奠定了基础。

从 20 世纪 80 年代开始，人们开始对 Mg-Li 二元合金和含稀土（rare earth，RE）的 Mg-Li-RE 三元合金进行研究，并取得了一定的成果。研究发现，Mg-8Li-1Zn 合金的延伸率可以达到 840%。同时开发出了密度只有 0.95g/cm^3 的 Mg-36Li-5Zn、Mg-36Li-5Al 等合金，这些合金可以漂浮在水面上，所以这类合金在当时又被称为梦幻合金[10]。此后，法国、印度、朝鲜、中国等国相继开始对镁锂合金进行研究，主要研究内容为合金制备及变形加工、热处理等基础性工作，对合金在工业上的应用没有太多涉及。在 20 世纪 90 年代末，科学家们开始对镁锂合金的超塑性展开深入研究。P. Metenier 等人[32] 利用箔材压焊方法制得了具有细晶组织（晶粒度为 6～35μm）的 Mg-9Li 合金，该合金在 150～250℃下延伸率可达 460%。1991 年，K. Higashi 等人[33] 研制的温轧 Mg-8.5Li 合金的延伸率高达 610%。日本学者 W. Fujitani 等人[34] 研制了一种 Mg-8Li 合金，300℃下延伸率可达 300%。

我国主要从 20 世纪 80 年代开始对镁锂合金进行研究。东北大学、中南大学、重庆大学、上海交通大学以及中国科学院沈阳金属研究所等数十家科研机构及重点大学开展了对镁锂合金的研究，并取得了较好的成果[35-46]。总体来说，我国的镁资源及锂资源丰富，开发新型镁锂合金具有一定的战略意义。

1.2.2 镁锂合金的特点

① 镁锂合金是结构材料中密度最低的合金（1.30～1.65g/cm^3），具有极高的比强度和比刚度，被称为超轻合金。

② 由于 Li 的加入，镁的 HCP 晶格会随之发生改变，当锂含量小于 5.7%（质量分数）时，为 α-Mg 相，并随 Li 含量的增加，c/a 减小；当锂含量为 5.7%～10.3%（质量分数）时，为 α+β 相；当锂含量大于 10.3%（质量分数）时，为

β-Li 相。

③ 良好的低温抗冲击性能，优于绝大多数合金材料，易轧制成板材和挤压型材，亦可以实现超塑性成形。

④ 良好的焊接性，镁锂合金可直接用自身材料进行焊接，并达到较好的焊接效果。

⑤ 与其他金属材料相比，镁锂合金具有更高的内耗系数。较大的内耗系数表明材料在发生震动时可将更多的能量消耗于金属内部，从而达到减震效果，提高设备的可靠性，同时可以起到降噪的作用。用镁锂合金制作设备底座或支脚，可有效减少其震动，提高设备的稳定性。

⑥ 在制备时需要添加覆盖剂及惰性气体保护或在真空环境下熔炼，故镁锂合金的制备成本较高。

1.2.3 镁锂合金的应用

1.2.3.1 航空航天领域

当前能源紧缺，在可持续发展战略的推进中，对轻质材料的需求日益迫切，其中，对镁锂合金的研究具有极大的意义。镁锂合金的密度小，使其具有高比强度和比刚度，应用于航空航天领域中能够使飞行器减重 20%～30%，提高飞行能力，同时还能够节约能源，降低成本。表 1.1 所列为镁锂合金在航空航天领域的应用。

表 1.1 镁锂合金在航空航天领域的应用[1,47]

开发者	合金类型	产品	时间
洛克希德·马丁	LA141	陀螺仪安装架平板，负载转接接头处的振动隔膜，用于安装电子器件的转角托盘，电源控制箱中的组装支架	1962 年
IBM 公司	LA141	双子座宇宙飞船上线路板盒；人工数据键盘的基板与支座	—
США 公司	США	“Сатурн-V”火箭计算设备外壳	20 世纪 70 年代
北美航空公司	LA141A	加速仪壳体	—
麻省理工学院	Mg-14Li-3Ag-5Zn-2Si	球形陀螺仪壳体	—
美国军方	—	管射式光学追踪线导式导弹发射器管筒及其瞄准装置中的圆盘	—

续表

开发者	合金类型	产品	时间
美国公司	—	框架、支架、电子仪器的外壳、波导管、火箭的舱盖、隔热板	—
中国	—	“神舟七号”伴飞小卫星的主体结构	2008 年
中国	—	浦江一号卫星部分结构件	2015 年
中国	—	全球二氧化碳监测科学实验卫星的部分零件	2016 年

20 世纪 60 年代，美国国家航空航天局（National Aeronautics and Space Administration，NASA）开发了 LA141A、LA91（Mg-9Li-1Al）、LAZ933A（Mg-9Li-3Al-3Zn）、Mg-14Li-3Ag-5Zn-2Si 等镁锂合金应用于航空航天领域。为了代替原有的航空材料铝合金、镁合金及铍合金等，Lockheed 导弹与航空公司最先开始研发航空航天用镁锂合金，并将其用于制造低温服役条件及低载荷条件下的零部件。图 1.3 所示为该公司研发成功地应用于阿金纳助推器及其发射卫星的镁锂合金零部件[1,48]。

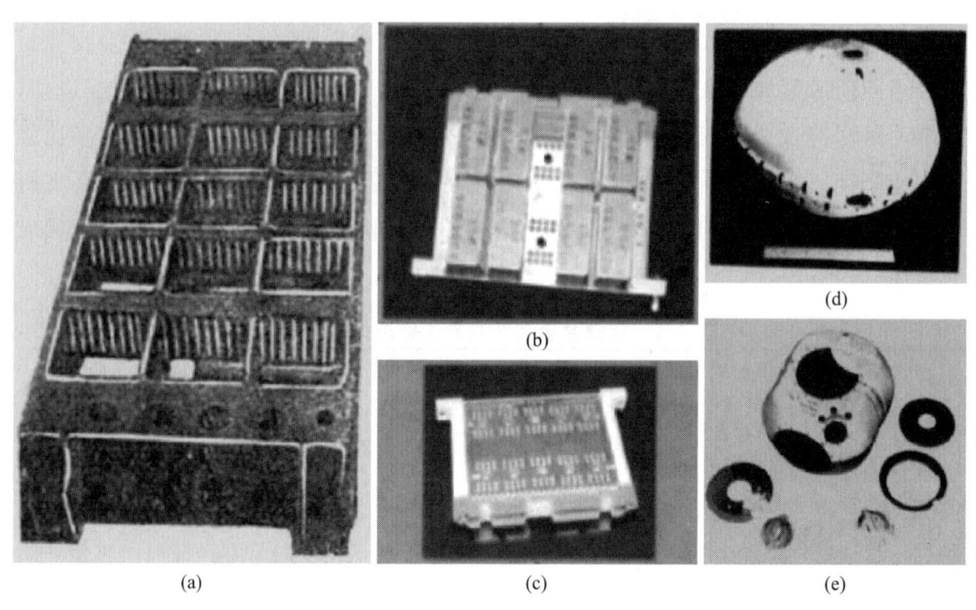

图 1.3　Lockheed 导弹与航空公司研发成功地应用于阿金纳助推器及其发射卫星的镁锂合金零部件

20 世纪 70 年代，CШA 公司采用其研发的镁锂合金制备了火箭和宇宙飞船的部件，使“Apollo”号飞船的质量减轻 22kg。此外，该公司还采用其研制的镁锂合金制造计算设备外壳和计算机底盘，并成功用于“Сатурн-V”号火箭。基于Lockheed导弹与航空公司的工作，IBM公司采用Brooks & Perkins公司提供的镁锂合金材料开展了表面处理和焊接等方面的研究并取得突破，研制出用于“Saturn V”号运载火箭的计算机室（减轻质量20kg），用于美国航空航天局双子座宇宙飞船的线路板盒及人工数据键盘基板与支座。据核算，在火箭及航天领域平均质量减轻1kg可节约2万余美元，故对镁锂合金的研究具有重大的意义，可节省巨大的经济成本。美国法兰克福兵工厂研制了Mg-14Li-3Ag-5Zn-2Si镁锂合金，随后麻省理工学院采用该合金制备了惯性导航系统中的球形陀螺仪壳体（直径为0.23m）。北美航空公司自动控制部门采用镁锂合金制备了加速仪壳体（d380mm×610mm）[1]。据报道，波音公司在绕月卫星以及登月设备的太阳能装置中应用了镁锂合金[49]。美国将LAZ933合金应用于M113装甲车辆的部分部件，并完成道路测试。

由于国外技术封锁，镁锂合金的应用在国内长期属于空白，所需要的高端镁锂合金也多从日本、德国等发达国家进口。2000年以后，经过国内高校、科研院所和生产企业的共同努力，我国在镁锂合金领域的技术研发取得了快速进步。2009年中铝研究院可批量生产不同性能的镁锂合金，其中有可以浮在水面的镁锂合金；2013年生产出宽度大于600mm的板材以及大型锻件[48]；2020年，研制出300kg级最大规模锻坯，为镁锂合金大型结构件打下基础。我国镁锂合金已经应用于“神舟七号”伴飞小卫星的主体结构，整体质量不到40kg；2015年应用于“浦江一号”卫星中部分结构件；2016年，自主研发的镁锂合金成功应用于首颗全球二氧化碳监测卫星；2018年发射的通信技术实验卫星中的部分结构件应用了我国自主研发的LA43M及LA103Z镁锂合金，卫星质量大幅减轻至173kg。近年来，我国加大对镁锂合金的研究，并在熔炼、加工以及表面处理方面有所突破。随着对镁锂合金的深入研究，制备技术的不断改进以及综合性能的提高，镁锂合金将会应用于更多领域。

1.2.3.2 武器装备领域

镁锂合金在武器装备方面也有很多应用。利用镁锂合金热膨胀系数高、密度低的性能特点，美国军方与Hughes公司共同研发了TOW（管射式导弹发射器管筒）中瞄准装置的圆盘[48]。DOW化学公司开发Mg-Li-Al系镁锂合金LA136合金（Mg-13.5Li-5.5Al-0.15Mn）并优化合金成分（Mg-14Li-1.5Al-0.08Mn），制造M113军用运输车壳体，显著减轻了装甲车重量且提升了机动性能。但是该镁锂合金的重量以及成本等问题限制了其在 M113 军用运输车上的大规模应用。镁锂合金还在坦克装甲车上有重要应用。有报道显示，美国于 2012 年投入近 1 亿美元对此进行研究。与其他镁合金比较，镁锂合金在保持其强度的条件下具有更优的塑性以及更好的内耗系数，是更为理想的复合装甲材料的夹层材料，进而大幅度降低坦克装甲车的重量，增加其机动性；同时，阻尼性能良好的镁锂合金可更大程度地减少因子弹或炮弹的冲击而产生的震动，更为有效地保护车内人员。此外，镁锂合金还用于制造其他军事装备，如担架、电控装备的外壳、控制舱壳体、导弹尾翼、单兵外骨骼等；也用于制造武器，如弹夹、武器瞄准装置、单兵轻武器等[48]。据 2019 年 9 月的报道，中国研制生产的镁锂合金可应用于制备战斗机飞行员的头盔瞄准装置[47]。

1.2.3.3 生物医用领域

镁锂合金在生物医用领域也有了广泛应用。镁锂合金具有优异的力学性能（与常用不锈钢支架材料的接近：不锈钢的抗拉强度和伸长率分别为 480～620MPa 和 30%～40%）、良好的生物相容性（体内和体外均相容）、较合适的腐蚀性能（低于其他镁合金的降解速率）和安全的降解产物（无毒性且能被人体吸收或排出）等特点，是最有前途的可降解生物医用材料之一。目前，镁锂合金主要应用于制备可降解的心血管支架以及外科植入物[50,51]。德国汉诺威大学最早成功将镁锂合金用作心血管植入材料。随后，各国学者们从生物医用材料的角度针对镁锂合金的力学性能、腐蚀性能和降解性能等方面开展了大量研究，逐渐认为镁锂合金是一种新型的生物医用可降解植入金属材料[52]。为了避免心血管支架在球囊膨胀过程中出现断裂失效的情况，制备该支架的金属材料必须满足高塑性的性能要求：伸长率达到 20%～30%[53]。Zhou 等人[54] 对镁锂合金的生物相容性及力学性能等进行了系统研究，结果显示，该合金具有良好的塑性，延伸率可达 15.6%～46.1%，与 316L 不锈钢的相近；抗拉强度在可接受范围内略有降低，且可通过其他工艺技术如等径角挤压（ECAE）提升性能。为了明确镁锂合金的生物降解性能，有研究学者[55] 采用长周期实验分析了 Mg-LiAl-(RE) 系的生物腐蚀速率。结果表明，该镁锂合金具备理想生物可降解支架材料的潜在可能：腐蚀速率低于 0.1mm/a[56]；植入后至少 6 个月内不完全溶解[57]。同时，该系镁锂合金在析氢测试即腐蚀过程中析氢速率无峰值，表明该合金腐蚀平稳。此外，刘玉玲等人[50] 还系统对比了文献中报道的镁锂系合金的腐蚀速率，发现腐蚀速率最大的合金为 Mg-9Li-1Zn 合金［腐蚀速率为 0.38mg/(cm^2·h)］，远低于人体内允许的 Mg 量，表明镁锂合金在降解过程中 Mg 的释放是安全的。

1.2.3.4 电子信息领域

在电子信息特别是 3C 产业领域，应用镁锂合金既能够减轻重量，又能够降低电磁干扰。镁锂合金被用于制造计算机壳体、高端音响振膜、高端手机/相机外壳、导线管、笔记本液晶屏幕框架、背面壳体、键盘框壳等电子产品零件[47]。此外，在电子制造业中，利用镁锂合金良好的电磁屏蔽和阻尼性能特点，使得仪表和电器的制造精确性更高[58]。

1.2.4 镁锂合金的发展前景

虽然镁锂合金在加工性能，高的比模量、比强度等方面具有明显的优势，但镁锂合金本身还存在一些缺点。比如，镁锂合金的耐蚀性相对较差、锂在镁中的固溶度不随温度而变化。另外，对于 Li 含量超过 10.2%时，具有体心立方结构的镁锂合金在室温下即可发生蠕变。因此，未来镁锂合金作为结构材料的发展趋势主要体现在以下几个方面。

（1）多元合金化

Mg-Li 二元合金的绝对强度相对较低，不能直接工业化应用，因此一般采用包括 Al、Zn 等元素进行合金化来强化合金。其中 Al 和 Zn 元素对镁锂合金的强化作用较为明显，但考虑合金轻量化要求，一般合金中 Zn 元素含量不宜太高。另外，稀土元素也是镁锂合金中常加元素，其固溶强化和第二相强化效果显著，同时还能提高镁锂合金的蠕变抗力。

（2）开发快速凝固技术

快速凝固，即合金在凝固过程中冷却速率很大，导致合金具有更高的过冷度，因此晶粒形核数量越大，结晶后晶粒越细小，使得合金的成分及组织分布越均匀，铸件的综合性能也越好。因此，利用快速凝固技术可以制备高性能镁锂合金。

（3）开发新的熔炼技术

镁锂合金中因金属镁和金属锂的活性很高，容易氧化，因此目前镁锂合金的熔炼技术一般均在真空状态下进行。由于镁的熔点较高，为了降低 Li 的挥发损耗，一般需先熔化镁，然后再添加金属锂到熔体中，在此过程中会增加熔体氧化和燃烧的风险，同时还存在一定的安全隐患。因此，非常有必要开发新的镁锂合金的熔炼技术，提高镁锂合金的生产效率和可靠性，实现大规模连续生产。

（4）发展镁锂基复合材料

与基体合金相比，镁锂基复合材料不仅可保留基体合金的导电、导热及优良的冷、热加工性能，而且将具有更高的比刚度和比强度，较好的耐磨性、耐高温性能，及良好的尺寸稳定性，因此受到航空、航天、军事、兵器等部门的广泛关注，并成为轻质高强金属基复合材料研发的新热点。镁锂基复合材料常用增强体有轻金属和碳纤维材料。

（5）开发镁锂合金快速成形技术

目前镁锂合金的生产均需要大型真空设备来完成，这限制了镁锂合金更广阔的应用。快速成形技术，即 3D 打印技术，通过运用可黏合材料，逐层打印来构造物体。通过对镁锂合金进行快速成形，能够实现无模具化成形，克服传统镁锂合金成形工艺对于复杂结构件适应性差的缺点，这对于发展中国镁锂合金产业具有十分重要的意义。

1.3 镁锂合金的强化方法

镁锂二元合金虽然塑性好，但是强度较差，通过合金化手段提高合金的综合力学性能是最方便且常见的方法，众多科研人员通过在熔炼过程中添加铝、锌、钙、铜、稀土等元素，研究合金化对镁锂合金的影响。基于研究发现合金元素对镁锂合金性能的影响进行总结：在镁锂合金中添加 Al 元素可以起到固溶强化作用；锌元素可以提高镁锂合金耐蚀性和疲劳极限，为了保持镁锂合金的轻量化，锌含量不宜加入太多，高锌含量会降低镁锂合金的稳定性，产生过时效；锰元素可以起到净化作用，提高耐蚀性和屈服强度；硅与镁形成 Mg_2Si 相，该相具有高熔点（1085℃）和高硬度（460HV），可以有效提高镁锂合金的高温强度及蠕变性能；钙元素可以细化晶粒，提高镁锂合金的高温蠕变性，同时钙具有资源广、价格低廉的优势。钙添加在二元合金 Mg-12Li 中，组织由β-Li 相和共晶相（β+$CaMg_2$）构成，共晶相几乎不发生氧化，但过高钙的添加会导致延伸率下降；添加稀土元素主要产生固溶强化和弥散强化，提高镁锂合金性能[59]。

通过合金化处理形成稳定且弥散分布的新相阻碍了位错运动，从而提高镁锂合金强度，再通过后续加工工艺，进一步提高其综合性能。S. P. Bhagat 等人[60]研究 Al 元素对 Mg-4Li 合金的影响，发现在晶界处生成 $Mg_{17}Al_{12}$、Al_3Li 以及 AlLi 相，晶粒随 Al 含量的增加而减小，强度增加，当 Al 为 6%（质量分数）时，经热变形后晶粒尺寸降至 1μm，屈服强度达 160MPa，抗拉强度达 240MPa。有文献报道，稀土元素可以显著增强 Mg-Li 合金的力学性能及热稳定性，李瑞红等人[61]研究了 Y 元素或 Sr 元素对 LA141 合金的影响，发现在晶界处生成 Al_2Y、Al_4Sr 和 $Mg_{17}Sr$ 第二相，从而细化晶粒提高力学性能。哈尔滨工程大学马亚军等人研究发现[62]，在 LZ91 合金中添加 Y 或 Ce 后，力学性能显著提高，且等量的 Y 对合金性能的提高作用大于 Ce。山东大学郭晶研究发现[63]，Y 可以促进镁锂合金中 α 相晶粒细化，经挤压后抗拉强度达 259MPa，在双相镁合金中 Y 可以改善延展性，Sn 可以大幅度提高合金强度。近年来，稀土元素对镁锂合金的影响已成为研究热点之一。

通过变形提高镁锂合金的力学性能。近年来，大量学者通过合金化及不同的变形加工工艺提高镁锂合金的力学性能。李瑞红[64]综合分析了镁锂合金的微观组织以及力学性能，比较了 3 种不同晶体结构的镁锂合金的变形性能。结果表明，将 3 种不同结构的镁锂合金板材在 250～280℃下挤压并热轧退火，LA51 的抗拉强度约为 170MPa，屈强比约为 0.58，延伸率约为 20%；LA91 和 LA141 均具有较好的塑性和较高的屈强比，但抗拉强度均低于 LA51 合金。Zhao 等人[65]研究了 Mg-8Li-3Al-2Zn-0.5Y 合金在不同固溶温度处理过程中的组织转变及力学性能。研究发现，合金经固溶处理后（350℃、2h），屈服强度为 181.3MPa，抗拉强度为 263.0MPa，伸长率为 11.8%。吴洪超等人[66]发现 Mg-8Li-4Al-3Zn-0.5La 经固溶处理，$MgAl_2$ 相固溶于 β 相中，使 β 相硬度增加，合金强度增至 243MPa。Ji 等人[67]提出了一种适用于轻量化工业的高比强度镁锂合金的制备方法，研究了铸态、挤压态和冷轧态 LZ162-2.5Er（Mg-16Li-2.5Zn-2.5Er）合金的组织和力学性能。LZ162-2.5Er 合金经 100℃ 挤压后冷轧，最高比强度为 178kN·m/kg，在挤压过程中发生动态再结晶（DRX）细化晶粒，随后的冷轧进一步增加了位错密度和均匀第二相分布，产生加工硬化和弥散强化。Zhong 等人[68] 研究轧制温度对双相 Mg-8Li-1Al-0.6 Y-0.6Ce（LA81-0.6Y-0.6Ce）合金的变形行为和力学性能的影响。研究发现，随着轧制温度的增加，α-Mg 相的 DRX 机制从连续动态再结晶（CDRX）转换成不连续动态再结晶（DDRX），而 β-Li 相的 DRX 机制一直保持 DDRX。当温度为 250℃时，合金的力学性能最优，抗拉强度为 219MPa，延伸率为 35%。

根据对镁锂合金的强化方法进行深入研究发现，镁锂合金的细晶强化、固溶强化、沉淀强化、弥散强化和形变强化是提高其力学性能的主要强化机制[69]。

（1）细晶强化

细晶强化，即通过减小合金的晶粒尺寸，增加晶界对位错运动的阻碍作用来提高 Mg-Li 合金力学性能。合金的屈服强度 σ_y 与晶粒尺寸 d 之间的关系如 Hall-Petch 关系式所示[70,71]：

$$\sigma_y = \sigma_0 + kd^{-\frac{1}{2}} \tag{1.1}$$

式中，σ_0 为纯金属的屈服强度；k 为 Petch 常数，由 Taylor 指数的值决定[72]。

Taylor 指数的大小与合金滑移系数量有关。与滑移体系较多的面心立方和体心立方合金相比，室温下滑移系数量较少的密排六方结构镁合金的 Taylor 指数更大。因此，细化晶粒对于镁合金的力学性能的改善更加明显。

从公式(1.1) 中可以看出，σ_y 与 d 的平方根成反比关系。因此，随着晶粒尺寸的减小，合金的强度会逐渐增高。在一般合金基体中，晶界处强度更高，因此当位错运动到晶界处时，由于晶格畸变和溶质原子的钉扎效应，阻碍了位错的运动。当晶粒尺寸减小时，这种阻碍效果就越明显。同时，合金晶粒尺寸越小，晶粒越多，各晶粒受力就越均匀，因此应力集中现象也得到缓解，裂纹萌生和传播的机会变得越来越小，因此合金的塑性和韧性也得到改善。

具有低错配度和界面能的共格晶界的孪晶界，与晶界类似，也能够有效阻碍位错的运动，且稳定性更好。Lu 等人[73] 对纳米孪晶铜合金进行深入研究，结果发现随着孪晶厚度的减小，合金的屈服强度随之增加，塑性也显著增加。因此，通过构筑纳米孪晶结构也可以提升镁合金的力学性能。

（2）固溶强化

镁合金的固溶强化，即通过合金化原子置换或融入到基体中并与之形成置换或间隙固溶体来实现合金的强化。溶剂原子固溶到基体中，造成晶格畸变，增加内应力，从而阻碍位错运动，提升合金的强度，但同时降低其塑韧性。此外，由于合金化原子与基体中的溶质原子最外层的电子浓度以及电化学性质的差异性，也会造成合金性能的改变，通过增加金属键之间结合的强度，从而提高合金的强度[74]。固溶体的屈服强度公式可由 Mott-Nabbaro 理论得出：

$$\sigma = \sigma_0 + kCm \tag{1.2}$$

式中，σ 为固溶体的屈服强度；σ_0 为纯金属的屈服强度；k 为常数；C 为溶质原子的浓度；通常 $m=0.5\sim1$。

影响固溶强化效果的因素主要有：合金化原子的溶解度和溶质原子与溶剂原子半径尺寸之差 Δr。当 $\Delta r<15\%$时，固溶的合金化原子越多，固溶强化的效果也就越明显。

（3）沉淀强化

沉淀强化也称为析出强化。当温度降低时，合金化原子的固溶度逐渐降低，并逐渐析出形成细小、弥散分布的第二相。这些析出相颗粒一般与基体保持着共格或半共格的关系。因此，合金在受力变形时，基体上析出相颗粒的钉扎对位错运动起到了阻碍作用，因而提高了合金的强度。镁锂合金沉淀强化的效果受到析出相的形貌、尺寸、分布以及与基体之间的位向关系的影响。因此，在对镁锂合金进行时效处理时，需要选择合适的时效温度和时间，才能保证合金的沉淀强化效果最好。

位错运动想要克服沉淀相的阻碍需要的临界剪切应力（critical resolved shear stress，CRSS）的增量可以表示为[75]：

$$\Delta\tau = \frac{Gb}{2\pi\lambda\sqrt{1-\upsilon}}\ln\frac{d_p}{r_o} \tag{1.3}$$

式中，$\Delta\tau$ 为析出强化所增加的 CRSS 增量；G 为合金基体的剪切模量；b 为位错的伯格斯矢量；λ 为晶面-析出相之间的有效间距；r_o 为位错核的核半径；d_p 为第二相析出物的平均半径；υ 为泊松比。

从式(1.3) 可以看出，要想提高析出强化效果，可减小 r_o，CRSS 就增大。

（4）弥散强化

弥散强化中与基体呈非共格关系的第二相粒子较 Mg-Li 合金基体的熔点更高、其溶解度较低、有着良好的高温稳定性。即使升高温度，仍能起到很好地阻碍位错滑移的作用，从而增强了合金的综合性能。同时钉扎在晶界处的弥散第二相粒子，在回复再结晶时，可阻碍晶粒的长大和软化，使合金的抗蠕变性能得到提升。同样合金的性能受第二相粒子的分布和尺寸的影响。影响弥散强化效果的主要因素与析出强化类似，不同点在于前者更依赖相与基体之间的结合力。受到外力作用时，如果结合力较小就容易造成开裂现象，合金的塑性由于弥散颗粒发展成为裂纹源反遭到极大的损害。

（5）形变强化

形变强化，即加工硬化，主要通过增加位错密度，使位错在相互运动中受到割阶、缠结等阻碍而难以进行，增加合金的变形抗力，进而使合金的强度得以提升，但同时也会使合金的塑性及韧性降低。

$$\Delta\sigma = \alpha b G \rho^{\frac{1}{2}} \tag{1.4}$$

式中，$\Delta\sigma$ 为因形变而增加的合金强度；G 为合金的剪切模量；α 为由位错类型、密度决定的系数，其值在 0.5～1.0；b 为位错的伯格斯矢量；ρ 为位错密度。

由式(1.4) 可知，合金强度的增加与位错密度的平方根成正比例关系，位错的伯格斯矢量越大，其强化效果也就越明显。塑性变形对镁合金有以下效果[76,77]：显著降低合金的铸造缺陷，并细化晶粒；变形过程中第二相颗粒被破碎并呈弥散分布，起到析出强化和弥散强化的效果；在高温变形过程中，部分析出相回溶到基体，起到固溶强化的效果。

参考文献

[1] 张密林，Elkin F M. 镁锂超轻合金［M］. 北京：科学出版社，2010：21-40.

[2] 陈振华. 变形镁合金［M］. 北京：化学工业出版社，2005：10.

[3] 刘俊伟，戴木海，鲁世强，等. LZ61 镁锂合金热变形行为及微观组织研究［J］. 特种铸造及有色合金，2019，39（1）：1-5.

[4] SINGH K，SINGH G，SINGH H. Review on friction stir welding of magnesium alloys［J］. Journal of Magnesium and Alloys，2018，6（4）：399-416.

[5] 王小兰，李秀兰，洪小龙，等. 高强镁合金的制备及研究进展综述［J］. 四川冶金，2020，42（5）：5-9.

[6] BYRER T G，WHITE E L，FROST P D. The development of magnesium-lithium alloys for structural applications［R］. NASA CR-79，1964.

[7] MASON J，WARWICK C，SMITH P，et al. Magnesium-lithium alloys in metal matrix composites—

A preliminary report [J]. Journal of Materials Science, 1989, 24 (11): 3934-3946.

[8] JACKSON J, FROST P, LOONAM A C, et al. Magnesium-lithium base alloys preparation, fabrication, and general characteristics [J]. Transaction of American Institute of Mining, Metallurgical, and Petroleum Engineers, 1949, 185: 149-168.

[9] JACKSON R J, FROST P D. Properties and current applications of magnesium-lithium alloys: A report [M]. Technology Utilization Division, National Aeronautics and Space Administration, US Government Printing Office, 1967: 51.

[10] AIDA T, HATTA H, RAMESH C, et al. Workability and mechanical properties of lighter-than-water Mg-Li alloy [C]. UMIST, Manchester, United Kingdom: International Magnesium Conference. 3 rd, 1997: 143-152.

[11] 刘正．镁基轻质合金理论基础及应用 [M]. 北京：机械工业出版社，2002：25.

[12] GONZÁLEZ S, LOUZGUINE-LUZGIN D V, PEREPEZKOJH A. Mechanical properties of Mg-Li-Cu-Y metallic glass composites [J]. Journal of Alloys and Compounds, 2010, 504: 114-116.

[13] FROST P D. Technical and economic status of magnesium-lithium alloys. Technology Utilization Report [R]. NASA SP-5028, 1965.

[14] 程丽任．铸造态、挤压态、半固态 Mg-Li-Al 系合金组织和力学性能研究 [D]. 长春：吉林大学，2011.

[15] MASING G, TAMMANN G. Uber das verhalten von lithium zu natrium, kalium, zinn, cadmium und magnesium [J]. Zeitschrift Fur Anorganische und Allgemeine Chemie, 1910, 67: 183.

[16] FREETH W, RAYNOR G. The systems magnesium-lithium and magnesium-lithium-silver [J]. Journal of The Japan Institute of Metals , 1954, 82: 575-582.

[17] LOONAM A C . Magnesium base lithium alloys: US 2453444A [P]. 1948-11-09.

[18] Joesten L S . Process for applying a coating to a magnesium alloy product: US 5683522A [P]. 1997-11-04.

[19] BUSK R S, LEMAN D L, CASEY J J. The properties of some magnesium-lithium alloys containing aluminum and zinc [J]. Journal of Metals, 1950, 188: 945-951.

[20] MATHEWSON A G, MYERS H P. The optical properties of lithium-mangesium alloys [J]. Journal of Physics F: Metal Physics, 1973, 3 (3): 623-639.

[21] SAKA H, TAYLOR G. Thermal-activation parameters for asymmetric {211} slip in Mg-Li alloy crystals [J]. Philosophical Magazine A, 2006, 45 (6): 973-982.

[22] SAHOO M, ATKINSON J. Magnesium-lithium alloys-constitution and fabrication for use in batteries [J]. Journal of Materials Science, 1982, 17 (12): 3564-3574.

[23] CRISP R S. On the evaluation of absorption data from soft X-ray self-absorption measurements [J]. Journal of Physics F: Metal Physics, 1983, 13 (6): 1325-1332.

[24] RAO K R, RANGANATHAN S, SASTRY D H. Effect of texture and grain size on the mechanical properties of warm-worked cadmium, zinc and zinc-0. 35% aluminium alloy [J]. Bulletin of Materials Science, 1986, 8 (1): 81-89.

[25] KALIMULLIN R K, KOZHEVNIKOV Y Y, FAIZULLINI Y, et al. Influence of laser treatment on the structure and mechanical properties of MA21 alloy [J]. Metal Science and Heat Treatment, 1984, 26 (9): 684-687.

[26] KALIMULLIN R K, VALUEV V, BERDNIKOV A. The effect of surface laser treatment on the creep of the magnesium-lithium alloy MA21 [J]. Metal Science and Heat Treatment, 1986, 28 (9): 668-670.

[27] KALIMULLIN R K, SPIRIDONOV V, BERDNIKOV A, et al. Properties of alloy MA21 after laser treatment [J]. Metal Science and Heat Treatment, 1988, 30 (5): 338-348.

[28] ELKIN F M, DAVYDOV V G. Russian ultralight constructional Mg-Li alloys: Their structure, properties, manufacturing, applications [J]. Magnesium, 2006: 95-99.

[29] KAIBYSHEV O. Superplasticity of commercial alloys [M]. Moscow (in Russian): Metallurghia Publishers, 1984.

[30] KALIMULLIN R K, VALUEV V V, BERDNIKOV A T. The effect of surface laser treatment on the creep of the magnesium-lithium alloy MA21 [J]. Metal Science and Heat Treatment, 1986, 28 (9): 668-670.

[31] LI C Q, HE Y B, HUANG H P. Effect of lithium content on the mechanical and corrosion behaviors of HCP binary Mg-Li alloys [J]. Journal of Magnesium and Alloys, 2021, 9 (2): 569-580.

[32] METENIER P, GONZALEZ D G, RUANO O, et al. Superplastic behavior of a fine-grained two-phase Mg-9wt% Li alloy [J]. Materials Science and Engineering A, 1990, 125 (2): 195-202.

[33] HIGASHI K, WOLFENSTINE J. Microstructural evolution during superplastic flow of a binary Mg-8. 5 wt% Li alloy [J]. Materials Letters, 1991, 10 (7-8): 329-332.

[34] FUJITANI W, FURUSHIRO N, HORI S, et al. Microstructural change during superplastic deformation of the Mg-8 mass% Li alloy [J]. Journal of Japan Institute of Light Metals (Japan), 1992, 42 (3): 125-131.

[35] 冯林平，陈斌，钟皓，等 . β 基 Mg-12Li-3Al-5Zn 合金的塑性变形行为 [J]. 金属热处理，2005，30 (3): 36-39..

[36] 刘滨，张密林，胡耀宇，等 . 富镧混合稀土对 Mg-10Li-4Al 合金组织和力学性能的影响 [J]. 航空材料学报，2007，27 (5): 17-21.

[37] 韩伟，褚衍龙，张密林，等 . 镨对镁-锂合金微观组织及性能的影响 [J]. 稀有金属，2009，33 (5): 662-665.

[38] 刘滨，张密林 . Ce 对 Mg-Li-Al 合金组织及力学性能的影响 [J]. 特种铸造及有色合金，2007，27 (5): 329-331.

[39] 姚新兆 . CaF_2、Ca 对镁锂合金显微组织和常温力学性能的影响 [J]. 科技信息（学术版），2006，(11): 15-17.

[40] 袁亲松，赵平，赵亮 . Y 对铸态 Mg-Li 合金显微组织和力学性能的影响 [J]. 铸造，2009，58 (5): 494-497.

[41] 张鑫，吴国清 . 超轻镁锂基合金及其复合材料研究进展 [J]. 新材料产业，2010，198 (5): 58-63.

[42] JIANG B, QIU D, ZHANG M X, et al. A new approach to grain refinement of an Mg-Li-Al cast alloy [J]. Journal of Alloys and Compounds, 2010, 492 (1-2): 95-98.

[43] JIANG B, YIN H M, LI R H, et al. Grain refinement and plastic formability of Mg-14Li-1Al alloy [J]. The Transactions of Nonferrous Metals Society of China, 2010, 20: 503-507.

[44] LIU T, ZHANG W, WU S, et al. Mechanical properties of a two-phase alloy Mg-8%Li-1%Al processed by equal channel angular pressing [J]. Materials Science and Engineering A, 2003, 360 (1-2): 345-349.

[45] SHI L, XU Y, LI K, et al. Effect of additives on structure and corrosion resistance of ceramic coatings on Mg-Li alloy by micro-arc oxidation [J]. Current Applied Physics, 2010, 10 (3): 719-723.

[46] DONG H, WANG L, WU Y, et al. Effect of Y on microstructure and mechanical properties of duplex Mg-7Li alloys [J]. Journal of Alloys and Compounds, 2010, 506 (1): 468-474.

[47] 彭翔，刘文才，吴国华．镁锂合金的合金化及其应用 [J]. 中国有色金属学报，2021，31 (11)：3024-3043

[48] 王军武，刘旭贺，王飞超，等．航空航天用高性能超轻镁锂合金 [J]. 军民两用技术与产品，2013 (06)：21-24.

[49] 冯凯，李丹明，何成旦，等．航天用超轻镁锂合金研究进展 [J]. 特种铸造及有色合金，2017，37 (2)：140-144.

[50] 刘玉玲，张修庆．镁锂合金在生物医学方面的应用及前景 [J]. 材料科学，2019，9 (7)：691-698.

[51] WU J, MADY L J, ROY A, et al. In-vivo efficacy of biodegradable ultrahigh ductility Mg-Li-Zn alloy tracheal stents for pediatric airway obstruction [J]. Communications Biology, 2020, 3 (1): 787.

[52] WEN Z, WU C, DAI C, et al. Corrosion behaviors of Mg and its alloys with different Al contents in a modified simulated body fluid [J]. Journal of Alloys and Compounds, 2009, 488 (1): 392-399.

[53] MANI G, FELDMAN M D, PATEL D, et al. Coronary stents: A materials perspective [J]. Biomaterials, 2007, 28 (9): 1689-1710.

[54] ZHOU W R, ZHENG Y F, LEEFLANG M A, et al. Mechanical property, biocorrosion and in vitro biocompatibility evaluations of Mg-Li- (Al) - (RE) alloys for future cardiovascular stent application [J]. Acta Biomaterialia, 2013, 9 (10): 8488-8498.

[55] LEEFLANG M A, DZWONCZYK J S, ZHOU J, et al. Long-term biodegradation and associated hydrogen evolution of duplex-structured Mg-Li-Al- (RE) alloys and their mechanical properties [J]. Materials Science and Engineering B, 2011, 176 (20): 1741-1745

[56] HERMAWAN H, DUBE D, MANTOVANI D. Developments in metallic biodegradable stents [J]. Acta Biomaterialia, 2009, 6 (5): 1693-1697.

[57] PEUSTER M. A novel approach to temporary stenting: Degradable cardiovascular stents produced from corrodible metal-results 6-18 months after implantation into New Zealand white rabbits [J]. Heart, 2001, 86 (5): 563-569.

[58] KRAL M V, MUDDLE B C, NIE J F. Crystallography of the BCC/HCP in a Mg-8Li alloy [J]. Ma-

terials Science and Engineering A，2007，460（1）：227-232.

[59] SONG J，SHE J，CHEN D，et al. Latest research advances on magnesium and magnesium alloys worldwide [J]. Journal of Magnesium and Alloys，2020，8（1）：1-41.

[60] BHAGAT S P，SABAT R K，KUMARAN S，et al. Effect of aluminum addition on the evolution of microstructure，crystallographic texture and mechanical properties of single phase hexagonal close packed Mg-Li alloys [J]. Journal of Materials Engineering and Performance，2018，27：864-874.

[61] 李瑞红，蒋斌，陈志军，等. Y 和 Sr 对 Mg-14Li-1Al 合金组织及力学性能的影响 [J]. 热加工工艺，2016，45（14）：67-70.

[62] 马亚军. 添加 Y 和 Ce 对 Mg-Li-Zn 合金显微组织与力学性能的影响 [D]. 哈尔滨：哈尔滨工程大学，2018.

[63] 郭晶. 新型 Mg-Li-Al 合金的微观组织及性能研究 [D]. 济南：山东大学，2019.

[64] 李瑞红. 镁锂合金的显微组织、力学性能及其各向异性研究 [D]. 重庆：重庆大学，2013.

[65] ZHAO J，LI Z，LIU W，et al. Influence of heat treatment on microstructure and mechanical properties of as-cast Mg-8Li-3Al-2Zn-xY alloy with duplex structure [J]. Materials Science and Engineering A，2016，669：87-94.

[66] 吴洪超，唐玲玲，赵永好. 热处理对双相 Mg-8Li-4Al-3Zn-La 合金组织与性能的影响 [J]. 材料科学与工程学报，2017，35（02）：190-194.

[67] JI Q，WANG Y，WU R，et al. High specific strength Mg-Li-Zn-Er alloy processed by multi deformation processes [J]. Materials Characterization，2020，160：110135.

[68] ZHONG F，WANG Y，WU R，et al. Effect of rolling temperature on deformation behavior and mechanical properties of Mg-8Li-1Al-0. 6Y-0. 6Ce alloy [J]. Journal of Alloys and Compounds，2020，831：154765.

[69] 范晓嫚，徐流杰. 金属材料强化机理与模型综述 [J]. 铸造技术，2017，38（12）：2796-2798.

[70] HALL E O. The deformation and ageing of mild steel：II Characteristics of the luders deformation [J]. Proceedings of the Physical Society. Section B，1951，64（9）：742.

[71] PETCH N J. The cleavage strength of polycrystals [J]. Journal of the Iron and Steel Institute，1953，174：25-28.

[72] ARMSTRONG R W，CODD I，DOUTHWAITE R M，et al. The plastic deformation of polycrystalline aggregates [J]. The Philosophical Magazine：A Journal of Theoretical Experimental and Applied Physics，1962，7（73）：45-58.

[73] LU L，CHEN X，HUANG X，et al. Revealing the maximum strength in nanotwinned copper [J]. Science，2009，323（5914）：607-610.

[74] CHANG T C，WANG J Y，CHU C L，et al. Mechanical properties and microstructures of various Mg-Li alloys [J]. Materials Letters，2006，60（27）：3272-3276.

[75] NIE J F. Effects of precipitate shape and orientation on dispersion strengthening in magnesium alloys [J]. Scripta Materialia，2003，48（8）：1009-1015.

[76] HOU L，WU R，LI J，et al. Effects of hot extrusion on microstructure，texture and mechanical

properties of Mg-5Li-3Al-2Zn alloy [J]. Materials Science Forum, 2014, 773-774: 218-225.

[77] FENG S, LIU W, ZHAO J, et al. Effect of extrusion ratio on microstructure and mechanical properties of Mg-8Li-3Al-2Zn-0.5Y alloy with duplex structure [J]. Materials Science and Engineering A, 2017, 692: 9-16.

第 2 章

镁锂合金的塑性变形

镁锂合金是最具有代表性的超轻高比强合金，又被称为“梦幻合金”，由于其具有极低密度、高的比强度及比刚度，以及优异的电磁屏蔽性能等，主要应用于航空航天、军用、民用及3C领域[1]。大多数镁合金为HCP结构，其滑移系较少，室温下的变形能力较差，镁合金中锂元素的添加可以有效降低 c/a 轴比，从而促进更多滑移系的开动，改善镁合金的室温变形能力[2]。目前镁锂合金主要以铸件为主，由于铸造件存在较多铸造缺陷，限制了镁锂合金的应用范围，通过塑性变形工艺可以有效改善镁锂合金的微观组织，提高合金综合力学性能。

2.1 镁锂合金的塑性变形方法

2.1.1 轧制

镁锂合金板材一般采用轧制变形工艺成形，主要应用于航空航天及电子设备领域。目前镁锂合金的生产制备技术不够成熟，其产量及应用领域仍不及铝、铜等有色金属[2]。因此，研究镁锂合金的轧制工艺及轧制过程中微观组织演变规律对开发高性能镁锂合金板材具有较大的意义。

贾玉鑫[3] 研究了Mg-12Li-0.5Al-1Zn（LAZ1201）镁锂合金的轧制变形量对微观组织及力学性能的影响，将10mm×60mm×60mm铸态合金经300℃、24h均匀化退火后，在260℃下进行热轧，每道次压下量为1mm，每道次间进行300℃、15min的中间退火。研究发现，随着轧制道次的增加，抗拉强度逐渐增加，延伸率呈先增加后减小的趋势，当轧制量为70%时，抗拉强度最大为166MPa，当轧制量为30%时，延伸率最优为50%。

Wang等人[4] 研究了Mg-9Li-3Zn-0.5Gd合金通过累积叠轧（accumulative roll bonding，ARB）工艺改善镁锂合金的电磁屏蔽性能，通过ARB工艺其电磁波反射率高达99%。Cao等人[5] 研究了Mg-10.2Li-2.1Al-2.23Zn-0.2Sr的多向锻造和轧制工艺，该合金在350℃、$1.67\times10^{-3}s^{-1}$ 应变速率下延伸率可达到712.1%，室温条件下抗拉强度为242MPa，延伸率为23.59%。

Hou等人[6] 研究了Mg-5Li-1Al（LA51）合金的ARB工艺。通过6道次累积叠轧抗拉强度及延伸率分别为318MPa和8.43%。在ARB过程中，LA51合金的变形机制为滑移，其次是孪生变形、剪切变形、形成宏观剪切带、动态再结晶（DRX）变形。

Wu 等人[7] 采用冷轧和固溶处理提高了 Mg-14.3Li-0.8Zn 合金的力学性能。试样在 400℃、40min 条件下固溶，随后进行变形量为 80%的冷轧变形，其抗拉强度、伸长率和硬度分别为 227MPa、33%和 61.0HV。

本书作者[8] 在前期研究中综合分析了镁锂合金的微观组织以及力学性能，比较了 3 种不同晶体结构镁锂合金的变形性能。结果表明，将 3 种不同结构的镁锂合金板材在 250～280℃下挤压并热轧退火，LA51 的抗拉强度约为 170MPa，屈强比约为 0.58，延伸率约为 20%；LA91 和 LA141 均具有较好的塑性和较高的屈强比，但抗拉强度均低于 LA51 合金。Ji 等人[9] 提出了一种适用于轻量化工业的高比强度镁锂合金的制备方法，并研究了铸态、挤压态和冷轧态 LZ162-2.5Er（Mg-16Li-2.5Zn-2.5Er）合金的组织和力学性能。LZ162-2.5Er 合金经 100℃挤压后冷轧，最高比强度为 178kN·m/kg，在挤压过程中发生了动态再结晶，随后的冷轧进一步增加了位错密度，产生了加工硬化；均匀分布的第二相，使得合金的强度进一步提高。Zhong 等人[10] 研究了轧制温度对双相 Mg-8Li-1Al-0.6Y-0.6Ce（LA81-0.6Y-0.6Ce）合金的变形行为和力学性能的影响。研究发现，随着轧制温度的增加，α-Mg 相的 DRX 机制从 CDRX 转换成 DDRX，而 β-Li 相的 DRX 机制一直保持 DDRX。当温度为 250℃时，合金的力学性能最优，抗拉强度为 219MPa，延伸率为 35%。

2.1.2 锻造

锻造是一种借助模具在外力的冲击及压力作用下加工成形的方法，其特点主要有：生产效率高，锻件尺寸稳定以及优异的综合力学性能。通过锻造工艺可以有效消除材料的内部缺陷，如压实疏松、破碎较大化合物，减弱成分偏析，获得均匀细小的组织，使工件内部沿变形方向呈一定流线性，从而提高工件的综合力学性能。

大多数镁合金为 HCP 结构，通常在锤锻时最大变形量不超过 30%～40%，而在压力机上变形时变形量可达 60%～90%。由于镁合金的应变速率敏感指数较大，故用锻锤高速锻造镁合金较困难[11]。锂元素的添加可以降低镁合金基面滑移的临界切应力，从而提高镁合金的可锻性。镁锂合金的锻造工艺一般应用于 β-Li 单相镁锂合金，由于具有 BCC 结构的单相镁锂合金具有较好的塑性变形能力。王世超等人[12] 研究了LA103Z合金的锻造工艺，将合金在290～310℃保温至胚料受热均匀后经反复镦粗、拔长工序，其中胚料镦粗变形量为40%～44%，拔长变形量为42%～48%，镦粗变形量为42%～48%，拔长修整至最终尺寸变形量为17%～27%，合理的保温温度和变形量有效避免镁锂合金在加热过程中的软化和晶粒长大，锤砧温度为250～300℃，有效避免热原材料和冷砧子之间的激冷造成裂纹。通过对镁锂合金铸锭锻造工艺参数的合理设计，保证了镁锂合金锻件的综合性能。薛国强[13] 研究了双相镁锂合金的多向锻造工艺，Mg-8.14Li-1.27Al-0.43Zn-0.2Ce合金锻坯尺寸为40mm×30mm×24mm，每道次应变量为0.5，第一道次加热温度为573K，保温10min，压下速率为10mm/s，水冷，合金各道次温度如图2.1所示。研究发现，当降温多向锻造6道次时，抗拉强度和延伸率达到最大值，分别为220MPa和32.6%。图2.2为Mg-8.14Li-1.27Al-0.43Zn-0.2Ce合金多向锻造显微组织，α相和β相的细化机制不同，其中α相主要以机械式击碎细化机制，β相主要以动态再结晶细化机制。主要原因是在锻造过程中，β相变形能力大于α相使其组织中变形储存能较高，故动态再结晶驱动力大，容易发生动态再结晶。

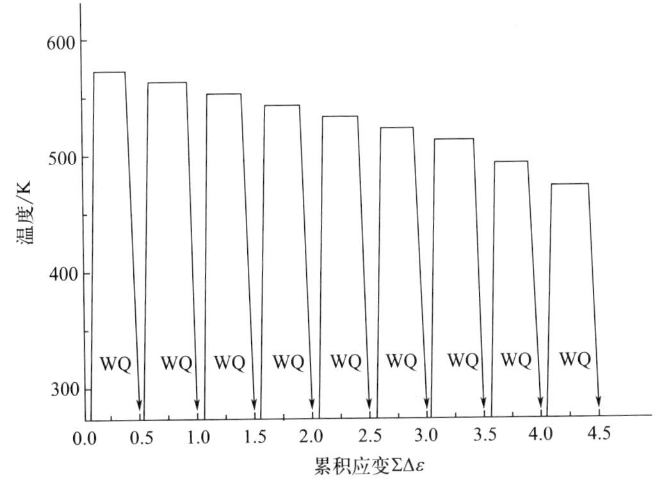

图2.1 Mg-8.14Li-1.27Al-0.43Zn-0.2Ce合金多向锻造各道次温度[13]

WQ—水冷

丁鑫[14] 研究了Mg-4.4Li-0.46Al-2.5Zn-0.74Y合金多向锻造工艺，其中锻坯尺寸为40mm×30mm×22mm，第一道次加热温度为375℃，保温10min，每道次应变量为0.5，压下速率为8～12mm/s，水冷，合金锻造各道次温度如图2.3所示。研究发现，锻造6道次时，最大延伸率为38.77%，锻造9道次时，

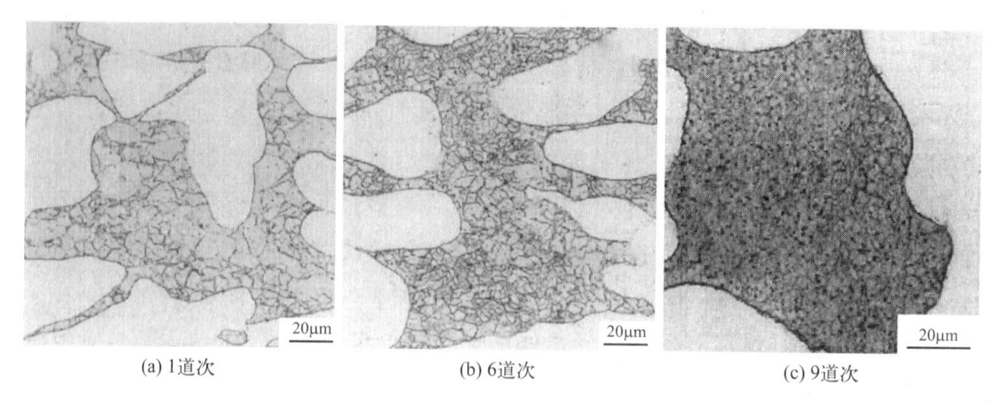

(a) 1道次　(b) 6道次　(c) 9道次

图 2.2　Mg-8.14Li-1.27Al-0.43Zn-0.2Ce 合金多向锻造显微组织[13]

最大抗拉强度达到 204.87MPa。刘旭贺等人[15] 研究了锻造对挤压态 Mg-5Li-3Al-2Zn（LAZ532）合金微观组织和力学性能的影响，将铸态合金经 300℃、8h 均匀化热处理后在 350℃、挤压比为 10∶1 条件下挤压成 20mm×20mm×25mm 的锻坯，经 380℃、10min 保温后，在垂直挤压方向采用单向锻造，压下量为 20%，在长、宽、高方向依次循环采取多向锻造，每道次变形量为 33%。研究发现单向锻造变形初期主要为孪生变形机制，随变形量的增加孪晶密度逐渐减小，当变形量为 0.99 时，基本完全再结晶。

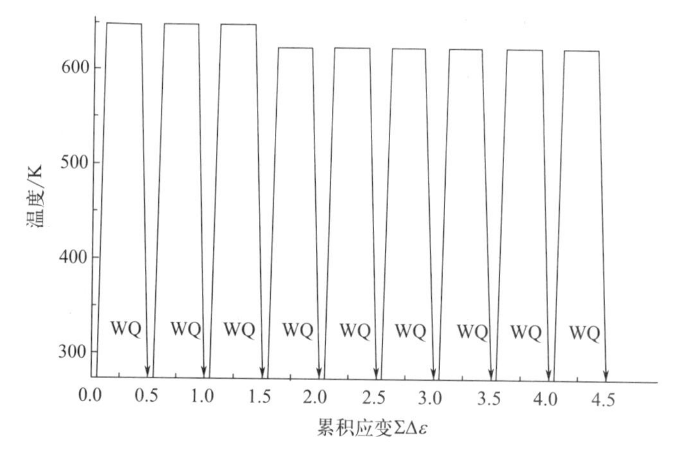

图 2.3　Mg-4.4Li-0.46Al-2.5Zn-0.74Y 合金多向锻造各道次温度[15]

WQ—水冷

Yang 等人[16] 采用室温低应变速率回旋模锻（RS）获得超强 LAZ433 合金，主要研究了 LAZ433 合金在室温下采用 RS 工艺增强机制，从孪晶及堆垛层错对屈服强度的贡献进行分析。通过拉伸测试该合金屈服强度为 188MPa，其中孪晶提高屈服强度为 88MPa，堆垛层错提高屈服强度为 46MPa，因此，孪晶和堆垛层错的引入使屈服强度提高了 71%。

目前对镁锂系合金锻造工艺研究相对较少，锻造镁合金主要为镁-锰系、镁-铝系以及镁-锌系。关于镁锂合金系的锻造工艺研究主要考虑：

① 镁锂合金的应变速率敏感指数，在锻造过程中应采用严格的工序，防止锻件产生裂纹；

② 镁锂合金的黏性较大，在采用模锻时，应采用适当温度预热锻模，同时不应采用较复杂的模具结构；

③ 镁锂合金的锻造温度应保证适当的终锻温度，确保镁锂合金的流动性和成形条件；

④ 镁锂合金在加热过程中易产生合金软化，而通过后续的锻造及热处理几乎不能完全恢复，故要设计合理的加热温度及保温时间；

⑤ 镁锂合金不随温度的增加发生相变，故可以采用快速升温，由于镁锂合金具有较高的热导率，因此，在锻造过程中不仅要控制锻件温度，同时也要保证锻模温度不可比锻件低太多。

2.1.3 挤压

挤压是通过给放在挤压筒中的锭一端施加压力，使之通过模孔实现塑性变形的一种压力加工方法。挤压成形加工方法主要具有以下优点：挤压具有较强的三向压应力状态，发挥最大的塑性变形，可以有效细化晶粒组织，提高合金力学性能；挤压设备简便，操作方便，仅通过更换模具即可生产板、管、棒及型材；产品具有较高的精度。但是，挤压变形也存在一定的不足，如加工过程中次品率较高；挤压变形应力较大，工件与模具间摩擦力较大，模具损失较快；挤压件的组织性能沿挤压方向及界面方向不均匀。

唐岩[17] 研究了 Mg-(5,8,11) Li-3Al 合金的挤压工艺及热处理工艺。挤压态 Mg-5Li-3Al 合金的主要织构为 {0002}〈$10\bar{1}0$〉，与普通商用镁合金基本一致；Mg-8Li-3Al 合金的主要织构为 α 相 {0002}〈$10\bar{1}0$〉织构和 β 相 {110}〈001〉织构以及少量的 {110}〈211〉织构；Mg-11Li-3Al 合金中主要织构与双相镁锂合金中 β 相中织构基本一致。三种挤压态合金通过不同的热处理温度后织构发生变化，其中挤压态 Mg-5Li-3Al 合金热处理温度由 200℃ 增至 300℃，其织构由 {0002}〈$10\bar{1}0$〉转变为主要为再结晶组织的 {$11\bar{2}0$} 织构，主要原因为 HCP 结构在此条件下所需能量最低。挤压态 Mg-8Li-3Al 合金随加热温度的增高，其中 α 相的织构变化和挤压态 Mg-5Li-3Al 合金相似，但 β 相中织构变化由 {110} 织构转变为任意织构。挤压态 Mg-11Li-3Al 合金随加热温度的增高织构变化与双相镁锂合金中 β 相中织构一致，由 {110} 织构转变为任意织构。

陈良等人[18] 研究了挤压比对 LZ91 镁锂合金分流模挤压成形微观组织和焊合质量的影响，结果发现分流模挤压成形时，挤压比较小时微观组织不均匀，随着挤压比的增大，应变及微观组织的分布趋于均匀。

Edwin 等人[19] 综合分析了等通道转角挤压（ECAP）对镁锂合金力学性能的影响。在传统的 ECAP 加工技术中（图 2.4），用柱塞将方形或圆形截面的样品压过一个截面积相对相等的相贯模具通道，这样就可以重复挤压样品并保持初始样品截面。影响 Mg-Li 合金力学性能的主要有 ECAP 道次、加工温度、加工路线、Li 含量和显微组织变化。增加 ECAP 道次数能够提高抗拉强度和屈服强度，通过减小晶粒尺寸和形成超细晶及高角度晶界可以显著提高延展性。在高温变形条件下发生动态再结晶从而提高合金强度、延展性及成形性。

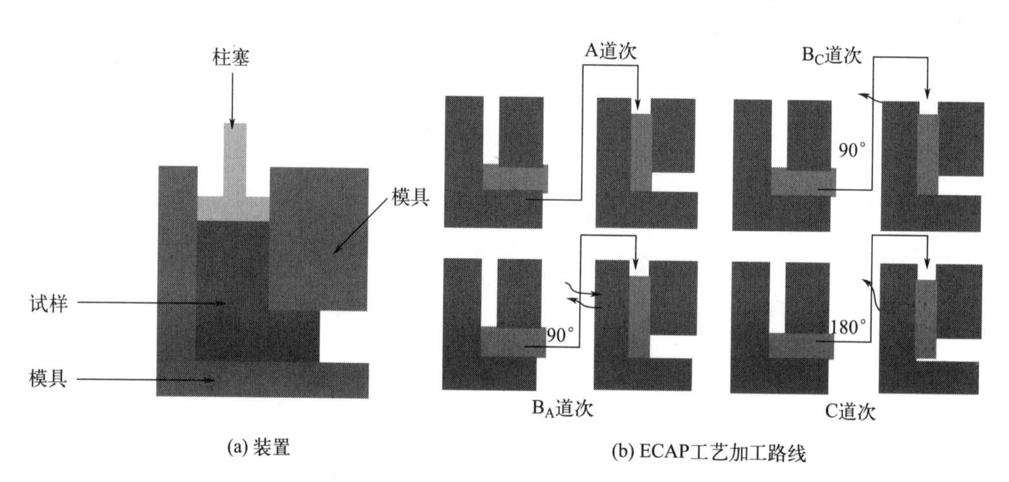

(a) 装置

(b) ECAP工艺加工路线

图 2.4　典型的 ECAP 工艺[19]

2.1.4　其他变形方法

传统的 ECAP 工艺是一种不连续工艺，在工业生产中应用有限，因此，等径角轧制（ECAR）通过生产连续的板材来解决这一缺陷。该工艺对金属产生较大的应变，而截面面积没有变化。在等通道角轧制中，被压金属是通过辊子（导向辊和进给辊）和金属表面之间的表面摩擦送入模具的，这与传统方法中由冲头施加在金属上的压力相反。因此，轧制接触面积、摩擦系数和轧制比会影响轧制过程中施加的总功率。图 2.5 为典型的 ECAR 工艺流程[20]。

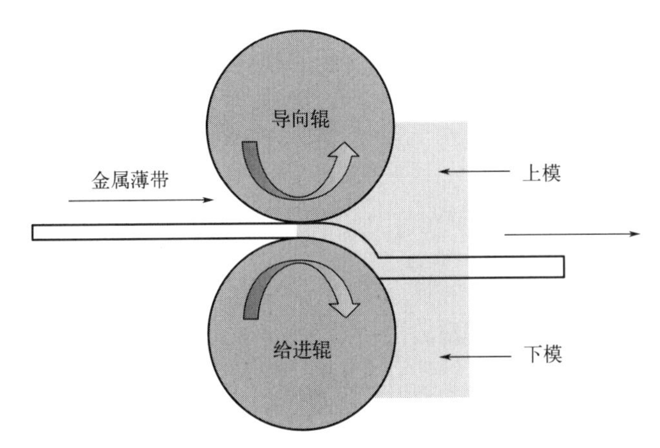

图 2.5 典型的 ECAR 工艺流程示意图[20]

Karami 等人[20] 研究了 LZ61、LZ81 和 LZ121 合金在挤压状态和经过 1 道次、2 道次和 4 道次 ECAR 工艺后的组织和织构演变。采用剪切冲孔试验（SPT）技术对挤压和 ECAR 工艺成形材料的室温力学性能进行了评价。显微组织分析表明，LZ61 和 LZ121 合金均可通过连续动态再结晶过程进行多道次 ECAR，实现晶粒细化。而对于 LZ81 合金，四道次 ECAR 条件下 Li 元素发生向 α-Mg 相固溶的倾向，通过增加 α 相的晶粒尺寸和体积分数，部分抵消了 ECAR 工艺的细化效果。当 ECAR 通过次数增加时，这个纹理变得更加随机。SPT 结果表明，ECAR 引起的晶粒细化可提高合金的剪切屈服应力、极限剪切强度和归一化位移。在所有变形条件下，Li 含量的增加会降低剪切强度，提高伸长率。

傅开武等人[21] 研究了镁锂合金焊丝的开发和应用，采用合理的工艺参数在水箱拉丝机制备镁锂合金焊丝并对焊丝进行应用测试，主要有 LA103、LA84 和 LA65 三种合金成分。经 170℃、20h 人工时效处理后，LA103 焊丝焊后熔敷金属抗拉强度高达 330MPa，延伸率为 12.9%；LA84 焊丝焊后熔敷金属抗拉强度高达 349MPa，延伸率为 15.6%；LA65 焊丝焊后熔敷金属抗拉强度高达 338MPa，延伸率为 14.8%。

Agnew 等人[22] 研究了 Mg-5Li 和 AZ31 以及 Mg-0.25Y-1Mn 合金的拉深性能，研究发现 Mg-5Li 合金具有较好的拉深性能，如图 2.6 所示：(a) AZ31 在 150℃、低速率下可进行拉深，而 Mg0.25Y-1Mn 在 200℃以下的任何速度和温度

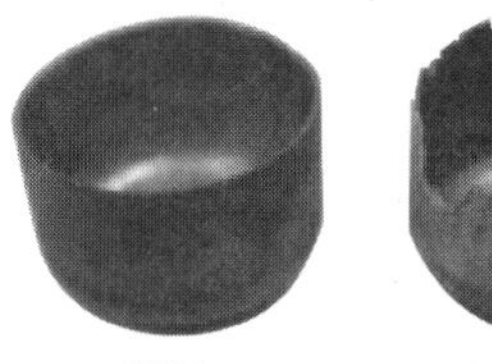

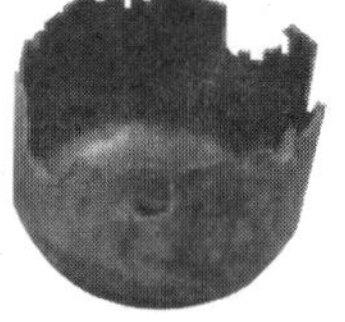

(a) 低应变速率

(b) 高应变速率

图 2.6　变形温度在 150℃下拉深[22]

下都不能成功拉深；(b) 在 150℃时，Mg-5Li 合金可以以最快的拉深速度 (8mm/s) 拉深，而 AZ31 在 200℃之前一直呈现边缘裂纹。

Matsunoshita 等人[23] 采用高压扭转工艺对 Mg-8Li 合金进行剧烈塑性变形加工，获得平均晶粒尺寸为 500nm 的超细晶粒。通过沸水拉深试验测试，在应变速率为 0.001～0.01s^{-1} 时，试样在 373K 下的伸长率为 350%～480%，应变速率敏感性为 0.3。

2.2　镁锂合金的塑性变形特点

(1) 滑移

镁锂合金的塑性变形主要有孪生和滑移相互协调作用，当锂含量低于 5.7% (质量分数) 时为 HCP 结构 α-Mg 相，此时晶体结构和普通镁合金晶体结构一致为 HCP 结构。

镁合金中典型的位错类型[2] (图 2.7)：

① a 位错　其伯格斯矢量是 $a/3\langle 11\bar{2}0\rangle$ 的单位位错。该位错的伯格斯矢量最小，其伯格斯矢量位于 (0001) 基面，有 AB、BC、CA、BA、CB 及 AC。a 位错可以沿基面、柱面及锥面发生滑移，运动能力最强。

② c 位错　伯格斯矢量为 $c\langle 0001\rangle$ 的单位位错，垂直于基面，以矢量 ST 和 TS 表示两个全位错。

③ $c+a$ 位错　伯格斯矢量为 $\sqrt{c^2+a^2}\langle 11\bar{2}3\rangle$ 的全位错，及上图中的 $SA/$

TB 的十二种全位错，SA/TB 可以看作 SA 和 TB 的矢量和。$c+a$ 位错伯格斯矢量大于 a 位错，运动能力较差。

④ 不全位错　其实质是相应层错的边界线。主要有三种：伯格斯矢量为 $c/4$ [0001]，垂直基面的四个不全位错，σ_S、σ_T、S_σ 和 T_σ；伯格斯矢量为 $a/3\sqrt{3}$ $\langle\bar{1}100\rangle$ 基面不全位错，A_σ、B_σ、C_σ、σ_A、σ_B 和 σ_C；伯格斯矢量为 $\sqrt{\frac{a^2}{3}+\frac{c^2}{3}}\Big/6$ $\langle 2\bar{2}03\rangle$，是由上述两种位错合并组合的不全位错，表示为 AS、BS 等。

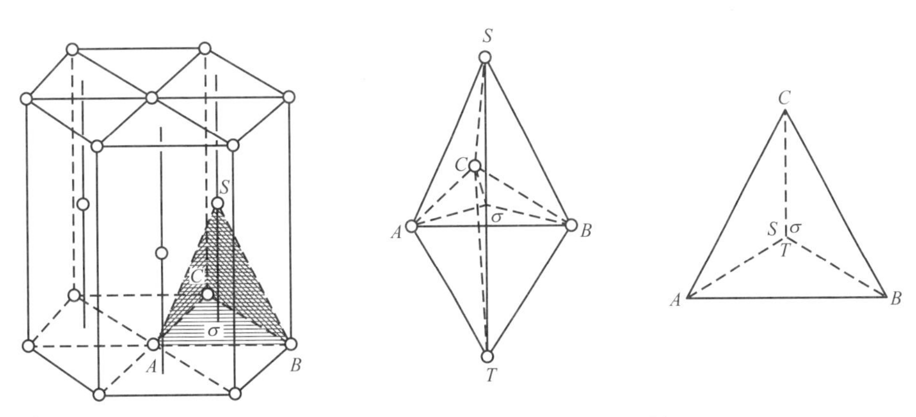

图 2.7　密排六方点阵中的伯格斯矢量[2]

根据滑移方向分类，镁合金滑移系分为 a 滑移和 $c+a$ 滑移，按照滑移面分类，可分为基面滑移和非基面滑移（柱面滑移和锥面滑移）。镁合金中主要的独立滑移系如表 2.1 所示[2]。

表 2.1　镁合金中的独立滑移系

滑移系	滑移面	滑移方向	独立滑移系量
基面滑移	(0001)	$\langle 11\bar{2}0\rangle$	2
棱柱面滑移	$\{10\bar{1}0\}$	$\langle 11\bar{2}0\rangle$	2
	$\{11\bar{2}0\}$		
锥面滑移	$\{10\bar{1}1\}$	$\langle 11\bar{2}0\rangle$	4
	$\{11\bar{2}1\}$	$\langle 11\bar{2}3\rangle$	5
	$\{11\bar{2}2\}$		

随着锂含量的增加，HCP 结构镁合金的 c/a 轴比随之减小，当锂含量由 0 升至 5.7%（质量分数）时，镁锂合金的轴比由 1.6235 降低至 1.607，进而影响镁锂合金的变形机制。锂原子半径略小于镁原子，当锂原子固溶于镁晶格中会产

生晶格收缩，且沿 c 轴方向收缩大于 a 轴，从而提高晶体对称性。由于轴比降低使晶面间距减小，从而使位错滑移的临界切应力下降，即基面滑移的临界切应力增加，非基面滑移的临界切应力减小。在镁锂合金变形过程中非基面滑移的开动可以有效提高其室温变形能力。Al-Samman[24] 研究了 HCP 结构镁锂合金和 AZ31 合金变形行为，结果发现，在镁合金中添加锂元素可以增加〈$c+a$〉非基面滑移的活性，无论在室温还是高温下都可观察到这种滑移模式，使孪晶和基面滑移得到抑制，非基面滑移的开动对镁锂合金的塑性变形能力贡献非常重要。Agnew 等人[25,26] 采用多晶织构模拟研究镁锂合金变形行为，研究发现锥面滑移〈$c+a$〉是使镁锂合金获得较高延展率的主要原因，仅在应力集中较高区域观测到〈$c+a$〉滑移，其他区域很难观察到。〈a〉柱面滑移不能协调 c 轴方向应变。利用 TEM 对镁锂合金的非基面位错进一步研究发现，锂添加至镁合金中可以有效增加〈$c+a$〉锥面滑移活性，并可以分为两个在{$11\bar{2}2$}滑移面上的 1/2〈$c+a$〉不全位错。锂元素可以提高非基面滑移的稳定性，降低层错能。变形过程中微裂纹的产生主要是因为实际加工过程中应变过大所致，如孪晶和基面滑移累积至一定值时，非基面滑移未开动。锥面滑移〈$c+a$〉作用使镁锂合金的室温变形能力增加，使镁锂合金在变形加工过程中不会产生滑移不足产生裂纹，故增加非基面滑移系的开动可以有效防止微裂纹产生。

（2）孪生

尽管室温下镁锂合金中有较多的〈$c+a$〉滑移开动，但当滑移达到一定值后孪生的产生使镁锂合金的塑性变形能力进一步提升。孪生是一种切变过程，所形成的组织称为孪晶，孪晶和基体间呈镜像对称关系。镁锂合金的 $c/a \leqslant 1.624$，当 $c/a<\sqrt{3}$ 时，常见拉伸孪晶{$10\bar{1}2$}〈$\bar{1}011$〉，压缩孪晶{$10\bar{1}1$}〈$\bar{1}012$〉、{$10\bar{1}3$}〈$\bar{3}032$〉，二次孪晶{$10\bar{1}1$}-{$10\bar{1}2$}、{$10\bar{1}3$}-{$10\bar{1}2$}等[11,27]。拉伸孪晶{$10\bar{1}2$}以及压缩孪晶{$10\bar{1}1$}的剪切应变分别为 0.1289 和 0.1377，临界剪切应力分别为 2～2.8MPa 和 76～153MPa。通常沿平行 c 轴受拉应力或者沿垂直 c 轴方向受压应力形成拉伸孪晶，图 2.8 为拉伸孪晶{$10\bar{1}2$}几何示意图[11,28]。

压缩孪晶一般呈窄条状，且孪晶界不易迁移，较拉伸孪晶更容易成为再结晶的形核位置，压缩孪晶和拉伸孪晶的激活路径相反。由于压缩孪晶的临界切应力较大，故一般出现在高温变形的后期，图 2.9 为压缩孪晶示意图[29]。由于压缩孪晶临界切应力较大，在常温下一般不易开动，故在其内部一般储存能较高，有

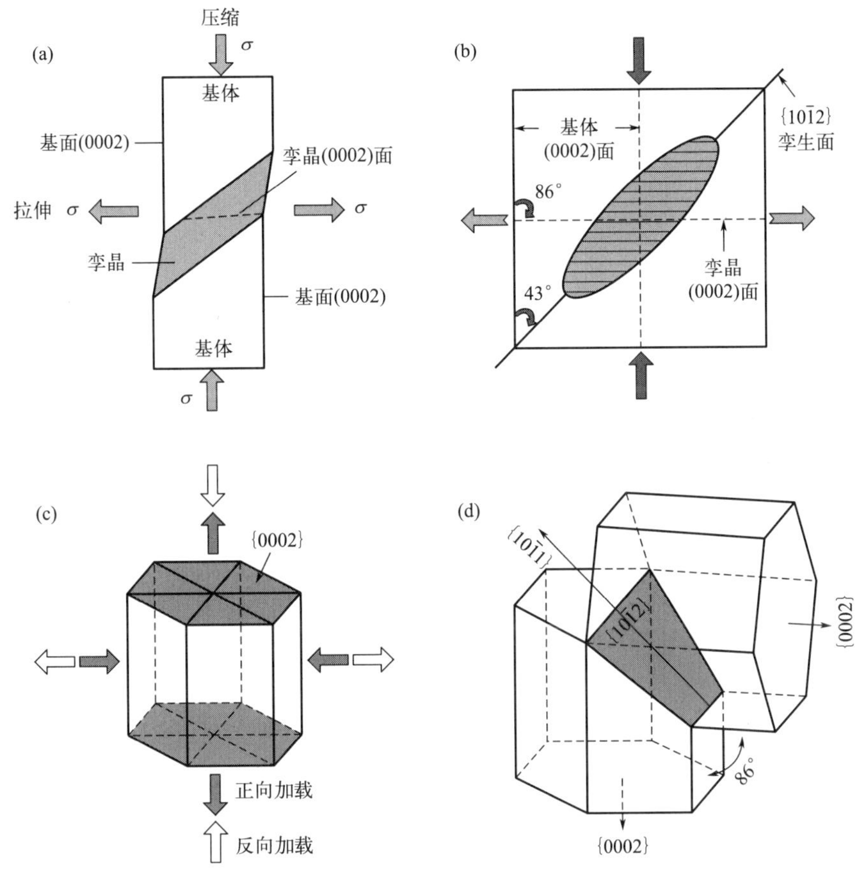

图 2.8 HCP结构拉伸孪晶 {10$\bar{1}$2} 几何示意图[11,28]

(a)、(c) 最易产生拉伸孪晶的加载方式；(b)、(d) 拉伸孪晶与基体的取向关系

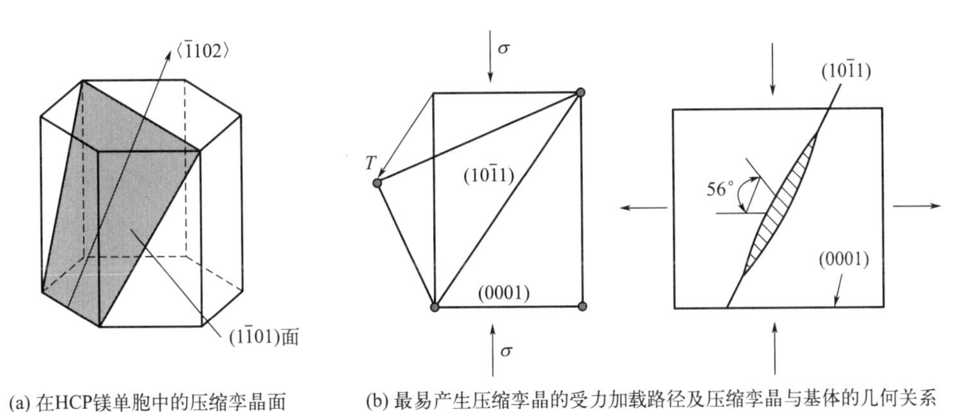

图 2.9 镁合金中压缩孪晶及其孪晶几何示意图[29]

利于为再结晶形核提供位置。

Lentz[30] 采用原位和非原位 EBSD 和透射电镜（HR-TEM）研究了挤压 Mg-4Li 合金在单轴压缩过程中的初级、二级和三级孪晶的激活顺序。在应变中孪生过程如图 2.10 所示，一次拉伸孪晶（TTW），随后发生内部二次压缩孪晶（CTW）和三次双孪晶（DTW）。发现 TTW 主要是低应变速率条件下的孪生模式，高应变速率条件下 DTW 生长速率大于 CTW，因此，DTW 主要是高应变速率下的孪生模式。

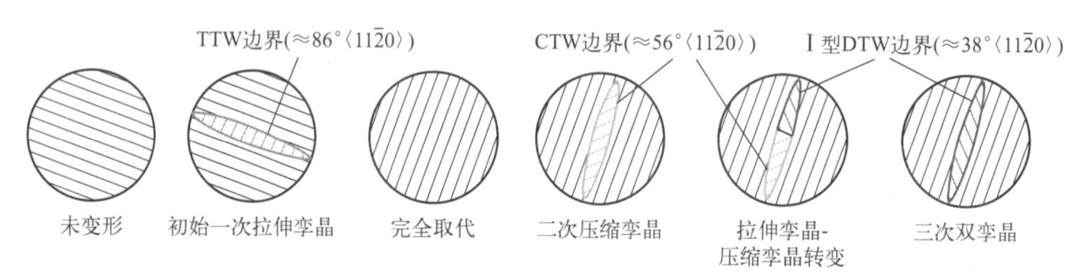

图 2.10　TTW、CTW 和 DTW 的示意图[27]

Li 等人[31] 研究了 Mg-5Li-3Al-1.5Zn-2RE 合金中 Portevin Le Chatelier（PLC）效应的孪晶机制。研究发现，合金存在锯齿状流变曲线、严重的 PLC 效应和异常的应变速率敏感性（SRS）。其中，小锯齿流由传统的动态应变时效引起，正 SRS 由动态应变时效引起，负 SRS 由孪晶切变产生的较大塑性应变突发引起，严重的 PLC 现象由大量孪晶引起。由于在 LAZ532-2RE 合金中含有 Li 元素，α-Mg 的 c/a 值从 1.624 降到 1.6074，非基面滑移在室温下很容易激活，因此，在拉伸试验后的试样中观察到更多的孪晶，并通过衍射图分析表明该孪晶类型为 {10$\bar{1}$2} 孪晶和 {10$\bar{1}$1} 孪晶（图 2.11）。

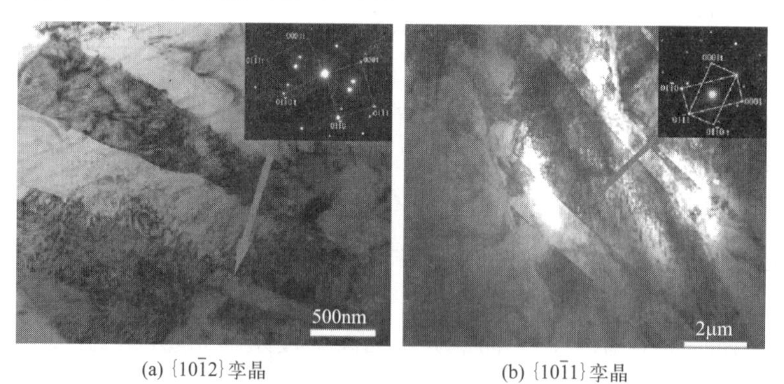

(a) {10$\bar{1}$2}孪晶　　(b) {10$\bar{1}$1}孪晶

图 2.11　{10$\bar{1}$2} 孪晶和 {10$\bar{1}$1} 孪晶在 0.01s^{-1} 应变速率下的 TEM 显微图和衍射图[28]

Yang[32] 采用准原位 EBSD 方法对强织构 Mg-0.3Li（原子百分比）合金在断续两步压缩（轧向，rolling direction，RD）-压缩（法向，normal direction，ND）过程中的孪晶（去孪生）演化行为进行了全面的统计研究。首次报道了孪晶和脱晶的 Schmid 因子不对称现象，这可能与强基面织构和不同的加载路径（RD 和 ND）有关。

2.3 镁锂合金的塑性变形影响因素

镁锂合金的塑性变形能力不仅受材料结构本身性能影响，还受到合金元素、变形温度、应变速率、晶粒尺寸及晶粒取向等因素影响[2]。

（1）变形温度

镁合金在低于 498K 时变形机制一般以滑移和孪生相互作用为主。随着温度的增加，原子迁移率增加，非基面滑移系的开动，使镁合金的变形能力提高。同时，晶界处结构位错的攀移及原子扩散能力增强，促进晶界的迁移及相邻晶粒之间的滑动[33]。

Yang 等人[34] 研究了 Mg-9Li-3Al-2.5Sr（LAJ932）合金在不同的挤压温度下挤压后的微观组织演变和力学行为。结果表明：挤压态 LAJ932 合金的晶粒比铸态细小许多，表明挤压过程的组织演变受动态再结晶的控制。随着挤压温度的升高，合金的晶粒尺寸增大，强度降低，延伸率增大。250℃挤压获得最大抗拉强度为 238MPa，伸长率为 18.1%；350℃挤压时伸长率最高为 21.6%，抗拉强度为 208MPa。250℃挤压过程中 α-Mg 相发生 CDRX，而 β-Li 相的微观组织演变受 DDRX 控制。DDRX 在一定程度上出现在 α-Mg 相中，随着挤压温度的升高，合金中 DDRX 晶粒的比例增加。Li 等人[35] 采用液氮到 300℃的四种不同温度轧制 LZ91 合金板材，研究轧制温度对材料织构和力学性能的影响。研究发现，变形温度对轧制织构影响较大；α 相基面滑移的临界分切应力随温度的升高比锥面滑移〈$c+a$〉的临界分切应力下降更明显。随着温度的升高，非基面滑移开动，当温度升高到 200℃时，〈a〉滑移大大增强。对于 β 相，（110）〈111〉滑移体系随温度升高，（211）〈110〉和（111）〈211〉织构组分得到增强。冷轧样品比其他样品具有较强的硬化行为，从而表现出更高的强度。轧制态双相镁锂合金相边界处的应变转变可能是导致两阶段硬化现象的原因。

（2）变形速率

室温变形时低变形速率有利于成形；高温变形条件下，应变速率过高或过低都不利于镁合金的变形。主要有两个方面：一是热效应，变形过程中材料的温度影响热变形行为；二是变形速率对镁合金加工硬化行为及位错运动的影响。变形速率增加不利于滑移进行，形成局部应力集中，易发生孪生或产生裂纹释放应力[36]。

Sha等人[37]采用拉伸试验研究应变速率（0.05～50mm/min）对Mg-3.5%Li合金拉伸性能和变形行为的影响。研究表明，当拉伸速率为0.5mm/min和5mm/min时，拉伸变形过程中出现塑性失稳；随着应变速率的增加，合金的抗拉强度和伸长率降低，断裂面积收缩比增加。当拉伸速率为0.5mm/min时，合金的延伸率最低。韩峰等人[38]研究了加载速率对Mg-7.98Li合金拉伸性能和断裂机制的影响。该合金在0.015～15mm/min应变速率范围内，屈服强度和抗拉强度随应变速率的增加而增加，伸长率和断裂收缩率降低，断裂机制由微孔聚合剪切断裂转向微孔聚合剪切与准解理断裂混合类型。

（3）晶粒尺寸

晶粒尺寸对镁合金变形的影响主要有：一是缩短位错滑移距离，变形更加均匀；二是晶粒发生转动和滑移，不利于软取向晶粒变形，利于硬取向晶粒变形；三是晶粒细化有利于激活棱柱滑移和锥面滑移等非基面滑移开动[39]。

（4）晶粒取向

无论是滑移还是孪生都受晶粒取向的影响，晶粒取向在变形过程中主要改变滑移系和孪生类型[40]。

2.4 镁锂合金的塑性变形研究方法

金属材料的塑性变形能力的研究通常采用拉伸实验、压缩实验以及扭转实验等。通过实验研究可以为合金塑性成形提供相关实验参数和理论依据。

(1) 热压缩

热压缩实验一般可以模拟锻造和轧制工艺，通过热压缩实验可以获得精确的真应力-应变曲线，实验过程中通过在试样和压头之间添加石墨纸，改善润滑减小摩擦，从而减小实验的误差[41]。Askariani 等人[42] 通过热压缩实验对 LA41 合金的热变形行为进行研究，并计算其本构方程进行变形参数影响预测。Li 等人[43] 通过热压缩实验研究了 Mg-6Li 合金的流变应力和微观组织演变，在此基础上建立了本构模型和热加工图。研究发现 Mg-6Li 合金的流变应力随变形温度的降低和应变速率的增大而增大；随着应变的增加，失稳区范围扩大。Mg-6Li 合金中 α-Mg 相的 DRX 比例相对较低，且形成了〈0001〉//CD 的基面织构。

(2) 拉伸

单轴拉伸实验可以模拟挤压和拉拔工艺，通常对摩擦效应、寿命以及负荷等研究具有重要意义。但实验过程中颈缩现象导致平均等效应变和流变应力异常升高，增加流变行为研究的难度。Ji 等人[44] 研究了超轻 Mg-10Li-5Zn-0.5Er 合金在不同挤压温度下的组织和拉伸性能。研究发现，随着挤压温度从 150℃升高到 300℃，微晶区体积减小，最终几乎消失。粗晶区晶粒尺寸增大，沿晶界的 Mg-Li-Zn 析出物数量减少，而晶粒中 Mg-Li-Zn 析出物数量增加。随着挤压温度的提高，拉伸强度略有提高，延伸率显著降低，Mg-Zn-Er 相周围晶界萌生微裂纹。挤压态 Mg-Li 合金在 275℃挤压时获得了最佳的综合拉伸性能。

(3) 扭转

扭转实验通常是为了研究大应变状态的成形性。扭转过程中材料不会出现失稳、鼓肚和颈缩等现象。但扭转实验变形所受的应力状态较复杂，使其实验数据较难解释[45]。Su 等人[46] 研究了高压扭转 LZ91 合金的组织演变和力学性能。显微组织分析表明，经过 10 圈高温高压扭转后，晶粒明显细化，平均晶粒尺寸从 30μm 降到 230nm 左右。显微硬度平均值随着高温高压匝数的增加而增加。通过拉伸试验获得该合金在 200℃、应变速率为 $0.01s^{-1}$ 下的伸长率约为 400%。

2.5 本章小结

本章重点阐述了镁锂合金的塑性变形方法及塑性变形的特点、影响因素。传统的变形方法均适用于镁锂合金。镁锂合金的塑性变形，同样以滑移和孪生的方式进行，只是滑移和孪生发生的条件有所不同，在镁合金中添加锂元素，能够使合金轴比降低，使非基面滑移更容易开动，从而促使合金的室温变形能力增加。非基面滑移系的开动可以有效防止微裂纹产生。当滑移达到一定值后孪生的产生使镁锂合金的塑性变形能力进一步提升。镁锂合金中孪生的类型更加复杂，更易产生二次孪生。镁锂合金的塑性变形能力不仅受材料结构本身性能影响，还受到合金元素、变形温度、应变速率、晶粒尺寸及晶粒取向等因素影响。

参考文献

[1] 张密林，ELKIN F M. 镁锂超轻合金 [M]. 北京：科学出版社，2010：47-60.

[2] 陈振华 . 变形镁合金 [M]. 北京：化学工业出版社，2005：88-98.

[3] 贾玉鑫，黄金亮，冯剑，等 . 轧制变形量对 LAZ1201 镁锂合金显微组织及力学性能的影响 [J]. 机械工程材料，2014，38 (07)：46-49.

[4] WANG J，WU R，FENG J，et al. Recent advances of electromagnetic interference shielding Mg matrixmaterials and their processings：A review [J]. Transactions of Nonferrous Metals Society of China，2022，32 (05)：1385-1404.

[5] CAO F，XUE G，XU G. Superplasticity of a dual-phase-dominated Mg-Li-Al-Zn-Sr alloy processed by multidirectional forging and rolling [J]. Materials Science and Engineering：A，2017，704：360-374.

[6] HOU L，WANG T，WU R，et al. Microstructure and mechanical properties of Mg-5Li-1Al sheets prepared by accumulative roll bonding [J]. Journal of Materials Science & Technology，2018，34 (2)：317-323.

[7] WU S K，WANG J Y，LIN K C，et al. Effects of cold rolling and solid solution treatments on mechanical properties of β-phase Mg-14. 3Li-0. 8Zn alloy [J]. Materials Science and Engineering：A，2012，552：76-80.

[8] 李瑞红 . 镁锂合金的显微组织、力学性能及其各向异性研究 [D]. 重庆：重庆大学，2013.

[9] JI Q，WANG Y，WU R，et al. High specific strength Mg-Li-Zn-Er alloy processed by multi deforma-

tion processes [J]. Materials Characterization，2020，160：110135.
[10] ZHONG F，WANG Y，WU R，et al. Effect of rolling temperature on deformation behavior and mechanical properties of Mg-8Li-1Al-0.6Y-0.6Ce alloy [J]. Journal of Alloys and Compounds，2020，831：154765.
[11] 彭研硕．轧制路径对 Mg-Li 二元合金组织与织构影响的研究 [D]. 重庆：重庆大学，2019.
[12] 王世超，曹玉如，张超，等．一种镁锂合金的锻造工艺：202110217630 [P]. 2021-06-04.
[13] 薛国强．镁锂合金多向锻造工艺及超塑性研究 [D]. 大连：东北大学，2017.
[14] 丁鑫．Mg-4.4Li-0.46Al-2.5Zn-0.74Y 合金多向锻造及超塑性研究 [D]. 大连：东北大学，2018.
[15] 刘旭贺．超轻超塑性镁锂合金的制备及性能研究 [D]. 哈尔滨：哈尔滨工程大学，2012.
[16] YANG Y，CHEN X，NIN J，et al. Achieving ultra-strong magnesium-lithium alloys by low-strain rotary swaging [J]. Materials Research Letters，2021，9 (6)：255-262.
[17] 唐岩．新型高强镁锂合金组织性能调控与强化机理研究 [D]. 大连：东北大学，2019.
[18] 陈良，陈高进，梁赵青，等．挤压比对 LZ91 镁锂合金分流模挤压成形的影响规律 [C]//创新塑性加工技术，推动智能制造发展——第十五届全国塑性工程学会年会暨第七届全球华人塑性加工技术交流会学术会议论文集，2017：245-249.
[19] EDWIN E K，JIANG J H，Bassiouny S，et al. Influence of equal channel angular pressing on mechanical properties of Mg-Li alloys：An overview [J]. Rare Metal Materials and Engineering，2022，51 (02)：491-510.
[20] KARAMI M，MAHMUDI R. The microstructural，textural，and mechanical properties of extruded and equal channel angularly pressed Mg-Li-Zn alloys [J]. Metallurgical and Materials Transactions A，2013，44 (8)：3934-3946.
[21] 傅开武，王一珠，火照燕，等．镁锂合金焊丝开发及其产业化研究 [J]. 化工机械，2018，45 (02)：141-144.
[22] AGNEW S R，SENN J W，HORTON J A. Mg sheet metal forming：lessons learned from deep drawing Li and Y solid-solution alloys [J]. JOM，2006，58 (5)：62-69.
[23] MATSUNOSHITA H，EDALATI K，FURUI M，et al. Ultrafine-grained magnesium-lithium alloy processed by high-pressure torsion：Low-temperature superplasticity and potential for hydroforming [J]. Materials Science and Engineering：A，2015，640：443-448.
[24] AL-SAMMAN T. Comparative study of the deformation behavior of hexagonal magnesium-lithium alloys and a conventional magnesium AZ31 alloy [J]. Acta Materialia，2009，57 (7)：2229-2242.
[25] AGNEW S R，HORTON J A，YOO M H. Transmission electron microscopy investigation of $\langle c+a \rangle$ dislocations in Mg and α-solid solution Mg-Li alloys [J]. Metallurgical and Materials Transactions A，2002，33 (3)：851-858.
[26] AGNEW S R，YOO M H，TOMÉCN. Application of texture simulation to understanding mechanical behavior of Mg and solid solution alloys containing Li or Y [J]. Acta Materialia，2001，49 (20)：4277-4289.
[27] ZHU Y M，XU S W，NIE J F. $\{10\bar{1}1\}$ Twin boundary structures in a Mg-Gd alloy [J]. Acta Mate-

rialia，2018，143：1-12.

［28］ WANG Y N，HUANG J C. The role of twinning and untwinning in yielding behavior in hot-extruded Mg-Al-Zn alloy［J］. Acta Materialia，2007，55（3）：897-905.

［29］ 武保林．镁合金晶体取向与变形行为机制研究概述［J］. 沈阳航空航天大学学报，2015，32（6）：1-27.

［30］ LENTZ M，COELHO R S，CAMIN B，et al. In-situ，ex-situ EBSD and（HR-）TEM analyses of primary，secondary and tertiary twin development in an Mg-4 wt%Li alloy［J］. Materials Science and Engineering：A，2014，610：54-64.

［31］ LI T Q，LIU Y B，CAO Z Y，et al. The twin mechanism of Portevin Le Chatelier in Mg-5Li-3Al-1.5Zn-2RE alloy［J］. Journal of Alloys and Compounds，2011，509（28）：7607-7610.

［32］ YANG B，SHI C，ZHANG S，et al. Quasi-in-situ study on {10-12} twinning-detwinning behavior of rolled Mg-Li alloy in two-step compression（RD）-compression（ND）process［J］. Journal of Magnesium and Alloys，2022，10（10）：2775-2787.

［33］ LI Y，GUAN Y，ZHAI J，et al. Hot deformation behavior of LA43M Mg-Li alloy via hot compression tests［J］. Journal of Materials Engineering and Performance，2019，28（12）：7768-7781.

［34］ YANG Y，XIONG X，SU J，et al. Influence of extrusion temperature on microstructure and mechanical behavior of duplex Mg-Li-Al-Sr alloy［J］. Journal of Alloys and Compounds，2018，750：696-705.

［35］ LI X，GUO F，MA Y，et al. Rolling texture development in a dual-phase Mg-Li alloy：The role of temperature［J/OL］. Journal Magnesium and Alloys，2021-12-3［2022-10-08］. https：//doi.org/10.1016/j.jma.2021.10.005.

［36］ LI X，REN L，LE Q，et al. The hot deformation behavior，microstructure evolution and texture types of as-cast Mg-Li alloy［J］. Journal of Alloys and Compounds，2020，831：154868.

［37］ SHA G，LIU T，YU T，et al. Tensile deformation behavior and its dependence on the strain rate of Mg-3.5%Li alloy［J］. Procedia Engineering，2012，27：1216-1221.

［38］ 韩峰，沙桂英，尹淼，等．加载速率对 Mg-7.98Li 合金拉伸性能的影响［J］. 热加工工艺，2014，43（16）：71-73.

［39］ 朱必武，杨伟成，谢超，等．孪晶及晶粒尺寸分布对高应变速率轧制 AZ31 镁合金板材强韧化的影响［J］. 中国有色金属学报，2021，31（12）：3520-3530.

［40］ CHE B，LU L，KANG W，et al. Hot deformation behavior and processing map of a new type Mg-6Zn-1Gd-1Er alloy［J］. Journal of Alloys and Compounds，2021，862：158700.

［41］ FAN DG，DENG KK，WANG CJ，et al. Hot deformation behavior and dynamic recrystallization mechanism of an Mg-5wt.%Zn alloy with trace SiCp addition［J］. Journal of Materials Research and Technology，2021，10：422-437.

［42］ ASKARIANI S A，HASANN PISHBIN S M. Hot deformation behavior of Mg-4Li-1Al alloy via hot compression tests［J］. Journal of Alloys and Compounds，2016，688：1058-1065.

［43］ LI G，BAI X，PENG Q，et al. Hot deformation behavior of ultralight dual-phase Mg-6Li alloy：Constitutive model and hot processing maps [J]. Metals, 2021, 11 (6): 911.

[44] JI H, WU G, LIU W, et al. Role of extrusion temperature on the microstructure evolution and tensile properties of an ultralight Mg-Li-Zn-Er alloy [J]. Journal of Alloys and Compounds, 2021, 876: 160181.

[45] 王翠英，杨勇彪，张治民，等．热扭转变形温度对AZ80镁合金微观组织的影响 [J]. 热加工工艺，2021，50 (06)：111-114.

[46] SU Q, XU J, LI Y, et al. Microstructural evolution and mechanical properties in superlight Mg-Li alloy processed by high-pressure torsion [J]. Materials, 2018, 11 (4): 598.

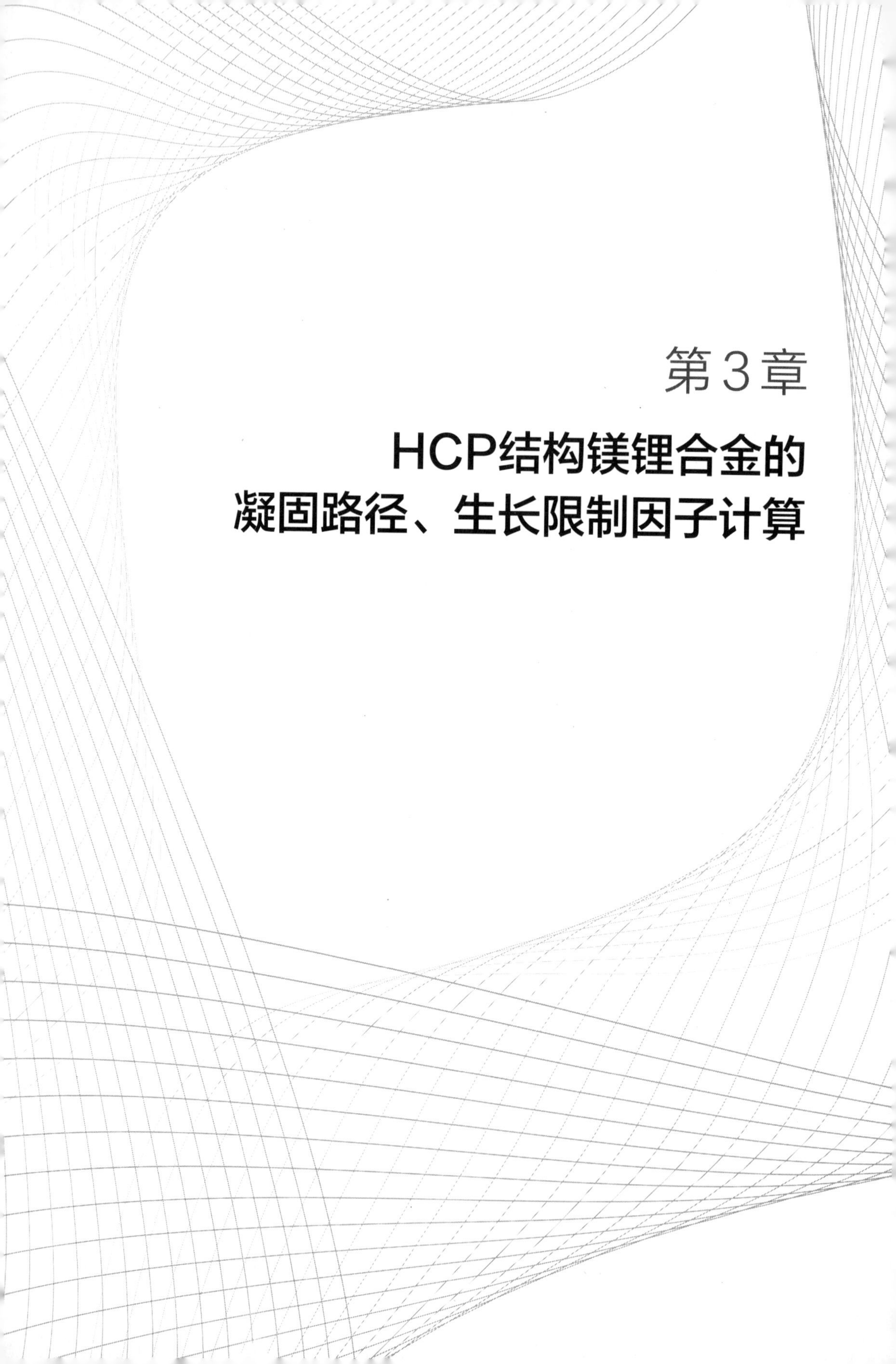

第3章
HCP结构镁锂合金的凝固路径、生长限制因子计算

合金的塑性变形能力与铸态合金的晶粒尺寸有着密切的关系，而铸态合金的晶粒尺寸与合金凝固行为息息相关。因此，在研究镁锂合金的塑性变形时，非常有必要对合金的凝固行为进行分析，从而有助于后续变形行为的研究。合金的凝固行为可以通过热力学计算软件模拟合金的凝固路径、生长限制因子等预测。

3.1 相图计算简介

合金凝固路径、生长限制因子的计算一般依靠相图计算，相图可以作为合金设计的参考。简单的二元和三元合金相图较容易获得，多元合金相图较难获得，故在多元合金中，相图往往只能作为一种参考。相图的获得方法一般分为三种：通过实验方法获得的相图，称为实验相图；利用电子理论从头算起的理论计算相图，称为理论相图；基于严格的热力学原理，利用各种渠道获得相关的热力学参数的热力学计算相图，这种方法计算的相图可以很好地与实验相结合，而且可以对实验相图进行校核[1]。

3.1.1 热力学计算相图

20 世纪初开始对热力学模型进行研究，直到 20 世纪 70 年代，随着高性能计算机的发展以及计算技术趋于成熟。在 A. T. Dinsdal[2] 和 M. Hillert[3] 等人的倡导下，1973 年开始对热力学计算相图研究，基于理想溶体模型、正规溶体模型和亚正规溶体模型以及亚点阵模型等，出现 CALPHAD 技术计算相图[4]。CALPHAD 技术作为目前最成熟的相图计算技术，计算流程如图 3.1 所示，相图计算软件主要有 Thermo-Calc[5]、PANDAT[6]、MTDATA[7] 以及 Fact-Sage[8]。

根据热力学原理计算相图，是指合金体系在恒温、恒压下求解目标体系在平衡状态下的各个化学成分[1]。恒温恒压下，体系达到平衡状态的广义判据为体系中各相总的吉布斯自由能之和最低，表达式如式(3.1) 所示：

$$G_{\text{total}} = \sum_{\varphi=\alpha}^{\gamma} n^{\varphi} G^{\varphi} = \min \tag{3.1}$$

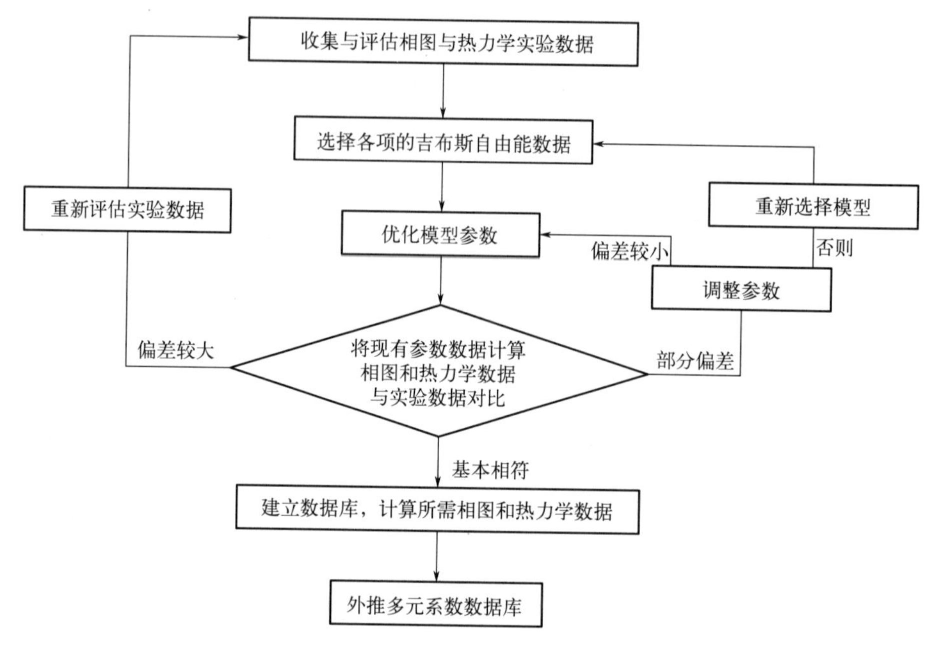

图 3.1　CALPHAD 技术计算相图流程[9]

式中，φ 为体系中存在的相；G^{φ} 为 φ 相的摩尔吉布斯自由能；n^{φ} 为 φ 相的物质的量。

根据式(3.1)，衍生出体系平衡状态下的强度判据，在等温等压下，在封闭体系中的任意一组元 i 在各个相中的化学位 μ 相等，如式(3.2) 所示：

$$\mu_i^{\alpha}=\mu_i^{\beta}=\mu_i^{\gamma}=\cdots=\mu_i^{\varphi} \tag{3.2}$$

式中，μ_i^{φ} 为组元 i 在 φ 相中的化学位，化学位与吉布斯自由能之间的关系如式(3.3) 所示：

$$u_i=\left(\frac{\partial G}{\partial n_i}\right)T,\ P,\ n_i \tag{3.3}$$

根据上式，在恒温恒压下，平衡体系化学成分的确定关键在于构建吉布斯自由能和温度、压力及成分之间的关系，如式(3.4) 所示：

$$G^{\varphi}=f(T,\ P,\ n_1^{\varphi},\ n_2^{\varphi},\ \cdots,\ n_c^{\varphi}) \tag{3.4}$$

式中，G^{φ} 为 φ 相的吉布斯自由能；T 为温度；P 为压力；c 为体系中独立的组元个数。

平衡两相的摩尔吉布斯自由能曲线公切线的切点是两相的平衡成分，成分在两切点之间的体系为两相平衡状态，如图 3.2 所示。

通过公切线法则计算热力学相图时主要由两部分组成：

① 构建不同温度下的体系吉布斯自由能对应的成分表达式；

② 利用计算机程序，求解体系中各相吉布斯自由能的和为最小值时各个平衡相的成分，或直接求解式(3.2) 各个平衡相成分，从而计算出相图。

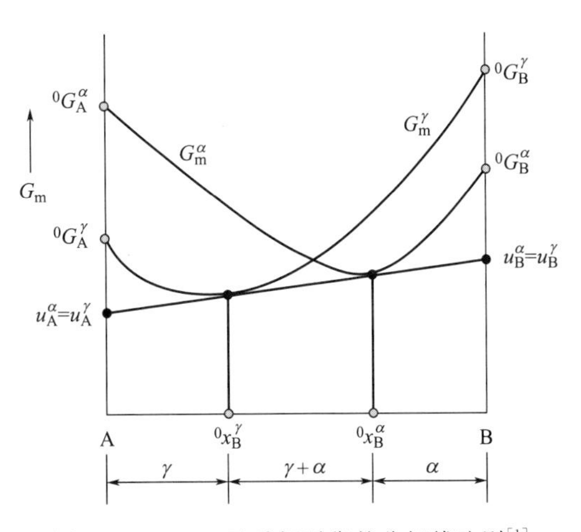

图 3.2 A-B 二元系相平衡的公切线法则[1]

Pandat 软件包含了完善的相图热力学计算功能（图 3.3）。该软件最突出的优点是输入初始或估算值时可在一定范围内自动搜索体系的平衡点，大大提高操作方便性，未受过专业计算机计算知识的研究者也可掌握使用。目前，已经存在很多热力学计算软件包，Pandat 软件数据库主要有：铝基、镁基、铁基、铜基等，其中 Mg 和 Al 的数据库在现有热力学计算软件中最为优秀，因此，Pandat 数据库在有色金属领域的研究开发中发挥着重要的作用[10]。

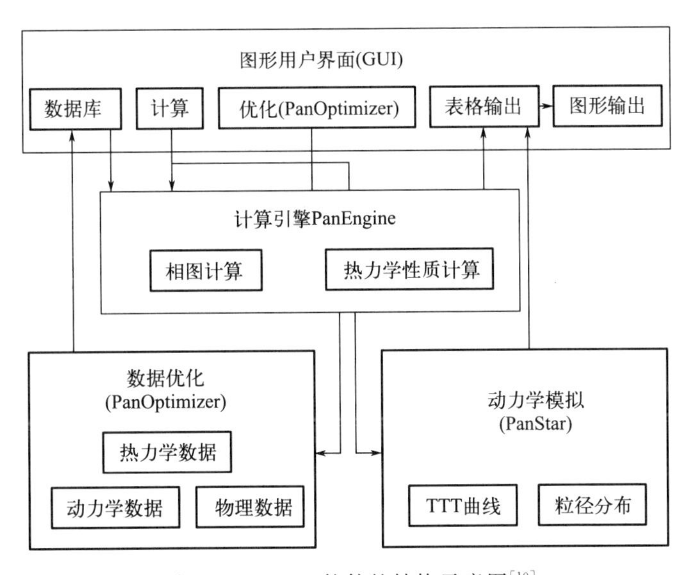

图 3.3 Pandat 软件的结构示意图[10]

3.1.2 枝晶生长限制因子计算

枝晶生长限制因子（GRF）是反映凝固过程中晶粒生长速率的参数。通过相图可以获得合金元素在凝固过程中的相关信息，从而通过相图计算 GRF 值。Maxwell 等人[11] 发现在凝固过程中，枝晶生长过程成分过冷值基本不变。提出合金元素对晶粒尺寸的影响可以用 GRF 来描述，如式(3.5) 所示：

$$GRF = m_L C_0 (k-1) \tag{3.5}$$

式中，m_L 为液相线斜率；k 为溶质分配系数；C_0 为溶质含量。

对于二元合金，参数 m_L 和 k 可以直接从相图上读取，与 C_0 无关。在相同量溶质条件下，元素的 $m_L(k-1)$ 值越大，对枝晶生长的抑制作用越强。对于三元合金，在不考虑合金元素之间的相互作用时，可采用式(3.5) 进行累加得出三元合金的 GRF 值，如式(3.6) 所示：

$$GRF_{\sum_{bin}} = \sum GRF_{bin,\ i} = \sum m_{bin,\ i}(k_{bin,\ i}-1)C_i \tag{3.6}$$

真实凝固过程中三元合金中溶质之间的相互作用，使固、液界面不再为一条直线，因此，通过式(3.6) 计算的 GRF 值是不准确的。Quested 等人[12] 提出更加准确的计算三元合金 GRF 值的方法，如式(3.7) 所示：

$$GRF_{mult} = \sum m_i (k_i - 1) C_{0,\ i} \tag{3.7}$$

式中，m_i 为 i 溶质在 C_0 的液相线斜率；k_i 为固液两相中 i 溶质的分配系数。

对于三元合金相图计算体系不够完善，Schmid-Fetzer 等人[13] 提出非平衡凝固条件下，利用热力学数据计算 GRF 值的方法，如式(3.8) 所示，其中推导过程如式(3.9) 和式(3.10)。

$$GRF = m_L C_0 (k-1) = \frac{C_L^* - C_0 / C_L^* - C_S^*}{\Delta T_c} = \left(\frac{\Delta T_c}{\Delta f_S}\right)_{f_{S \to 0}} \tag{3.8}$$

$$C_L^* - C_S^* \approx C_0 (1-k) \tag{3.9}$$

$$C_L^* - C_0 = -\Delta T_c / m_L \tag{3.10}$$

式中，C_0 为溶质的浓度；ΔT_c 为成分过冷；C_L^* 和 C_S^* 为在 C_0 和 ΔT_c 下对应的固液两相的平衡浓度；k 为液相线斜率；Δf_S 为固相分数。

Easton 等人[14] 研究了二元合金的 GRF 值与晶粒尺寸 R 之间的关系，并提出两者间的关系如式(3.11) 所示：

$$R = (a + b)/\text{GRF} \tag{3.11}$$

式中，a 和 b 为关于形核数目和形核能力的常数。

上式常用于在一定范围内的二元镁、铝合金的 GRF 值计算。Men 等人[15]对铝硅系和铝锌系合金进行了详细研究，获得晶粒尺寸 R 和 GRF 值之间的关系如式(3.12) 所示：

$$R = k(1/\text{GRF})^{1/3} \tag{3.12}$$

式中，k 为常数。

目前，三元系合金相关 GRF 值与晶粒尺寸 R 关系的研究较少，主要由于相图数据库的不完善及通过相图计算 GRF 值的参数不容易获得，另外晶粒尺寸的表征及统计不够准确。

本章采用 Pandat 热力学软件计算不同凝固路径下的 Mg-xLi-1Al（x=1,3,5）合金的相图以及相组成，在相图的基础上计算 GRF 值，并通过金相显微镜进行组织分析，采用截线法统计铸态合金的平均晶粒尺寸，讨论 HCP 结构镁合金中的锂含量对 GRF 值及晶粒尺寸的影响。

3.2 Mg-xLi-1Al（x=1，3，5）合金凝固路径计算

3.2.1 Mg-xLi-1Al 合金平衡相图变温截面分析

采用 Pandat 热力学软件计算 Mg-xLi-1Al（x=1,3,5）合金平衡相图，通过软件中的截面计算功能可以计算出多元体系的变温截面图，其中参数设置如下。Y Axis-Point 中参数：700℃，Mg=99%，Al=1%，Li=0%；Origin-Point 参数：100℃，Mg=99%，Al=1%，Li=0%；X Axis-Point 参数：100℃，Mg=89%，Al=1%，Li=10%。

图 3.4 为热力学计算的 Mg-xLi-1Al 的垂直截面图，由图可以看出 Mg-xLi-1Al（x=1,3,5）（LA11、LA31、LA51）合金在凝固过程中随温度的下降，首先形成 HCP 结构的 α-Mg 固溶体，随温度继续下降由液相完全转变为 HCP 结构 α-Mg 相。当 LA11、LA31 及 LA51 合金在低温（200℃左右）进行时效处理，AlLi 相则由饱和 α-Mg 固溶体中析出。在室温条件下 LA11、LA31 及 LA51 合金

的相组成由 α-Mg 相组成。由图 3.4 还可以看出，在 Mg-xLi-1Al 合金中，当锂含量大于5.5%（质量分数）左右时，会产生 β-Li 相，此时镁合金的基体为 α-Mg 和 β-Li 两相固溶体。同时将双相镁合金进行低温时效处理，同样会从 α-Mg 固溶体中析出 AlLi 相，室温下相组成为 α-Mg 相和 β-Li 相以及少量的 AlLi 相。锂含量的继续增加至大于 8.5%（质量分数）左右时，熔融态 Mg-Li-1Al 合金由液相凝固为 β-Li 单相，随着温度的降低再由 β-Li 相析出 α-Mg 相，该室温组织为 α-Mg 相和 β-Li 双相组织，锂含量继续增加，将由液态全部转换为 β-Li 单相组织。本章只对 α-Mg 单相镁锂合金进行研究，故不再阐述当锂含量大于 5.5%（质量分数）时的双相及 β-Li 单相镁锂合金的变化。

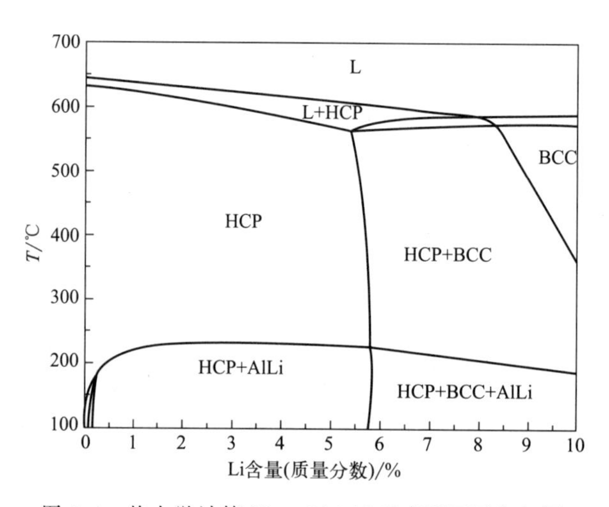

图 3.4　热力学计算 Mg-xLi-1Al 垂直界面平衡相图

3.2.2　Mg-xLi-1Al 合金 Scheil 非平衡模型凝固路径分析

图 3.5 是采用 Scheil 模型计算得到的 Mg-xLi-1Al（x=1,3,5）合金非平衡凝固过程中的液相分数和温度的关系。由图可知，在非平衡凝固条件下，LA51 合金在 564℃左右发生了包晶反应，L+α→β，而 LA31 及 LA11 合金为匀晶凝固，其铸态组织为 α-Mg 固溶体。由于 Scheil 模型是假设凝固过程中溶质仅在液体中扩散而在固体中不扩散，因此，经计算得到的第二相的数量不随凝固的继续发生而改变。实际凝固过程中，先析出的第二相在凝固过程中会随着包晶反应有所消耗，这点显然和 Scheil-模型的假设不符合，所以在 Scheil-模型计算的包晶反应的固相分数存在误差。

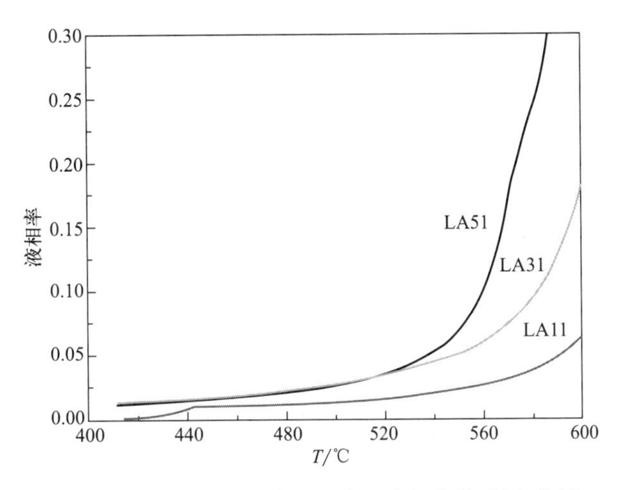

图 3.5　Scheil 模型计算三种合金液相分数-温度曲线

3.3　Mg-xLi-1Al（x=1，3，5）合金 GRF 值计算

3.3.1　基于二元平衡相图计算

对于商用镁合金来说，大多数均为多元镁合金，而非只有一种溶质元素，因此，合金在凝固过程中需考虑每种溶质对枝晶生长过程的影响。对于多元镁合金溶质元素的影响，可以采用式(3.6) 分别计算出二元合金凝固状态下溶质元素对合金的影响，计算每种合金的 GRF 值，进行求和得到多元合金的 GRF 值。

本章中计算 Mg-xLi-1Al（x =1,3,5）合金均为理论成分进行计算。采用 Pandat 软件中的界面计算模块（2D）功能计算二元体系中的变温截面图，其中参数设置如下。Y Axis-Point 中参数：700℃，Mg＝100％，Li＝0％；Origin-Point 中参数：600℃，Mg=100％，Li=0％；X Axis-Point 中参数：600℃，Mg=94％，Li=6％；利用 2D 模块计算部分 Mg-Li 二元合金的平衡相图如图 3.6(a) 所示；利用 Mg-Li 二元合金的平衡相图计算得出液相线斜率 m_{Li} = −6.945K/％(质量分数)，溶质分配系数 $K_{Li}=C_S/C_L=0.725$。同样设定 Y Axis-Point 中参数：

700℃，Mg=100%，Al=0%；Origin-Point 中参数：600℃，Mg=100%，Al=0%；X Axis-Point 中参数：600℃，Mg=97%，Al=3%；计算部分 Mg-Al 二元合金的平衡相图如图 3.6(b) 所示；通过 Mg-Al 二元合金的平衡相图计算得出液相线斜率 $m_{Al}=-5.125K/\%$（质量分数），溶质分配系数 $K_{Al}=C_S/C_L=0.297$，在镁合金中 Li 元素的溶质分配系数大于 Al 元素的溶质分配系数。采用式(3.6) 计算得 Mg-xLi-1Al（x=1,3,5）合金的 GRF_{Li}、GRF_{Al} 以及 GRF 的值列于表 3.1 中。从表 3.1 可以看出镁合金中随 Li 含量的增加，GRF 的值随之增加。

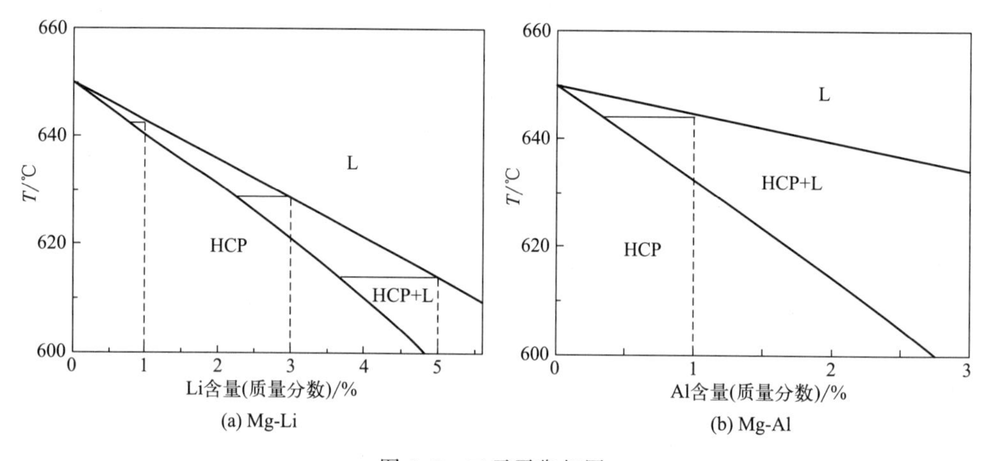

图 3.6　二元平衡相图

表 3.1　利用公式计算 Mg-xLi-1Al（x=1,3,5）合金的 GRF 值

合金	LA11	LA31	LA51
GRF_{Li}	1.91	5.34	10.59
GRF_{Al}	3.62	3.62	3.62
GRF	5.53	8.96	14.21

3.3.2　基于三元平衡相图计算

随着镁合金热力学数据库的日趋完善，采用 Pandat 热力学软件计算 Mg-Li-Al 三元合金变温界面相图，通过式(3.7) 计算 Mg-Li-Al 合金 GRF 值，以 Mg-3Li-Al（LA31）合金为例，采用 Pandat 软件中的截面计算模块（2D）功能计算三元体系中的变温截面图，结果如图 3.7 所示。其中参数设置如下。Y Axis-

Point 中参数：700℃，Mg=97%，Li=3%，Al=0%；Origin-Point 中参数：200℃，Mg=97%，Li=3%，Al=0%；X Axis-Point 中参数：200℃，Mg=93%，Li=3%，Al=4%；可以计算出 Mg-3Li-xAl 合金的变温截面，如图 3.7(c) 所示。通过相图计算得液相线斜率为−4.596K/%（质量分数）。同样设置 Y Axis-Point 中参数：700℃，Mg=98%，Li=1%，Al=1%；Origin-Point 中参数：200℃，Mg=98%，Li=1%，Al=1%；X Axis-Point 中参数：200℃，Mg=94%，Li=5%，Al=1%；可以计算出 Mg-xLi-1Al 合金的变温截面，如图 3.7(d) 所示，从相图计算得出 Li 含量为 3%时液相线斜率为−6.937K/%（质量分数）。

由于三元合金平衡相图中无法获取计算 GRF 值式中的 k 值，因此，需要通过 Pandat 软件中点计算功能（0D）获得。通过输入液相线温度 624℃，以及合金成分 Mg=96%，Li=3%，Al=1%，计算该温度下的液相中的质量分数 $w(\mathrm{Li})=0.0302$，$w(\mathrm{Al})=0.0102$，固相中的质量分数 $w(\mathrm{Li})=0.022$，$w(\mathrm{Al})=0.0026$，根据公式 $K=C_S/C_L$ 计算 Li 和 Al 的溶质分配系数 $K_{Li}=0.728$，$K_{Al}=0.255$。通过式(3.7) 计算 Mg-3Li-1Al 合金在凝固过程中的 GRF 值，$GRF_{Al}=3.424$，$GRF_{Li}=5.66$。通过上述方法分别计算 LA11 及 LA51 合金的三元变温截面图。由于 LA11 合金中 Li 含量仅有 1%（质量分数），无法通过 Pandat 热力学软件对三元合金富 Al 角进行计算，并且因 Li 含量较低对合金的凝固路径影响作用不大，因此参考 3.3.1 中二元平衡凝固镁锂合金的富 Al 角的计算参数及 GRF_{Al} 值。通过计算，相图如图 3.7 所示，计算出 LA11、LA31 及 LA51 合金中的 GRF_{Al} 和 GRF_{Li} 等参数列于表 3.2。

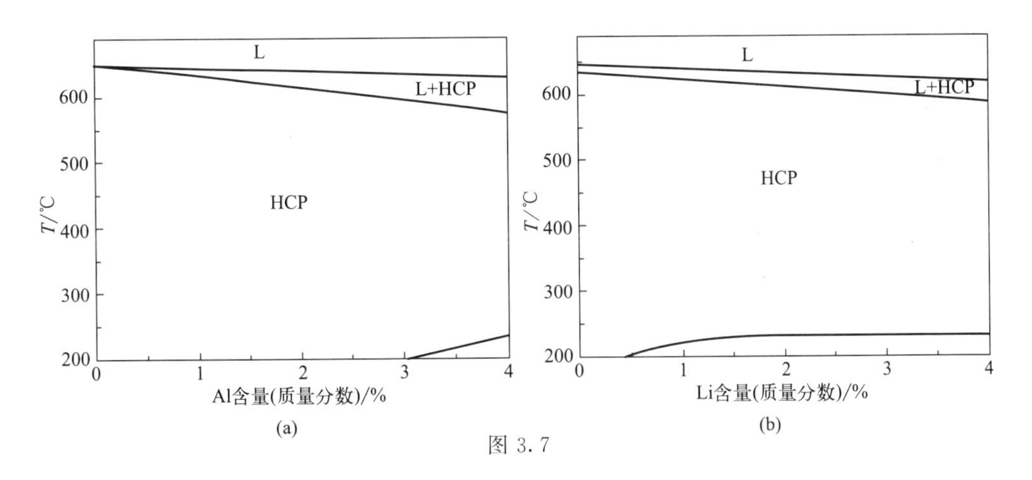

图 3.7

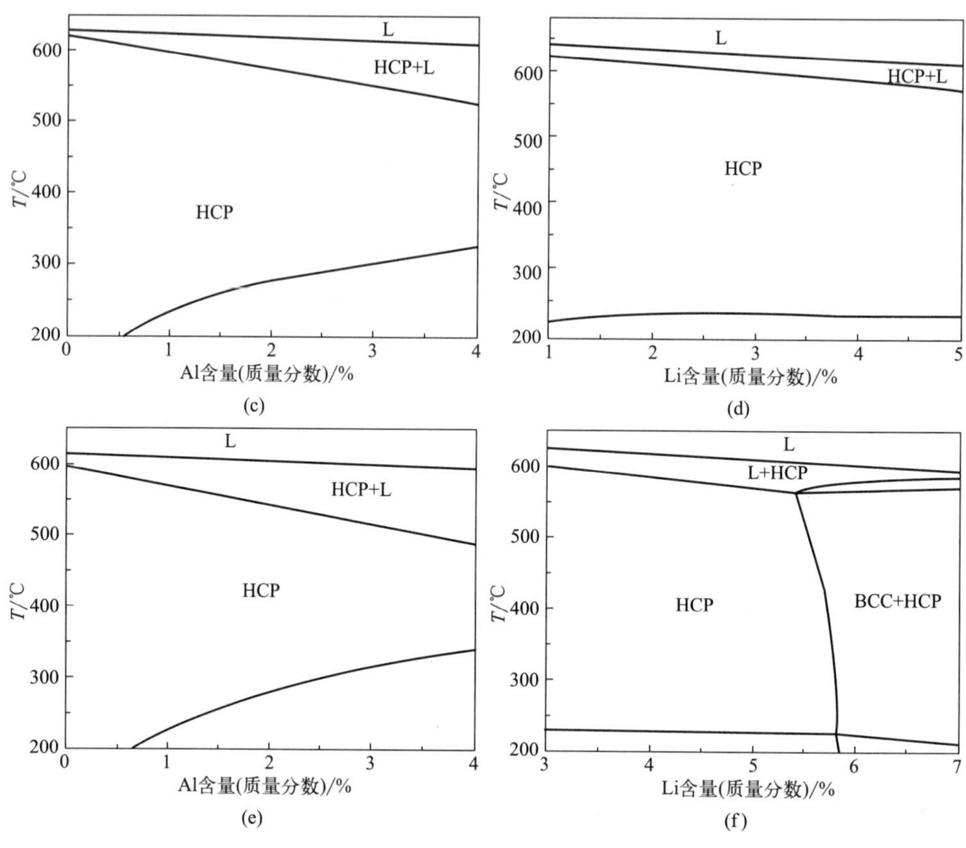

图 3.7 计算 Mg-xLi-1Al（x=1,3,5）合金的变温截面相图

（a）、（b）LA11 合金；（c）、（d）LA31 合金；（e）、（f）LA51 合金

表 3.2 Mg-xLi-1Al 合金三元平衡相图计算得到的 GRF 值

合金	$m_{L,Al}$	k_{Al}	GRF_{Al}	$m_{L,Li}$	k_{Li}	GRF_{Li}	GRF
LA11	5.152	0.297	3.62	6.775	0.725	1.86	5.48
LA31	4.596	0.255	3.42	6.937	0.728	5.66	9.08
LA51	4.412	0.297	3.10	7.620	0.726	10.44	13.54

3.3.3 基于 Scheil 凝固模型计算

以上两种方法是通过计算相图从而获得参数 m_L 和 k，近年来 Quested[12] 提出一种简便的方式，如式(3.10）计算 GRF 值，在一定的成分过冷条件下，固相分数与 GRF 值呈反比。由于在凝固初期平衡凝固和非平衡凝固没有太大区别，故通过热力学计算软件可以模拟固相分数随温度变化曲线，采用平衡凝固和非平

衡凝固的固相分数效果相同。

在实际工业生产中均为非平衡凝固过程，因此通过式(3.10）计算三元合金在非平衡凝固条件下的GRF值。通过Pandat软件中的“凝固模拟”功能，计算固相分数随温度的变化，图3.8为Scheil模型模拟Mg-xLi-1Al（x=1,3,5）合金的固相分数-温度曲线。将f_S-T之间的关系转化为ΔT_c和f_S之间的关系，其中$\Delta T_c = T_L - T$，ΔT_c的范围为$0<\Delta T_c<1$，GRF值计算结果如图3.9所示，通过式(3.10）计算$f_S/\Delta T_c$获得GRF值，Mg-xLi-1Al（x=1,3,5）合金的GRF值计算结果列于表3.3。

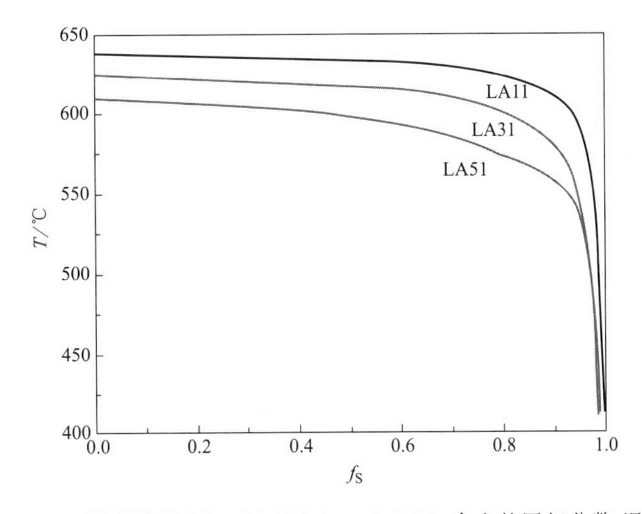

图3.8　Scheil模型模拟Mg-xLi-1Al（x=1,3,5）合金的固相分数-温度曲线

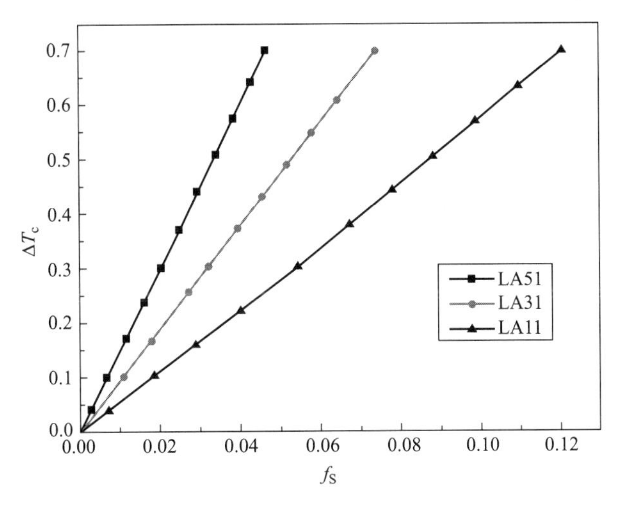

图3.9　Mg-xLi-1Al（x=1,3,5）合金的非平衡凝固条件下的固相分数与成分过冷之间的关系

表 3.3 Mg-xLi-1Al (x=1,3,5) 合金 Scheil-模型计算所得 GRF 值

合金	LA11	LA31	LA51
GRF	5.56	9.36	14.34

3.4 GRF 值对 Mg-xLi-1Al（x= 1，3，5）合金晶粒尺寸的影响

理论上无论通过平衡相图计算还是通过 Scheil 非平衡凝固条件计算的 GRF 值应该是相同的，由于计算过程中存在一定的误差，导致 GRF 值存在较小的差别，如图 3.10 所示。采用不同的计算方法所得 GRF 值之间的误差较小，获得 Mg-Li-Al 合金的 GRF 值，可以通过以上三种方法进行计算。GRF 值的误差（ε）分析，通常采用 Quested 等人[12] 提出的式(3.13) 进行。

$$\varepsilon=\frac{GRF_{real}-GRF_{bin}}{GRF_{real}}\times 100\% \tag{3.13}$$

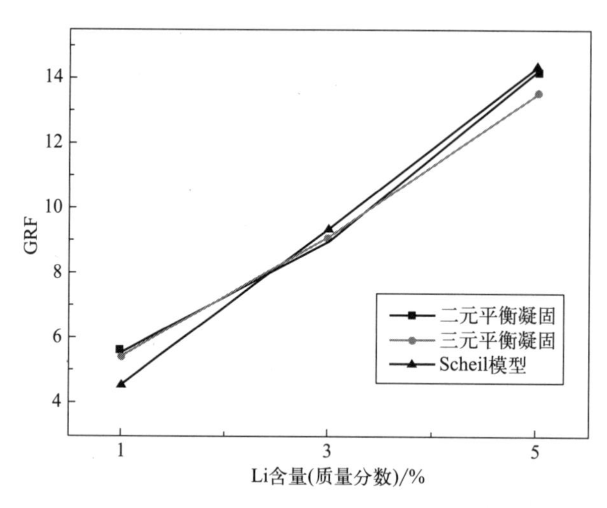

图 3.10 采用不同计算方法获得 Mg-xLi-1Al (x=1,3,5) 合金 GRF 值

有学者通过二元相图计算 Mg-Al-Zn 合金的 GRF 值，研究发现，随着 Zn 含量的增加，GRF 值的误差值随之增加[13]。Easton 等人[14] 研究 Ti 含量对

$AlSi_7Mg_{0.3}$ 合金 GRF 值的影响，通过二元相图计算及 Scheil 模型计算，发现两种计算方法之间存在偏差值。

根据热力学计算不同路径凝固状态下的 Mg-xLi-1Al（$x=1,3,5$）合金的 GRF 值与晶粒尺寸之间的关系如图 3.11 所示，由于计算过程中存在人为误差，故此图采用截线法计算平均晶粒尺寸及平均 GRF 值。由图 3.11 可知，随着 GRF 值的增加，铸态合金晶粒尺寸减小，随锂含量的增加镁合金的晶粒尺寸总体表现为减小的趋势，但当 GRF 值较高时，晶粒尺寸随 GRF 值的变化不明显，甚至当 Li 含量高于一定值时，出现了晶粒粗化现象。Easton 等人[14] 提出晶粒尺寸理论公式(3.14)，并认为当熔融金属液体中的异质核心数量足够时，晶粒尺寸随 GRF 值的增大而减小。

$$Z=1-\left(\frac{m_L C_0}{m_L C_0-\Delta T_n}\right)^{1/p} \tag{3.14}$$

式中，Z 为平均晶粒尺寸；ΔT_n 为形核的临界过冷度；p 为常数。

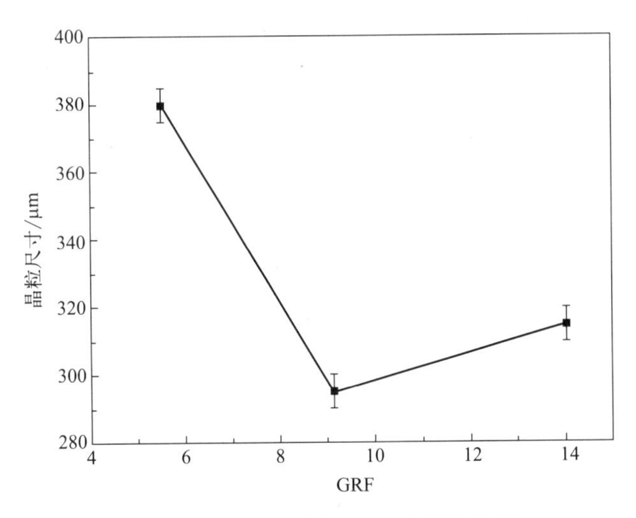

图 3.11　晶粒尺寸与 GRF 之间的关系

晶粒尺寸和溶体中的异质核心数目与 GRF 值有关。由于本章所涉及的三种合金未经变质处理，故异质核心数目较少，Mg-xLi-1Al（$x=1,3,5$）合金随着锂含量的增加，在固液界面前沿形成较大的成分过冷，可以促进较多的晶核核心生成。当溶体未进行变质处理时，由成分过冷产生的形核中心对合金的晶粒细化作用较小，并当溶质原子达到一定含量时对晶粒细化的作用不再显著。Lee 等人[16] 对镁铝二元合金的铸态合金晶粒尺寸与 GRF 值进行研究，结果表明，当

GRF 值达到一定值时，存在一个饱和值，当 GRF 值大于该饱和值后，晶粒尺寸不会随 GRF 值的增加而减小。按照计算结果，当锂含量为 3%（质量分数）时，GRF 值达到 9.13 时，晶粒尺寸最为细小。

3.5 HCP 结构镁锂合金铸态及均匀化态微观组织

为了验证理论计算的 GRF 值与合金铸态晶粒尺寸的关系，对本章所涉及的三种合金进行熔炼铸造。熔炼原材料为：工业纯镁（99.9%，质量分数）、工业纯铝（99.9%，质量分数）、Mg-10Li 中间合金。将纯镁、纯铝以及 Mg-10Li 中间合金表面氧化皮打磨干净，称重，于 120℃烘干备用；将熔炼炉及熔炼工具清洗干净并烘干；将模具在 200～300℃预热。在真空感应熔炼炉中氩气气氛保护条件下熔炼，150℃预热炉膛至烘干，将称量好的原料迅速放入熔炼炉坩埚中，抽真空气压低于 1×10^{-2}Pa，注入氩气至 0.03MPa；将感应炉加热直到原料完全熔化后，在 720℃静置 20min，将氩气通入最大量增加炉中压力，将溶体压入预热金属模型，其中模具内壁尺寸为 ϕ100mm×200mm，将铸锭室温冷却后取出。均匀化热处理工艺为 350℃、5h。

3.5.1 铸态合金显微组织

图 3.12 为 LA11、LA31 及 LA51 合金的金相显微组织图，其中图 3.12(a) 为锂含量为 1%（质量分数）时的铸态微观组织，可以看出 LA11 合金的晶粒大小不均匀，且晶粒尺寸为 380μm±5μm；图 3.12(b) 是锂含量为 3%（质量分数）的 LA31 合金的铸态微观组织，从图中可以看出晶粒尺寸仍然较大，但与 LA11 相比较，晶粒尺寸减小至 295μm±5μm；图 3.12(c) 为锂含量为 5%（质量分数）时的合金铸态微观组织，从图中可以看出，当锂含量增加为 5%（质量分数）时，晶界出现弯曲，经统计，计算此时平均晶粒尺寸为 315μm±5μm。采用截线法对图 3.12 进行平均晶粒尺寸统计，结果如图 3.13 所示，HCP 结构镁锂合金随着锂含量的增加，平均晶粒尺寸总体下降，但当锂含量达到 5%（质量分数）时，平均晶粒尺寸轻微增加。出现这种现象的主要原因可能和凝固过程中

成分过冷有关，随着锂含量的增加，镁合金在凝固过程中固液界面前沿形成成分过冷区，从而诱导形核中心的形成，导致形核率增加，晶粒生长速度降低。而当锂含量为3%（质量分数）时，平均晶粒尺寸最小，当锂含量为5%（质量分数）时，晶粒尺寸轻微增加，是因为成分过冷导致的生长限制作用达到最大，锂含量的继续增加不再起到晶粒细化的效果。有学者发现，在铝、镁等合金系同样存在随着溶质元素的含量增加，铸态合金平均晶粒先细化、再增加的现象[17]。

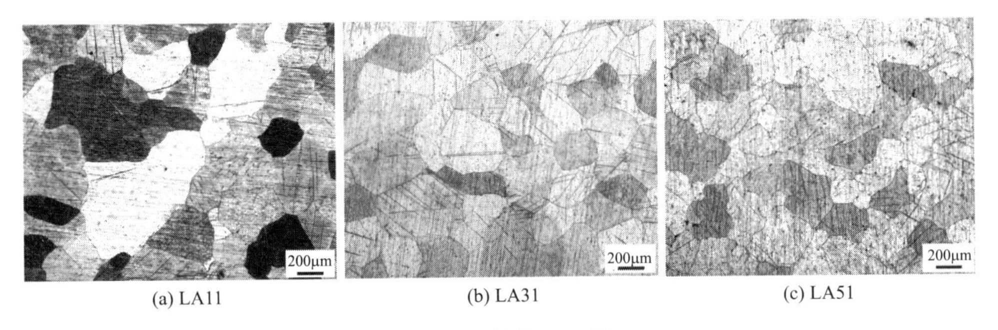

(a) LA11　　(b) LA31　　(c) LA51

图 3.12　铸态 OM 图

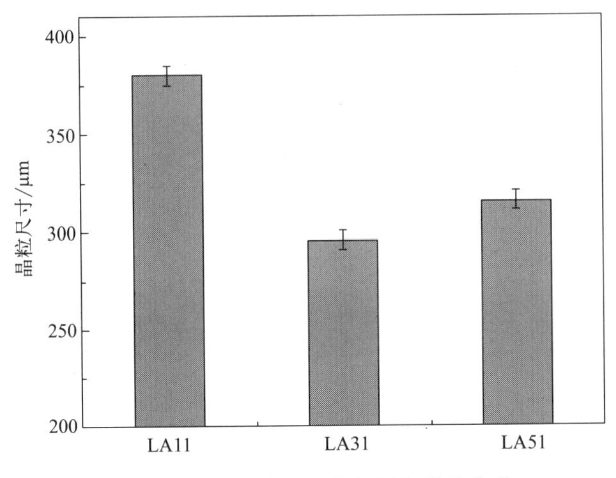

图 3.13　平均晶粒尺寸与锂含量的关系

图 3.14 为 Mg-xLi-1Al（x=1,3,5）合金的 XRD 物相分析结果，从图中可以看出三种合金的相组成均为 α-Mg 组成，并且三种合金均未发现第二相存在。通过 XRD 图谱对比发现，随着锂含量的增加，衍射峰向右发生偏移，说明随着锂含量的增加，Mg 的晶格常数减小[18]，通过计算得 LA11 合金的 $c/a=1.6204$，LA31 合金的 $c/a=1.6141$，LA51 合金的 $c/a=1.6135$，正如文献中报道，镁合金中添加 Li 元素可以降低 c/a，且随着 Li 含量的增加，轴比逐渐降低[18,19]。

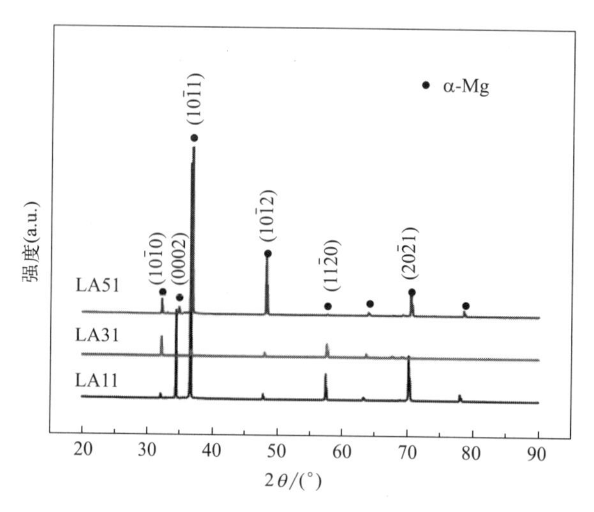

图 3.14　Mg-xLi-1Al（x=1,3,5）合金的 XRD 图谱

3.5.2　均匀化态合金显微组织

图 3.15 为 Mg-xLi-1Al（x=1,3,5）合金在 350℃、5h 均匀化热处理后的金相组织，发现铸态 Mg-xLi-1Al（x=1,3,5）合金经均匀化热处理后晶粒尺寸基本不变。

(a) LA11　(b) LA31　(c) LA51

图 3.15　均匀化态 OM 图

3.6　本章小结

① 由平衡相图计算获得 Mg-xLi-1Al（x=1,3,5）合金在凝固过程中由液相

转变为 α-Mg 单相固溶体，室温组织由单相 α-Mg 相组成。在较低温度下进行时效处理，少量的 AlLi 相可从 α-Mg 单相固溶体中析出。

② 利用二元相图及三元平衡相图计算 Mg-xLi-1Al（x＝1，3，5）合金的 GRF_{Al}、GRF_{Li} 及 GRF 值，采用 Scheil 模型非平衡凝固路径计算 Mg-xLi-1Al（x＝1,3,5）合金的 GRF 值。结果表明：相图计算和 Scheil 模型计算 GRF 值基本一致；随着 Li 含量的增加 GRF 值增加，晶粒尺寸总体减少，当 Li 含量为 3%（质量分数）时，晶粒尺寸最小，当 Li 含量为 5%（质量分数）时，晶粒尺寸有小幅度增加，平均晶粒尺寸与 GRF 值不成线性相关。

③ 实验所得铸态 Mg-xLi-1Al（x＝1,3,5）合金随锂含量的增加，平均晶粒尺寸为先减小再增加的趋势。当镁合金中添加 1%（质量分数）Li 时平均晶粒尺寸最大，为 380μm±5μm；当添加 3%（质量分数）Li 时，平均晶粒尺寸为 295μm±5μm；当添加 5%（质量分数）Li 时，平均晶粒尺寸为 315μm±5μm。

参考文献

[1] 郝士明 . 材料热力学 [M]. 北京：化学工业出版社，2004：55.

[2] DINSDAL A T，KAUFMAN L. Calphad-computer coupling of phase diagram and thermo-chemistry [M]. USA：Pergoman Press，1977：170.

[3] 马兹・希拉特 . 合金扩散和热力学 [M]. 北京：冶金工业出版社，1984：38.

[4] 西泽泰二 . 微观组织热力学 [M]. 北京：化学工业出版社，2006：45.

[5] SUNDMAN B，JANSSON B，ANDERSSON J. The Thermo-Calc databank system [J]. Calphad，1985，9（2）：153-190.

[6] CAO W，CHEN S L，ZHANG F，et al. PANDAT software with PanEngine，Pan Optimizer and Pan-Precipitation for multi-component phase diagram calculation and materials property simulation [J]. Calphad，2009，33（2）：328-342.

[7] DINSDALE A T，HODSON S M，BARRY T I，et al. Computations using MTDATA of metal-matte-slag-gas equilibria [J]. Proceedings of the International Symposium on Computer Software in Chemical and Extractive Metallurgy，1989，81（914）：59-74.

[8] BALE C W. FactSage thermochemical software and databases-recent developments [J]. Calphad，2008，33（2）：295-311.

[9] 陈薪宇 . Mg-Gd-Ag 体系的热力学优化与计算 [D]. 上海：上海交通大学，2015.

[10] 武月春，陈敬超，彭平，等 . 基于 Pandat 软件的相图计算及其方法概述 [J]. 热加工工艺，2014，43（12）：103-106.

[11] MAXWELL I，HELLAWELL A. A simple model for grain refinement during solidification [J]. Acta Metallurgica，1975，23：229-237.

[12] QUESTED T E，DINSDALE A T，GREER A L. Thermodynamic modelling of growth-restriction

effects in aluminium alloys [J]. Acta Materialia, 2005, 53 (12): 1323-1334.

[13] SCHMID-FETZER R, KOZLOV A. Thermodynamic aspects of grain growth restriction in multicomponent alloy solidification [J]. Acta Materialia, 2011, 59 (15): 6133-6144.

[14] EASTON M A, STJOHN D H. A model of grain refinement incorporating alloy constitution and potency of heterogeneous nucleant particles [J]. Acta Materialia, 2001, 49 (10): 1867-1878.

[15] MEN H, FAN Z. Effects of solute content on grain refinement in an isothermal melt [J]. Acta Materialia, 2011, 59 (7): 2704-2712.

[16] LEE Y C, DAHLE A K, STJOHN D H. The role of solute in grain refinement of magnesium [J]. Metallurgical and materials transaction A, 2000, 31 (11): 2895-2906.

[17] 李瑞红．镁锂合金的显微组织、力学性能及其各向异性研究 [D]. 重庆：重庆大学，2013.

[18] 储刚，黄继亮．X 射线衍射外推法精确测定晶胞参数 [J]. 计算机与应用化学，1995，12 (1)：72-75.

[19] 杨光昱，郝启堂，介万奇．镁锂系合金的研究现状 [J]. 铸造技术，2004，25 (1)：19-21.

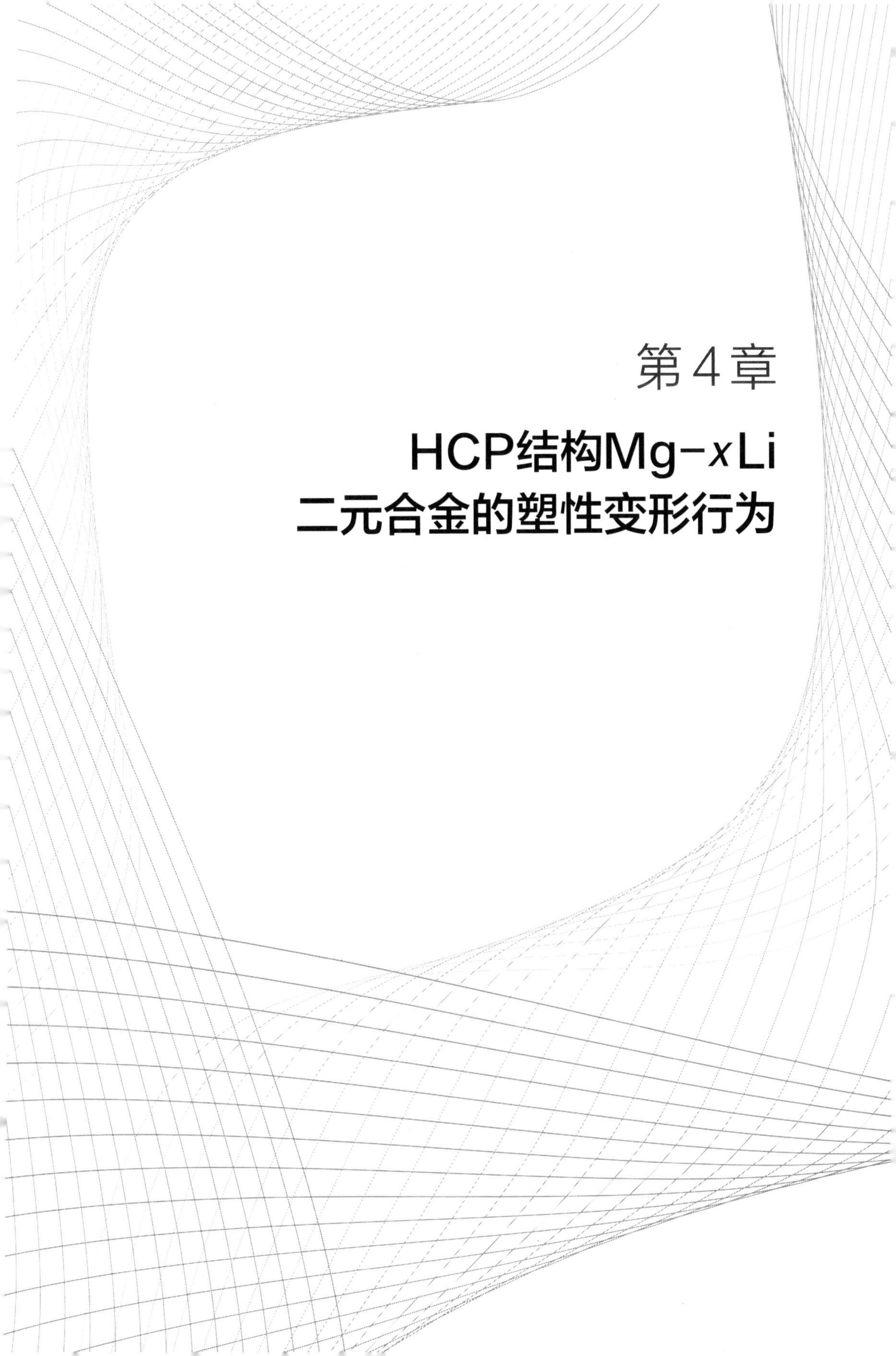

第4章

HCP结构Mg-xLi二元合金的塑性变形行为

在 Mg 中添加少量的 Li 元素后，镁合金的室温变形能力得到显著提高[1-3]，随着 Li 含量的增加，会出现 β-Li 相，该相的出现会使合金的塑性变形性能得到改善，但同时会降低合金的强度，耐蚀性也会变差[4-6]。本章研究的目标合金为 Li 含量较低的 HCP 结构 Mg-Li 合金。即使在 Li 含量较低的情况下，Li 原子在镁中的固溶也将使得镁晶体的轴比（c/a）降低，晶格对称性增强，从而有利于非基面滑移的开启[7-9]。Zhao 等人[10] 在镁中添加了 1%～5%（质量分数）的 Li 元素之后，挤压板材的延伸率得到了明显的改善，板材的基面织构强度得到明显的弱化，同时基面极轴也发生了明显的偏转。Agnew 等人[11] 研究了 Mg-Li 合金的滑移变形机制，发现 Li 元素的添加可以使镁合金出现〈$c+a$〉锥面滑移。作者利用透射电镜分析了 Mg-Li 合金中的位错组态，观察到了〈$c+a$〉位错线，发现添加 Li 元素后，合金中〈$c+a$〉滑移系的活性大大提高。作者认为这可能与 Li 元素的添加使得基面层错能增加，非基面层错能降低有关。这些研究工作深入地探讨了 Li 元素对镁合金非基面滑移的影响。然而，Mg-Li 合金在变形过程中究竟存在什么样的滑移系，是否有孪晶的参与，这些滑移系与孪晶之间的竞争机制是怎样的，这方面的内容仍鲜少报道。

4.1 Mg-Li 二元合金的制备与性能测试

相关研究表明，Li 原子能较大程度地降低镁非基面与基面理论临界剪切强度的比值[12]。为了探索 Li 含量对纯镁力学行为的影响，本章首先通过矿物油保护气氛熔炼制备出二元 Mg-xLi［$x=1\%$，2%，3%（质量分数）］合金；其次将合金铸锭挤压成 3mm 厚的板材，并通过 OM、EBSD、宏观织构及室温拉伸测试等手段表征并分析挤压态 Mg-Li 合金的显微组织、晶粒取向及力学行为，对比不同 Li 含量对挤压态显微组织及非基面滑移系启动的影响；最后将综合力学性能较好的 Mg-3Li 挤压板材进行多道次室温轧制，并考察含非基面取向晶粒的板材在冷变形过程中的组织演变规律及特殊的力学行为。

4.1.1 Mg-Li 二元合金的制备

本章 Mg-Li 合金采用矿物油保护气氛熔炼[13] 制备。该方法利用矿物油燃烧形成镁合金熔体与空气的隔离带，不仅能有效地保护镁合金熔体、防止纯锂燃烧，同时利用燃烧产物为二氧化碳和水的矿物油作为保护气氛，还能减少环境污染、提高熔炼设备使用寿命。本章涉及的实验原料有工业纯镁［纯度（质量分数）：99.9%］与工业纯锂［纯度（质量分数）：99.9%］。熔炼工艺如下：

① 将含镁锭的坩埚置于有保护气氛［90%（体积分数）的 CO_2 和 10%（体积分数）的 SF_6 的混合气体］的井式电阻炉内，电阻炉升温至 720℃，加热熔化镁锭，待镁锭完全熔融后清除熔体表面的熔渣。

② 按照合金比例加入纯锂，关闭保护气体，同时将煤油均匀滴入坩埚内，使煤油均匀覆盖在熔体表面，保持煤油在熔体表面的燃烧火焰高度为 5～10cm，形成熔体与空气的燃烧隔离层。

③ 待纯锂完全熔化后，搅拌熔体使合金元素均匀分布，静置 15min。

④ 将电阻炉断电，待炉温降至 700℃时再次清除熔体表面的熔渣，并将合金熔体浇注至预热 300℃的金属模具中（模具尺寸为 ϕ89mm×200mm，为了防止锂在空气中燃烧，在加入纯锂直至最后浇注完成，一直保持煤油保护气氛）。

4.1.2 合金的变形加工

为了考察二元 Mg-Li 合金的变形行为，对其进行先挤压后室温轧制的变形工艺。在挤压变形前，镁合金铸锭需要进行均匀化处理，主要是为了消除铸造过程中产生的成分偏析，使合金的成分与组织较为均匀。均匀化处理的参数为：加热温度 250℃，保温时间 24h。随后车去铸锭的表皮，打磨干净，使其表面光滑无氧化层，取铸锭中部进行挤压。挤压温度为 300℃，挤压比为 31.5，挤压后获得 3mm 厚、60mm 宽的板材。

轧制工艺为：在双辊轧机上对 Mg-Li 合金进行单向轧制，轧制温度为室温。为了保证轧制压下的应变速率基本一致，将 Mg-3Li 挤压板材进行多道次等压下量压下，每次压下量为 5%，压下道次分别为 1、2、3、4、5 和 6 道次，最终累计压下量为 5%、10%、15%、20%、25%和 30%。

4.1.3 分析测试方法

① 金相观察。试样粗磨、精磨、抛光后，采用苦味酸溶液（1.5g 苦味酸+25mL 无水酒精+5mL 冰醋酸）作为侵蚀剂，侵蚀时间约 20～30s，采用金相显

微镜进行金相组织观察。

② 合金实际化学成分测定。采用 X 射线荧光光谱仪对合金进行成分检测。熔炼得到的单相固溶体合金实际化学成分见表 4.1。

表 4.1 Mg-Li 二元合金的实际化学成分

合金	Li(质量分数)/%	Mg(质量分数)/%
Mg-1Li	0.77	余量
Mg-2Li	2.35	余量
Mg-3Li	3.57	余量

③ 力学性能测试。铸态 Mg-Li 合金强度较低，故只测定了变形态 Mg-Li 合金的室温拉伸性能。拉伸试样的形状为板状，采用非标准试样加工拉伸试样，通过线切割将试样加工成如图 4.1(a) 所示形状。分别沿与挤压方向呈 0°（挤压方向，ED)、45°、90°（横向，TD）三个方向取样，如图 4.1(b) 所示，每个方向分别准备三个拉伸试样，其力学性能的平均值视为板材在此方向上的力学性能。室温拉伸性能采用万能试验机进行测试，拉伸速率为 3mm/min。

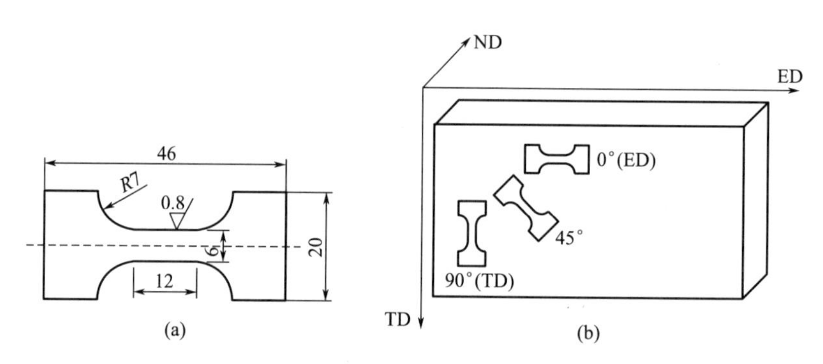

图 4.1 (a) 板材拉伸试样示意图；(b) 板材拉伸试样取样示意图

④ 加工硬化指数（n 值）的测定。加工硬化指数是用来评价板材成形性能的重要指标之一，代表板材抵抗下一步变形的能力，可以通过真应力-应变曲线数据得到[14]：

$$\ln\sigma = \ln K + n\ln\varepsilon \tag{4.1}$$

式中，n 为板材的加工硬化指数；σ 为瞬时真应力；ε 为瞬时真应变；K 为强度系数。由式(4.1) 可以看出，在板材发生均匀塑性变形过程中，加工硬化指数 n 值为真应力与真应变的双对数坐标平面上对应的直线斜率。

⑤ 宏观织构的测定。采用 X 衍射分析仪进行宏观织构分析，测试参数为：入射光源为 Cu(Kα) 靶，电压为 35kV，电流为 40mA，角度范围为 0°～70°。通

过 Schulz 反射法对织构进行分析处理，最终得到 {0002}、$\{10\bar{1}0\}$、$\{10\bar{1}1\}$ 与 $\{10\bar{1}2\}$ 四个面的极图。

⑥ EBSD 分析。利用场发射扫描电子显微镜上的电子背散射衍射分析技术（electron back scatter diffraction，EBSD）对试样变形后的晶粒取向及变形过程中的塑性变形行为进行分析。将试样打磨、机械抛光后，进行电解抛光（参数如下：电压为 20V，电流为 0.05～0.2A，温度为－15℃，时间为 30～100s），最后采用 HKL Channel5 EBSD 软件对 EBSD 得到的数据进行分析。

4.2 Mg-Li 挤压板材的显微组织及力学性能

4.2.1 Mg-Li 挤压板材的显微组织

图 4.2(a)～(c) 显示了添加不同含量的 Li 之后二元 Mg-Li 合金组织演变过程。从图中可以看出，铸态 Mg-Li 合金组织较为粗大，Li 含量的增加使得铸态组织稍有细化，但细化效果不明显。图 4.2(d)～(f) 显示了挤压态 Mg-Li 合金沿挤压方向的显微组织。由于挤压过程中挤压力及动态再结晶的作用，三种合金的组织均得到了明显的细化。

挤压态 Mg-1Li 和 Mg-2Li 合金均由等轴晶及不规则的挤压拉长晶粒组成，两种合金的平均晶粒尺寸均约为 14.0μm。当 Li 含量达到 3%（质量分数）时，Mg-Li 挤压板材中呈现出两种颜色深浅不一、晶粒尺寸相差较大的Ⅰ号与Ⅱ号晶粒，如图 4.2(f) 所示。Ⅰ处晶粒沿挤压方向呈黑色的条带状分布，在金相腐蚀时优先腐蚀出晶界，由于晶粒尺寸较小且容易被腐蚀，这种类型的晶粒不易辨识出晶界；Ⅱ处晶粒呈等轴晶，平均晶粒尺寸约为 9.6μm，此处的晶粒较难被腐蚀出晶界。

图 4.2(f) 中Ⅰ处的晶粒尺寸较小，无法直观观察到这种晶粒的晶界，因此，将 Mg-3Li 挤压板材进行了 300℃、0.5h 的再结晶退火处理，退火前后的金相组织如图 4.3 所示。退火过后，晶粒腐蚀不均匀的现象仍然存在，图 4.3(b) 中颜色较深的Ⅲ处晶粒在金相腐蚀中容易腐蚀出晶界，而颜色较浅的Ⅳ处晶粒则不易腐蚀出晶界。此外，退火后Ⅰ、Ⅱ处晶粒均发生不同程度的长大，原本看不出晶

界的Ⅰ处晶粒退火后长大为晶粒尺寸约 10.2μm 的Ⅲ处晶粒，而原本晶粒尺寸为 9.6μm 的Ⅱ处晶粒退火后长大为晶粒尺寸约 16.3μm 的Ⅳ处晶粒。

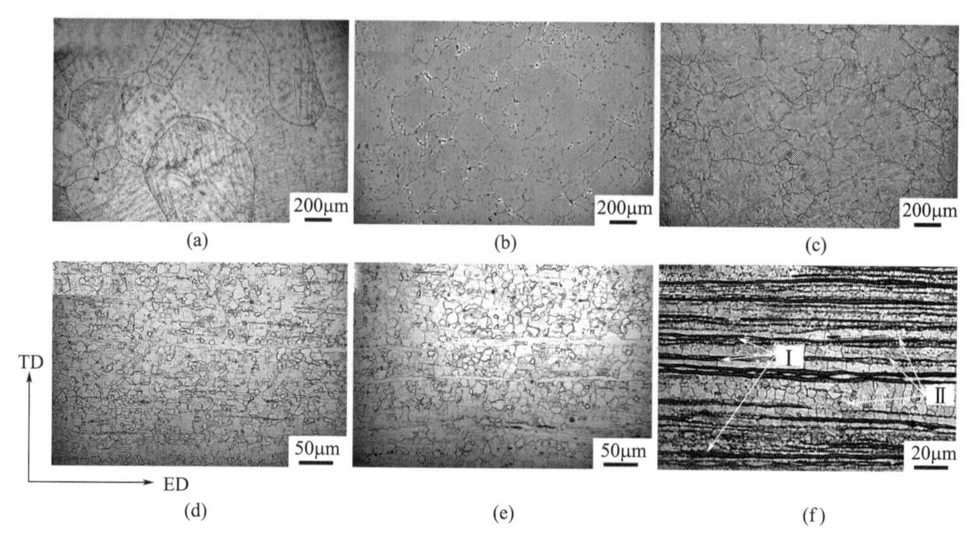

图 4.2 不同 Li 含量 Mg-Li 合金显微组织

铸态组织：(a) Mg-1Li；(b) Mg-2Li；(c) Mg-3Li

挤压态组织：(d) Mg-1Li；(e) Mg-2Li；(f) Mg-3Li

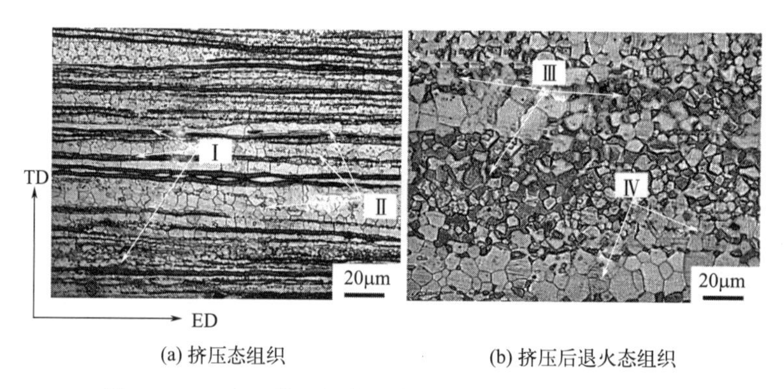

图 4.3 Mg-3Li 挤压板材再结晶退火前后合金显微组织

4.2.2 Mg-Li 挤压板材的力学性能

为了了解挤压板材的力学性能及其在不同方向上的差异，将挤压板材沿与挤压方向呈 0°（ED)、45°和 90°（TD）进行了室温拉伸实验，每个成分、每个方向上均选取三个试样做拉伸，最后取平均值为该成分该方向的力学性能。本章的主要目的是为了研究镁合金板材的力学行为，故力学性能曲线统一采用真应力-应变曲线。图 4.4 为三种 Mg-Li 挤压板材的真应力-应变曲线，将测得的力学性能数据列于表 4.2 中。为了更具工程参考价值，本书也将工程应力-应变数值列入力学性能数据表中。

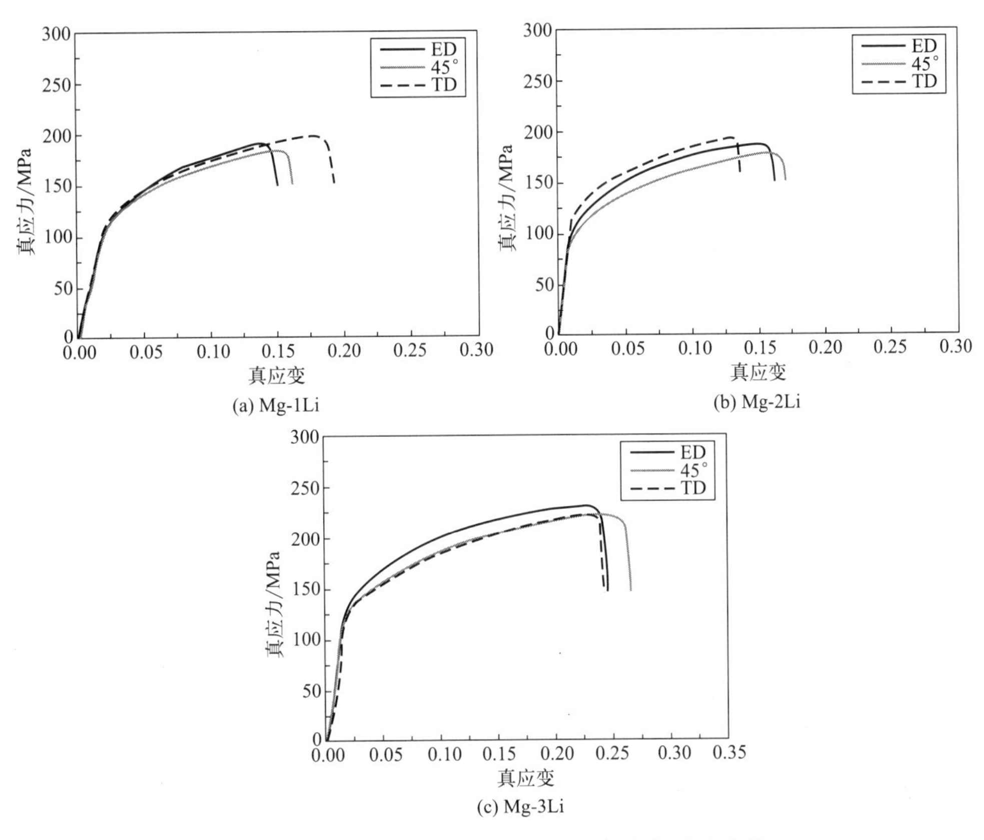

图 4.4 Mg-Li 挤压板材在室温下的真应力-应变曲线

表 4.2 挤压态板材沿 ED、45°方向及 TD 进行室温拉伸的实验结果

合金	抗拉强度/MPa			屈服强度/MPa			延伸率/%			n		
	ED	45°	TD	ED	45°	TD	ED	45°	TD	ED	45°	TD
Mg-1Li(真应力-应变)	189	183	196	99	96	101	13.6	14.8	17.3	0.29	0.25	0.27
Mg-1Li(工程应力-应变)	165	158	164	106	104	108	14.1	15.7	18.8			
Mg-2Li(真应力-应变)	188	177	192	103	97	117	15.1	16.0	12.8	0.29	0.32	0.3
Mg-2Li(工程应力-应变)	160	150	166	96	94	114	16.7	17.7	13.9			
Mg-3Li-(真应力-应变)	217	209	223	133	128	128	18.4	21.0	21.8	0.33	0.32	0.35
Mg-3Li(工程应力-应变)	178	170	178	125	120	122	20.0	23.6	24.6			

从表4.2中可以看出，当Li含量从1%（质量分数）升高至2%（质量分数），Mg-Li挤压板材三个方向的延伸率及n值均无明显的变化。但当Li含量达到3%（质量分数）时，板材三个方向的延伸率及n值均有不同程度的升高，沿TD上表现得最为明显，相对于Mg-2Li挤压板材，Mg-3Li的延伸率及n值分别提高了70.3%与16.7%。强度方面，当Li含量从1%（质量分数）升高至2%（质量分数），Mg-Li挤压板材三个方向的抗拉强度与屈服强度均无明显的变化，而当Li含量达到3%（质量分数）时，板材三个方向的强度均有明显的提高。Mg-3Li沿三个方向上的抗拉强度比Mg-2Li的要高出约30MPa，沿ED上与45°方向上的屈服强度比Mg-2Li的也要高出约30MPa。

4.3 Mg-Li二元合金轧制板材的显微组织和力学性能

4.3.1 不同轧制压下量下Mg-3Li板材的显微组织

图4.5显示了Mg-3Li挤压板材随轧制压下量增大的组织演变过程。从图中可以看出，压下量为5%～20%的轧制板材与挤压板材的组织类似，均出现两种晶粒尺寸、腐蚀速率相差较大的晶粒，但轧制板材中两种晶粒的分布极不均匀。这说明小的变形量虽没有使板材的晶粒类型发生明显的变化，但小变形量时局部变形的差异导致板材的组织不均匀。当压下量达到25%、30%时，轧制板材组织基本上由含孪晶的大晶粒组成，如图4.5(f)与图4.5(g)所示。孪生变形所需要的时间远小于滑移，在大压下量下，板材的应变速率提高，同一时间内发生的变形量增加，当滑移变形还来不及进行时，孪生已经大量发生，因此大压下量的轧制板材中出现了较多的孪晶。

Mg-3Li轧制态组织极不均匀，且存在较多的孪晶和残余应力，这些冷变形残余的组织及应力将影响板材的力学性能，因此对冷轧板材进行了300℃、0.5h的退火处理，退火态组织如图4.6所示。小压下量（5%～15%）Mg-3Li轧制退火板材中仍出现了组织不均匀现象，且随着压下量的增大，颜色较深、尺寸较小的晶粒有沿变形方向分布的趋势。当压下量超过20%之后，退火板材中基本未见颜色较深的晶粒，组织也较为均匀。Mg-3Li轧制板材退火后晶粒明显长大，

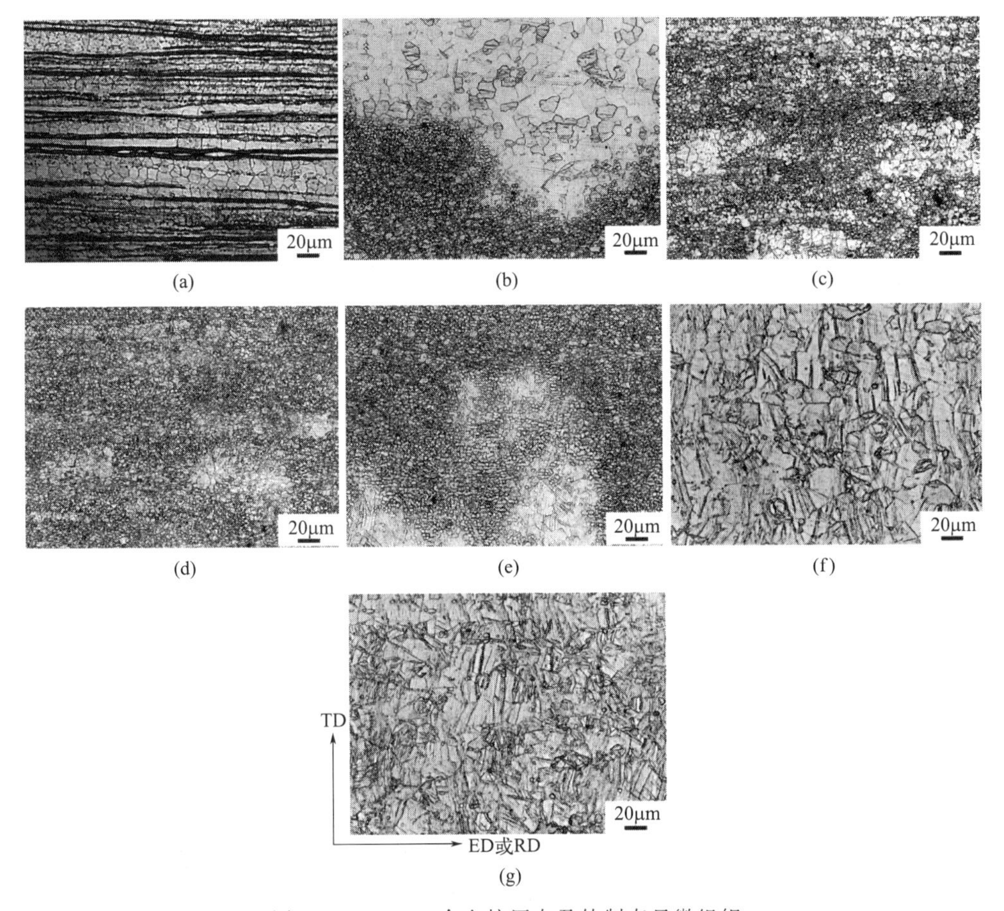

图 4.5　Mg-3Li 合金挤压态及轧制态显微组织

(a) 挤压态组织；(b)～(g) 轧制态组织，压下量分别为：5%、10%、15%、20%、25%、30%

如压下量为 5%的轧制板材，浅色的晶粒由退火前约 25μm 长大至退火后的约 68μm。随着压下量的增大，退火板材组织中浅色的晶粒尺寸越来越小，分布也越来越均匀。

将图 4.6(d)～(f) 中的晶粒尺寸分布进行了统计，得到压下量为 20%、25%及 30%轧制退火板材的晶粒尺寸分布直方图，如图 4.7 所示。从图中可以看出，压下量超过 20%的三种轧制退火板材晶粒尺寸主要分布在 16～18μm 之间，且随着压下量的增大，分布曲线越来越集中。这说明 Mg-3Li 轧制退火板材的组织随着压下量的增大变得越来越均匀。

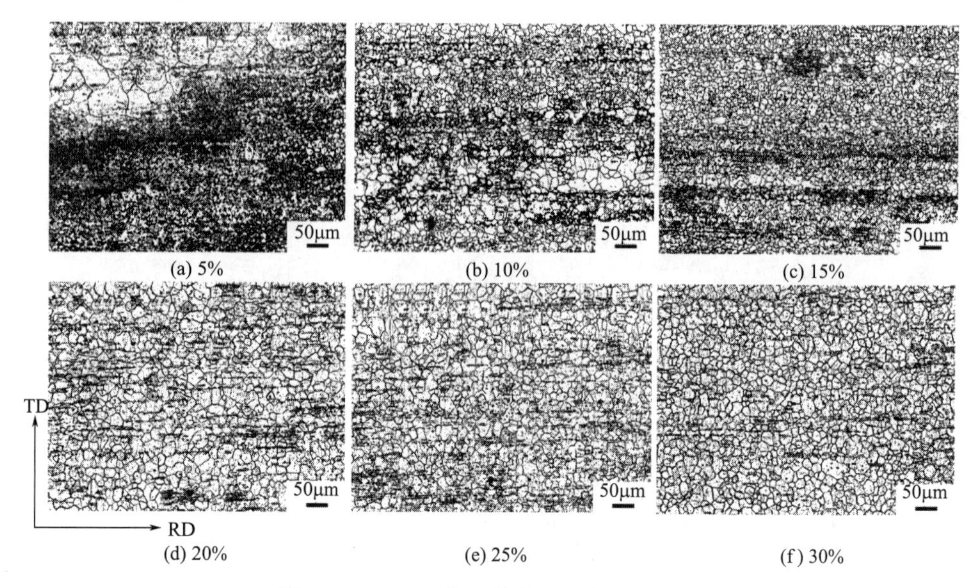

(a) 5%　(b) 10%　(c) 15%

(d) 20%　(e) 25%　(f) 30%

图 4.6　Mg-3Li 合金轧制退火态显微组织

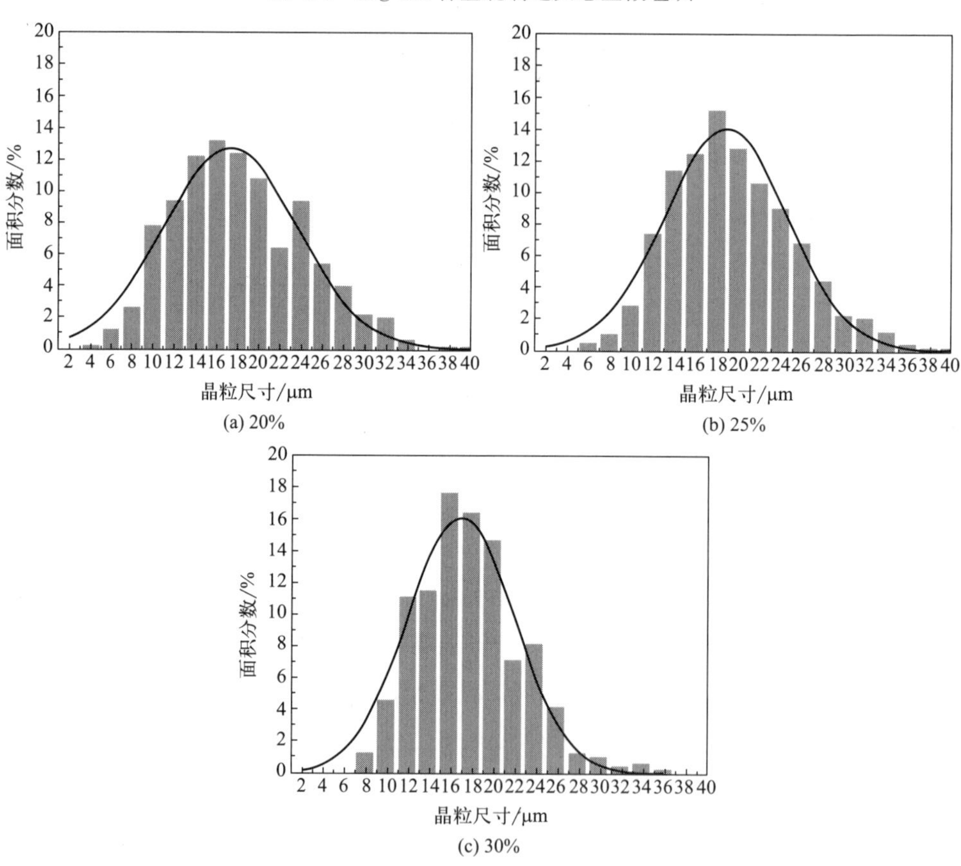

(a) 20%　(b) 25%

(c) 30%

图 4.7　不同压下量下 Mg-3Li 合金轧制退火板材晶粒尺寸分布

4.3.2 轧制变形对 Mg-3Li 板材力学性能的影响

小压下量下 Mg-3Li 轧制板材及轧制退火板材均表现出强烈的组织不均匀性，在进行力学性能测试时重复性较差，无法得到材料真实的力学性能数据，同时组织的不均匀性也会导致材料出现明显的各向异性。故小压下量下板材的力学性能不作考虑，只将组织最均匀的、压下量为 30% 的轧制退火态板材进行了力学性能分析。挤压态与轧制退火态 Mg-3Li 板材的真应力-应变曲线如图 4.8 所示，将测得的力学性能数据列于表 4.3 中。从图表中可以看出，轧制退火过后，Mg-3Li 板材的各向异性得到了明显的改善，沿 ED/RD、45°方向与 TD 上的屈服强度几乎一致。

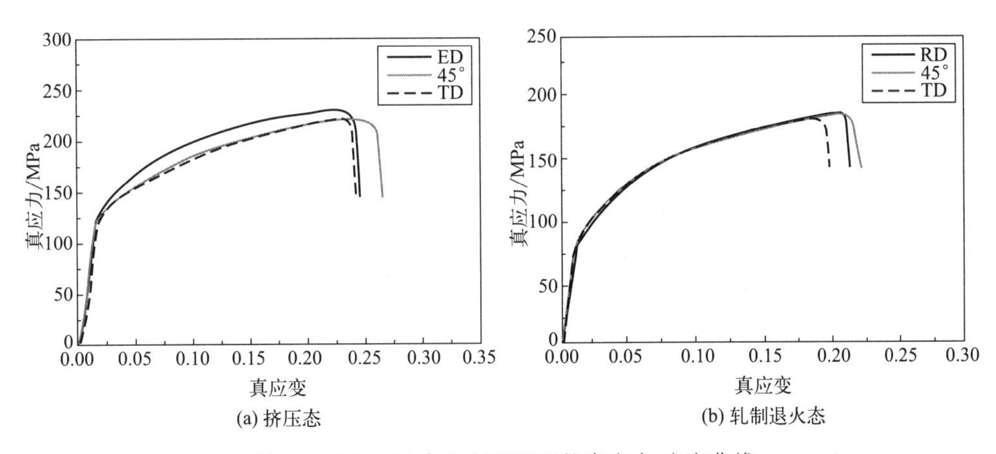

图 4.8　Mg-3Li 合金在室温下的真应力-应变曲线

表 4.3　Mg-3Li 板材沿 ED/RD（0°）方向、45°方向及 TD（90°）方向进行室温拉伸的实验结果

合金	抗拉强度/MPa			屈服强度/MPa			延伸率/%		
	0°	45°	90°	0°	45°	90°	0°	45°	90°
真应力-应变(挤压态)	217	209	223	133	128	128	18.4	21.0	21.8
工程应力-应变(挤压态)	178	170	178	125	120	122	20.0	23.6	24.6
真应力-应变(冷轧退火态)	187	186	182	86	87	85	20.0	20.8	18.7
工程应力-应变(冷轧退火态)	151	150	150	83	83	82	22.8	24.0	21.2

4.4 Mg-Li 二元合金的塑性变形机制

4.4.1 Li 含量对挤压态镁合金显微组织的影响

挤压态合金力学性能分析结果表明，当 Li 含量由 1%（质量分数）升高至 2%（质量分数）时，Mg-Li 挤压板材在三个方向的强度、延伸率与 n 值均无明显的变化，而当 Li 含量达到 3%（质量分数）时，板材的强度、延伸率及 n 值均有明显的提高。由表 4.1 熔炼合金的实际化学成分可知，Mg-1Li 与 Mg-2Li 合金中的 Li 元素实际含量分别为 0.77%（质量分数）和 2.35%（质量分数），后者的 Li 含量是前者的三倍，但是二者在力学性能方面却差别不大，而当 Li 含量在 Mg-2Li 的基础上再增加 1.22%（质量分数）时，无论是强度还是塑性都有大幅度的提高。这说明，板材性能的提高不只与合金元素的含量有关，更重要的是，当 Li 含量由 2.35%（质量分数）提高至 3.57%（质量分数）时，Mg-Li 合金在挤压过程中的塑性变形行为出现了本质的区别。

图 4.9 为 Mg-3Li 挤压板材退火前后的 EBSD 取向成像图（参见彩图 4.9）。图中红色晶粒代表 {0002} 面的法向平行于板材 ND（代表板材的法向）的晶粒，蓝色晶粒代 $\{01\bar{1}0\}$ 面的法向平行于板材 ND 的晶粒，绿色晶粒代表 $\{\bar{1}2\bar{1}0\}$ 面的法向平行于板材 ND 的晶粒。为了方便解释与分析，在本书中，将某晶面法向平行于板材 ND 的晶粒定义为该晶面取向的晶粒，如将 {0002} 面法向平行板材 ND 的晶粒定义为 {0002} 基面取向的晶粒。

由图 4.3 可知，Mg-3Li 挤压板材的晶粒存在腐蚀不均匀现象，尺寸较小的晶粒在金相腐蚀时容易显现出晶界。这可解释为，晶界处畸变能高，耐腐蚀性能差，含晶界较多的细晶更容易腐蚀出晶界。然而 Mg-3Li 挤压板材退火过后仍然存在腐蚀不均匀现象，而此时两种晶粒的尺寸较为接近，因此可以推测 Mg-3Li 板材的腐蚀不均匀现象不完全是由晶粒尺寸影响。

结合图 4.3 与图 4.9 可以看出，挤压板材中易腐蚀出晶界的晶粒多为 $\{01\bar{1}0\}$ 面取向的晶粒，较难腐蚀出晶界的晶粒多为 $\{\bar{1}2\bar{1}0\}$ 面取向的晶粒。研究表明[15]，金属晶体中的原子面越密排，相应的表面能就越低，在腐蚀过程中表现得越稳定。对于 HCP 结构的镁晶体而言，$\{\bar{1}2\bar{1}0\}$ 面为其二阶棱柱面，$\{01\bar{1}0\}$ 面为其一阶棱柱面，前者比后者原子排列更紧密，二者的表面能分别为 2.99×10^4 J/mol 与 3.04×10^4 J/mol[16]。因此，$\{\bar{1}2\bar{1}0\}$ 面取向的晶粒（对应图 4.9 中绿色晶粒）较难腐蚀出晶界。

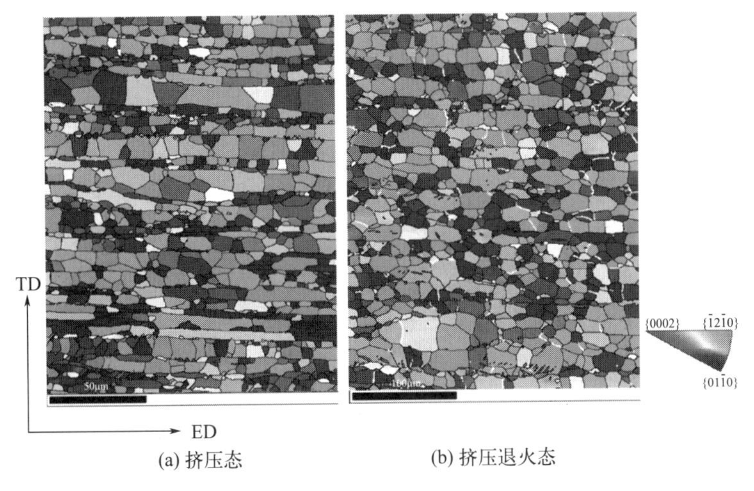

图 4.9　Mg-3Li 板材的 EBSD 取向成像图

从晶粒尺寸方面考虑，挤压态 Mg-1Li 与 Mg-2Li 合金的晶粒尺寸约为 12.9μm 和 13.5μm，而 Mg-3Li 合金中存在两种不同尺寸的晶粒。图 4.2(f) 中Ⅰ处的晶粒较小，无法直接通过金相照片统计出该处的晶粒尺寸，结合图 4.9 中的 EBSD 取向成像图可看出，Ⅰ处的晶粒尺寸约为 3.7μm，Ⅱ处的晶粒尺寸约为 9.6μm。Mg-3Li 合金中两种晶粒均比 Mg-1Li、Mg-2Li 的晶粒要细，这可能是因为 Mg-3Li 合金在挤压过程中出现了较多的非基面位错，这种非基面位错在动态再结晶过程中可作为形核质点，促进晶粒的形核，从而细化晶粒。

4.4.2　Li 含量对挤压态镁合金力学行为的影响

图 4.10 为挤压态 Mg-1Li、Mg-2Li 和 Mg-3Li 合金的宏观织构演变。从图中可以看出，在 Mg-Li 挤压板材中，当 Li 含量由 1%（质量分数）增加至 2%（质量分数）时，板材的织构形态没有发生明显的变化，均以基面织构为主，只是随着 Li 含量的增加，板材的（0002）极图的最大极密度有一定的弱化。而 Mg-3Li 合金与 Mg-2Li 合金板材相比，其（0002）极图的峰值强度下降了大约 80%，最大极密度的位置也由中心向 TD 上偏转了约 63°。

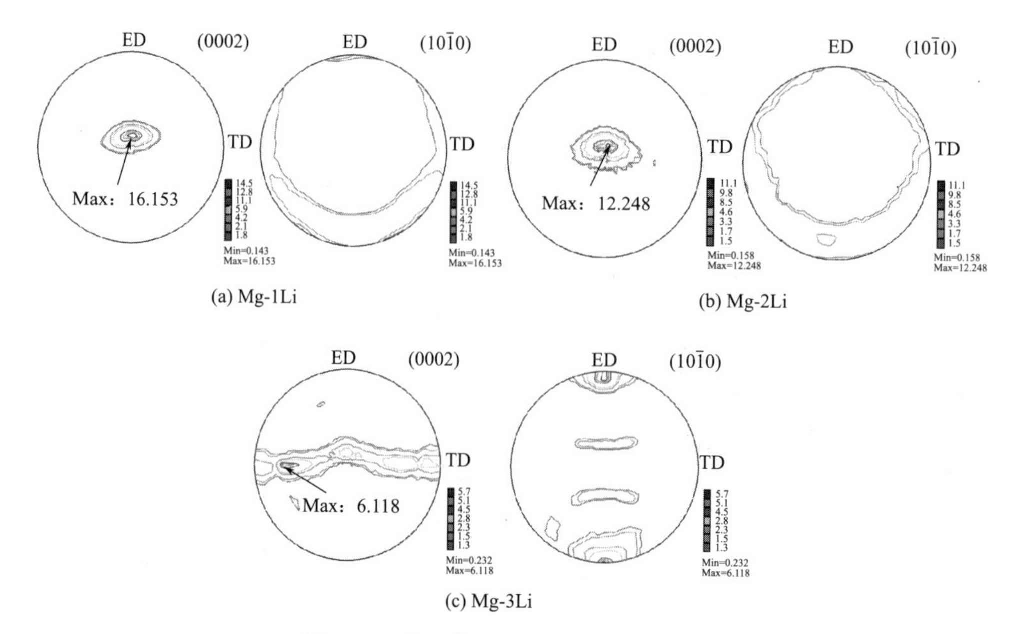

(a) Mg-1Li　(b) Mg-2Li　(c) Mg-3Li

图 4.10　挤压态 Mg-Li 板材的宏观织构

图 4.11 为 HCP 结构的镁晶体柱面与锥面滑移的示意图，图中标出了滑移面与晶胞基面的夹角。从图中可以看出，柱面与基面夹角为 90°，$\{11\bar{2}2\}$ 锥面与基面夹角为 58.3°，$\{11\bar{2}1\}$ 锥面与基面夹角为 72.9°。在（0002）基面极图中，中心极轴向 TD 上偏转的角度意味着大部分晶胞的基面发生了这个角度的偏转。在 Mg-3Li 挤压板材中，（0002）极图中的极轴向 TD 上偏转了约 63°，该角度介于柱面/基面夹角与锥面/基面夹角之间。因此可以推测 Mg-3Li 合金在挤压过程中可能有较多的晶粒参与了柱面滑移和锥面滑移。

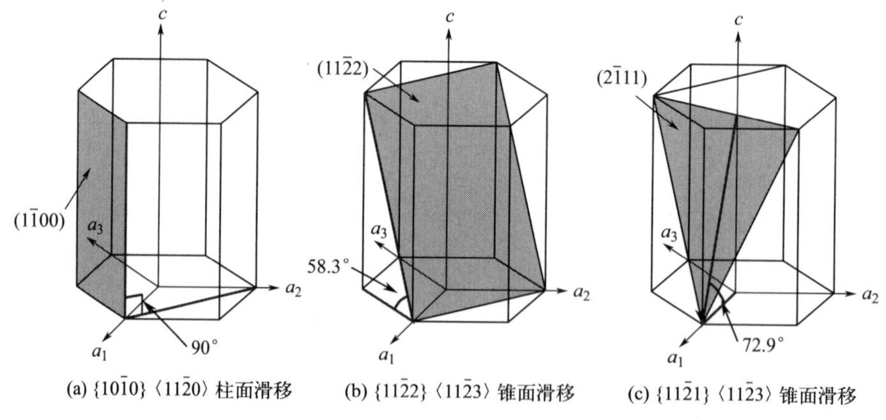

(a) $\{10\bar{1}0\}\langle 11\bar{2}0\rangle$ 柱面滑移　(b) $\{11\bar{2}2\}\langle 11\bar{2}3\rangle$ 锥面滑移　(c) $\{11\bar{2}1\}\langle 11\bar{2}3\rangle$ 锥面滑移

图 4.11　镁合金中的柱面与锥面滑移的滑移面与基面的夹角示意图

观察图 4.10 中各挤压板材（$10\bar{1}0$）面极图可以发现，Mg-1Li、Mg-2Li 合金在该面只出现了较散漫的弱取向织构，而 Mg-3Li 合金在（$10\bar{1}0$）面沿 ED 上出现了较为明显的择优取向，这说明 Mg-3Li 合金在挤压过程中可能有较多的晶粒参与了柱面滑移。

为了更细致地探索 Mg-3Li 合金挤压过程中发生的滑移类型，在 Mg-3Li 挤压板材的 IPF 图中的选取了几种典型取向的晶粒（共 10 个），分别研究每个晶粒的取向分布规律。图 4.12(a）中标有号码的晶粒即为所选晶粒，图 4.12(b）为所选晶粒的放大区域，各个晶粒的取向及该晶粒在取向三角中的分布如图 4.12（d）所示。

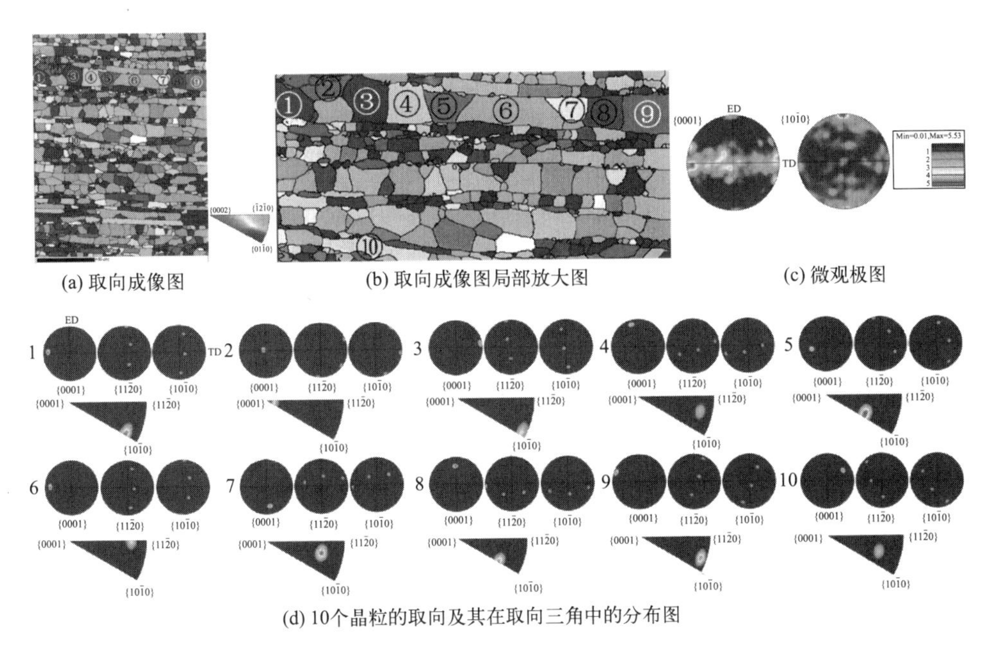

(a) 取向成像图　(b) 取向成像图局部放大图　(c) 微观极图

(d) 10个晶粒的取向及其在取向三角中的分布图

图 4.12　挤压态 Mg-3Li 板材的 EBSD 数据分析

参见彩图 4.12，红色的 2 号晶粒为典型的｛0002｝基面取向的晶粒，蓝色的 3 号晶粒为｛$10\bar{1}0$｝柱面取向的晶粒，而绿色的 6 号晶粒的 c 轴由 ND 向 TD 偏向了约 73°角，即锥面取向的晶粒。从统计意义上看，2、5、8、1、3 号晶粒的主要特点是 c 轴由 ND 向 TD 逐渐发生偏转，且晶粒自身不绕 c 轴发生转动或只发生小角度的转动，这 5 个晶粒的 c 轴与 ND 之间的夹角分别约为 0°、52°、58°、74°和 90°。同样地，2、10、7、4、9 号晶粒的主要特点是 c 轴由 ND 向 TD 逐渐发生偏转，只是晶粒自身绕 c 轴发生较大角度的转动，这 5 个晶粒的 c 轴与 ND 之间的夹角分别约为 0°、64°、65°、76°、90°。多种取向的出现为多种滑移模式共同作用的结果。将1～10号晶粒分为以下三组：基面取向的晶粒（2号），柱面取向的晶粒（3、9号），锥面取向的晶粒（1、4～8、10号）。

Mg-1Li与Mg-2Li挤压板材存在较强的基面织构，即大部分晶粒的*c*轴与ND平行。当板材沿着ED、45°方向及TD上进行室温拉伸时，大部分晶粒的*c*轴与拉伸方向垂直，此时发生基面滑移的Schmid因子几乎为零，而非基面滑移又难以启动，因此板材的塑性变形抗力较大，塑性变形能力较差。而Mg-3Li挤压板材中存在着比较随机的晶粒取向，如图4.12中的2、10、7、4、9号晶粒，其*c*轴与ND之间的夹角分别约为0°、64°、65°、76°、90°。多种取向晶粒的存在使得板材在室温拉伸时无论发生何种滑移，总会有部分晶粒滑移的Schmid因子较大，这部分晶粒优先发生变形。随后，Schmid因子较小的晶粒为了协调其变形，在拉伸力的作用下也会发生相应的转动，进而使得板材在较大范围内发生变形，宏观表现为Mg-3Li挤压板材的成形性能远远高于Mg-1Li与Mg-2Li的。

另外，由金相照片可以看出，虽然铸态Mg-3Li合金的晶粒尺寸与Mg-1Li、Mg-2Li差别不大，但是挤压过后，Mg-3Li合金的晶粒尺寸明显比其他两种合金的小。晶界协调变形在镁合金变形过程中起着至关重要的作用，晶粒细化还可有效地提高镁合金晶界协调变形的能力[17]，较细的晶粒不仅可使材料的强度提高，还能使其韧性与塑性得到明显的改善。

综上所述，挤压态Mg-3Li合金拥有优异的综合力学性能的原因可归结于以下两个方面：①挤压过程中出现了较大程度的柱面滑移与锥面滑移；②晶粒细化。

4.4.3 轧制变形对Mg-3Li挤压板材力学行为的影响

挤压态Mg-3Li合金由于有较多柱面取向及锥面取向的晶粒，在室温拉伸时，锥面取向的晶粒沿TD变形时Schmid因子较大，柱面取向的晶粒沿45°方向变形时Schmid因子较大。故而Mg-3Li挤压板材在进行室温拉伸时，沿45°方向、TD上较容易发生屈服，即屈服强度较低，而沿ED上则屈服强度较高。这就使得含非基面取向晶粒较多的Mg-3Li挤压板材在室温拉伸时出现一定的各向异性。

Mg-3Li挤压板材经过压下量为30%的轧制过后，组织中出现了较多的孪晶，板材的各向异性得到了明显的改善。图4.13为Mg-3Li挤压和轧制板材的宏观织构图。Mg-3Li挤压板材{0002}极图上的最大极密度向TD上发生了偏转，而轧制后最大极密度的位置回到了中心，且完全偏转至TD处的织构水平基本消失，这说明锥面取向及柱面取向的晶粒数目变少，而基面取向的晶粒数目变多。孪生变形所需要的时间远小于滑移，在大压下量下，板材的应变速率提高，同一时间内发生的变形量增加，当滑移变形还来不及进行时，孪生已经大量发生，因此板材在压下量为30%的轧制过程中发生了较多的孪生。锥面取向及{10$\bar{1}$0}柱面取向的晶粒发生{10$\bar{1}$2}拉伸孪生的Schmid因子较大，因此在大应变速率下，这部分晶粒经过86.3°的孪生过后偏转至基面取向。

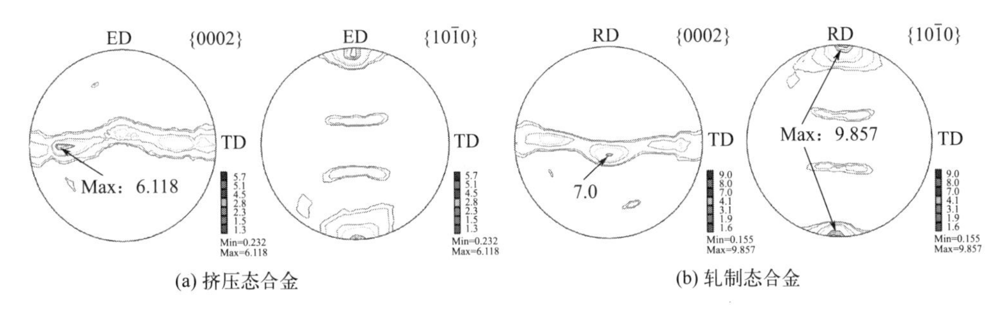

(a) 挤压态合金 (b) 轧制态合金

图4.13 Mg-3Li板材的宏观织构

为了证明轧制过程可以改善Mg-3Li挤压板材的各向异性，利用室温拉伸数据绘制了挤压及轧制退火板材的加工硬化率曲线。图4.14为挤压态及轧制退火态Mg-3Li板材沿三个方向上的加工硬化率曲线，横坐标为σ-$\sigma_{0.2}$，纵坐标为加工硬化率，由θ表示。加工硬化率是衡量瞬时状态下材料发生下一步塑性变形的能力，为真应力-应变曲线的斜率，其数值越高说明进一步塑性变形越难进行，可以由$\theta = d\sigma/d\varepsilon$表示，其中$\sigma$、$\sigma_{0.2}$和$\varepsilon$分别代表瞬时真应力、屈服强度和瞬时真应变[18-20]。

由图4.14可以发现，Mg-3Li挤压与轧制退火板材的加工硬化行为有明显的差异：①经历的阶段不同。挤压态Mg-3Li板材的加工硬化率曲线只分为两个阶段，表现为加工硬化率随着应力急剧下降的第一阶段与平缓下降的第二阶段；而轧制退火态的则分为三个阶段，分别为加工硬化率随着应力急剧下降的第一阶段、急剧上升的第二阶段与平缓下降的第三阶段。②第一阶段的起始加工硬化率不同，斜率不同，经历的时间不同。与挤压板材相比，轧制退火板材加工硬化率的第一阶段较陡且经历的时间较短。③沿三个方向上加工硬化率曲线的重合性不同。与挤压板材相比，轧制退火板材沿三个方向上的各向异性不太明显，尤其是第二阶段后期与第三阶段，三个方向上的加工硬化率曲线几乎重合。

文献记载[21]，常规变形态镁合金在室温下拉伸时，加工硬化率曲线分为两个阶段，表现规律与图4.14(a)类似，而压缩时则分为三个阶段，表现规律与图

4.14(b) 类似，这说明轧制退火工艺可以改善 Mg-Li 合金板材的拉压不对称性。

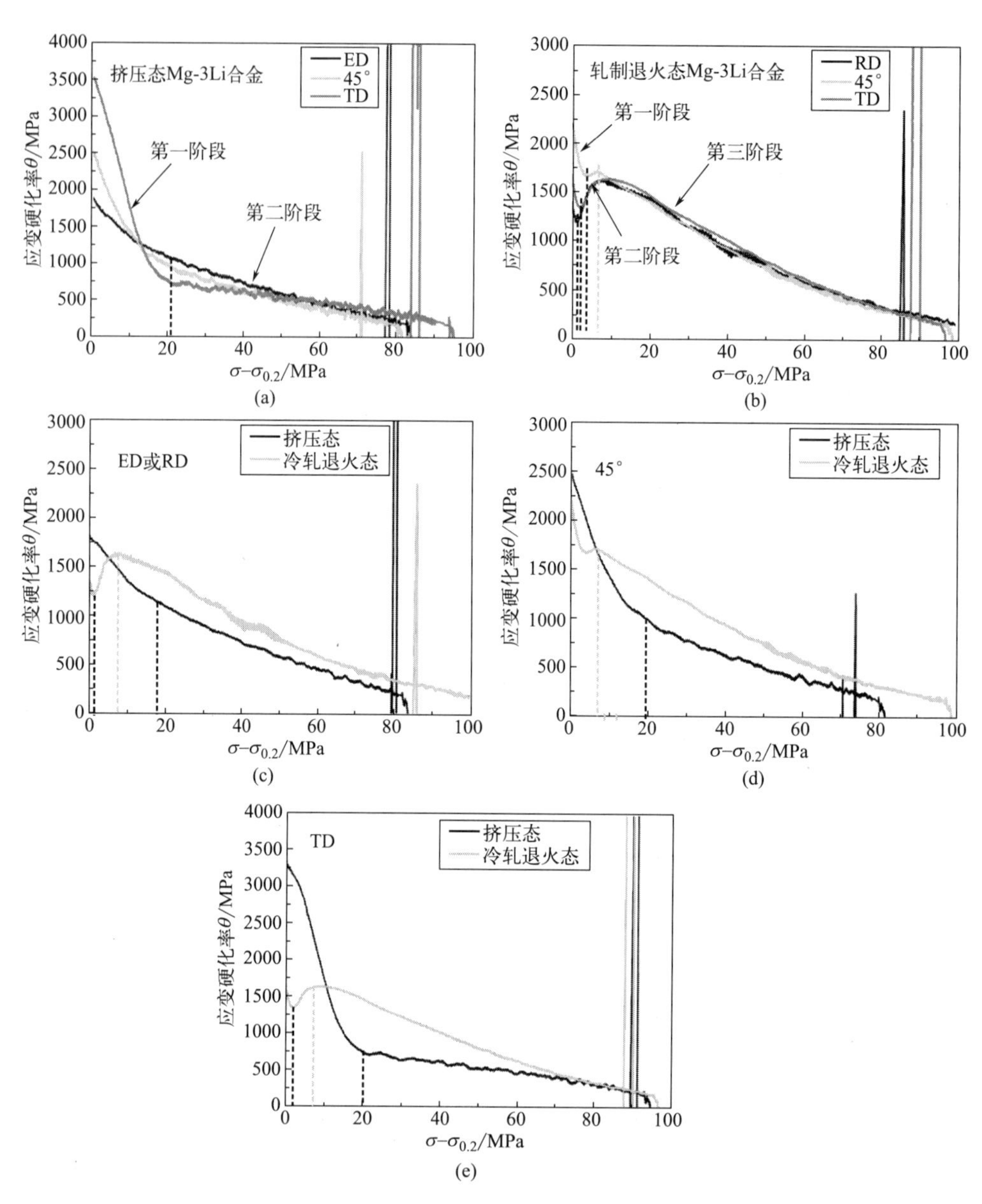

图 4.14　Mg-3Li 板材的加工硬化率曲线

(a) 挤压态；(b) 轧制退火态；沿三个方向上的 (c) ED 或 RD，(d) 45°，(e) TD 曲线

(图中黑色的虚线表示第一阶段与第二阶段的分界线，浅灰色的虚线表示第二阶段与第三阶段的分界线)

σ-$\sigma_{0.2}$ 反映的是位错贡献与应力之间的关系，挤压态 Mg-3Li 板材出现极细晶粒是因为出现了高密度的位错，而较多的位错可以有效地促进塑性变形的发

生，从而使得挤压板材的加工硬化率曲线的第一阶段（曲线急剧下降的阶段）较长[22]。而轧制退火态板材由于发生了完全动态再结晶，位错已大量消除，较少的位错使得板材在经历了第一阶段后，很快就进入加工硬化率上升的第二阶段，此时进一步塑性变形变得越来越困难。

Mg-3Li 挤压板材在压下量为 30%的冷轧过程中出现了大量的孪晶［图 4.5(g)］，使得晶粒发生了旋转，晶粒取向发生改变。由图 4.13 的织构图可以看出，轧制过后大部分锥面与柱面取向的晶粒孪生至基面，这部分晶粒在退火过程中仍然沿着基面生长，在室温拉伸时三个方向上的 Schmid 因子一致，从而使得三个方向上的加工硬化曲线重合性较好[23,24]。

4.5 本章小结

本章主要研究了不同的 Li 含量对纯镁挤压板材显微组织和力学行为的影响，同时对综合力学性能较好的挤压态 Mg-3Li 合金进行了多道次室温轧制，考察轧制工艺对挤压态 Mg-3Li 合金显微组织及力学行为的影响。得出主要结论如下：

① 对于 Mg-Li 二元挤压板材，随着 Li 含量的增加，合金晶粒取向发生改变，从 Mg-(1-2) Li 合金的基面取向逐渐向 Mg-3Li 合金的非基面取向演变。Mg-3Li 合金的延伸率、加工硬化指数以及强度均明显高于 Mg-(1-2) Li 合金，沿 TD 上表现得尤为明显，延伸率、加工硬化指数 n 值及抗拉强度分别提高了约 70%、17%及 16%。

② Mg-3Li 挤压板材拥有优异综合力学性能的原因是：一方面，Mg-3Li 合金在挤压过程中出现了较多的非基面位错，这种非基面位错在动态再结晶过程中可作为形核质点，促进晶粒的形核，这导致挤压态 Mg-3Li 合金的晶粒尺寸小于 Mg-(1-2) Li 合金。另一方面，在挤压过程中，Mg-3Li 合金出现了较大程度的锥面滑移与柱面滑移，产生了较多的非基面取向的晶粒，这部分晶粒在室温拉伸时可有效地协调变形。

③ Mg-3Li 挤压板材在压下量为 30%的轧制过程中，发生了较大程度的 $\{10\bar{1}2\}$ 拉伸孪生，使得锥面取向及柱面取向的晶粒数目变少，而基面取向的晶粒数目变多，这部分晶粒在退火过程中仍然沿着基面生长，在室温拉伸时三个方向上的

Schmid 因子一致，从而使得轧制退火过后，Mg-3Li 板材的各向异性得到了明显的改善。

参考文献

[1] 尹彩虹．镁锂合金热压缩变形行为及组织、织构研究［D］．太原：中北大学．2021.

[2] 圣冬冬，施颖杰，王茜茜，等．超轻镁锂合金的研究现状与发展趋势［J］．轻合金加工技术，2021，49（08）：8-12.

[3] LI J，JIN L，WANG F，et al. Effect of phase morphology on microscopic deformation behavior of Mg-Li-Gd dual-phase alloys［J］. Materials Science and Engineering：A，2021，809：140871.

[4] 廖楠，赵艳丽，刘仕超，等．Mg-3. 5Li-6Al 合金制备及高温力学性能研究［J］．稀有金属与硬质合金，2021，49（05）：53-58.

[5] 王起龙．镁锂合金的合金化、热轧及超声纳米表面改性强化研究［D］．郑州：郑州大学，2020.

[6] SUN Y，WANG R，PENG C，et al. Microstructure and corrosion behavior of as-homogenized Mg-xLi-3Al-2Zn-0. 2Zr alloys（x=5,8,11wt%）［J］. Materials Characterization，2020，159:110031.

[7] 李勇，刘俊伟，戴木海，等．LZ91 镁锂合金热变形的本构模型及微观组织演变［J］．材料热处理学报，2021，42（10）：167-174.

[8] ZHANG S，MA X，WU R，et al. Effect of Sn alloying and cold rolling on microstructure and mechanical properties of Mg-14Li alloy［J］. Materials Characterization，2021，182：111491.

[9] 张昊．超高压镁锂合金组织与性能研究［D］．秦皇岛：燕山大学，2020.

[10] ZHAO J，FU J，JIANG B，et al. Influence of Li addition on the microstructures and mechanical properties of Mg-Li alloys［J］. Metals and Materials International，2021，27（6）：1403-1415.

[11] AGNEW S，HORTON J，YOO M. Transmission electron microscopy investigation of 〈c+a〉 dislocations in Mg and α-solid solution Mg-Li alloys［J］. Metallurgical and Materials Transactions A，2002，33：851-858.

[12] QIAN X，ZENG Y，JIANG B，et al. Study on mechanical behaviors and theoretical critical shear strength of cold-rolled AZ31 alloy with different Li additions［J］. Materials Science and Engineering：A，2019，742：241-254.

[13] 蒋斌，潘复生，杨青山，等．镁合金熔炼保护方法：CN102230094A［P］．2011-06-22.

[14] 国家质量技术监督局．GB/T 5028—1999 金属薄板和薄带拉伸应变硬化指数（n 值）试验方法［S］．北京：中国标准出版社，2000-08-01.

[15] LIU M，QIU D，ZHAO M C，et al. The effect of crystallographic orientation on the active corrosion of pure magnesium［J］. Scripta Materialia，2008，58：421-424.

[16] SONG G L，MISHRA R，XU Z Q. Crystallographic orientation and electrochemical activity of AZ31 Mg alloy［J］. Electrochemistry Communications，2010，12：1009-1012.

[17] 陈振华．变形镁合金［M］．北京：化学工业出版社，2005：30-50.

[18] VALLE J，CARREÑO F，RUANO O A. Influence of texture and grain size on work hardening and

ductility in magnesium-based alloys processed by ECAP and rolling [J]. Acta Materialia, 2006, 54: 4247-4259.

[19] 王斌，易丹青，顾威，等 . ZK60 镁合金型材挤压过程有限元数值模拟 [J]. 材料科学与工艺，2010，018（002）：272-278.

[20] 杨青山 . 镁合金挤压板材的组织及力学性能研究 [D]. 重庆：重庆大学，2013.

[21] SONG B, XIN R L, CHEN G, et al. Improving tensile and compressive properties of magnesium alloy plates by pre-cold rolling [J]. Scripta Materialia, 2012, 66: 1061-1064.

[22] AFRIN N, CHEN D, CAO X, et al. Strain hardening behavior of a friction stir welded magnesium alloy [J]. Scripta Materialia, 2007, 57: 1004-1007.

[23] KNEZEVIC M, LEVINSON A, HARRIS R, et al. Deformation twinning in AZ31: influence on strain hardening and texture evolution [J]. Acta Materialia, 2010, 58: 6230-6242.

[24] WANG B S, XIN R L, HUANG G J, et al. Effect of crystal orientation on the mechanical properties and strain hardening behavior of magnesium alloy AZ31 during uniaxial compression [J]. Materials Science and Engineering: A, 2012, 534: 588-593.

第5章

HCP结构Mg-*x*Li-Al三元合金的变形行为

二元镁锂合金由于力学性能普遍偏低，因此需要加入其他合金元素来提高合金的综合性能以满足实际应用需求。其中 Al 元素和 Zn 元素是镁锂合金中最常添加的元素，也是性能改善非常有效的元素[1-4]。其中 LA141（Mg-14Li-1Al）、LZ91（Mg-9Li-1Zn）等合金已经得到商业应用[5-7]。

学者们针对不同相组成的镁锂合金展开了详细的塑性变形行为研究，其中具有 HCP 结构的 Mg-Li-Al 合金已有较多研究报道[8-10]。但系统研究 Li 元素对 Mg-Li-Al 合金的热变形行为的影响相对较少。具有 HCP 结构的三元 Mg-Li-Al 合金在热变形过程中的动态再结晶和静态再结晶机制以及变形过程中滑移和孪生的参与程度如何，都是值得探讨研究的。本章重点对 HCP 结构 Mg-xLi-1Al（$x=1$, 3,5）合金的热压缩变形行为展开研究，对不同变形温度、变形速率对热变形行为的影响进行了详细的分析，并建立了相关模型，通过实验与理论相结合的方式，深入探究了具有 HCP 结构 Mg-xLi-1Al（$x=1,3,5$）合金的热变形行为。

5.1 Mg-xLi-1Al（x= 1，3，5）合金的热变形行为

真应力-应变曲线可以直观反映金属材料在变形过程中应力随应变在不同阶段的变化情况。镁合金的热变形行为受变形过程中的变形温度和应变速率等条件的影响，因此，可以通过确定材料在变形过程中各参数之间的关系预测镁合金的热变形行为。本章通过热模拟实验可以获得准确的真应力-应变曲线，建立镁合金的本构方程及动态再结晶动力学模型，进一步分析材料在变形过程中的加工硬化、动态再结晶软化及失稳开裂等，为后续的热变形加工工艺改进及合金变形研究提供一定的理论基础。

采用热模拟试验机对均匀化态 Mg-xLi-1Al（$x=1,3,5$）合金进行热模拟实验。本章所需试样为第 3 章实验部分所制备的三种均匀化态合金。在合金相同位置取样做热压缩实验，试样尺寸为 ϕ10mm×12mm。热压缩实验参数设置如下：实验温度为 200℃、300℃和 400℃，应变速率为 $0.01s^{-1}$、$0.1s^{-1}$ 和 $1s^{-1}$，真应变为 0.6，以 5K/s 升温至预设温度后保温 3min，确保试样整体温度均匀。热压缩过程中的应力、应变、温度、时间等参数由计算机自动控制系统采集。压缩变形前，为了减小摩擦，应在待测试样两端和压头之间覆盖石墨纸，避免出现变形

不均匀现象，如侧翻、鼓肚等。为防止镁锂合金在变形过程中发生氧化，实验过程在真空环境下进行。三种合金成分在相同变形条件下分别做3组平行实验，以减小实验误差。通过分析真应力-应变曲线，建立Mg-xLi-1Al（x=1,3,5）合金的本构方程。以LA11合金为例，进一步建立动态再结晶动力学方程，为HCP结构镁锂合金的加工工艺及应用提供实验依据及理论基础。

5.1.1 Mg-xLi-1Al合金真应力-应变曲线

图5.1是Mg-xLi-1Al（x=1,3,5）合金在不同变形条件下的真应力-应变曲线，可以发现，在三种合金的流变曲线中，变形初期应力急剧增加至峰值应力，随着变形的继续，应力下降至趋于平衡状态。这与金属在变形过程中受到加工硬化和动态软化的相互作用有关。在变形初期，材料在外加应力作用下，位错密度急剧增加，位错不断滑移、缠结，在晶界附近形成位错塞积群，从而阻碍位错运动，变形抗力增加，进而应力急剧增加，此阶段为加工硬化过程。随着变形的继续，当到达一定变形量时，开始发生动态回复及动态再结晶软化，在此过程中金属材料随着应变的继续畸变能增加达到一定值时，金属材料产生大量的亚结构为动态回复阶段，至动态再结晶临界值时开始发生动态再结晶，位错密度下降，此阶段仍主要以加工硬化作用为主，直到峰值应力时，加工硬化和软化达到瞬间动态平衡。峰值应力之后，随着变形的继续，动态再结晶软化速率大于加工硬化速率，在此阶段动态再结晶软化占主导地位，动态再结晶晶粒逐渐代替原来的变形晶粒，图中表现为应变曲线呈下降趋势，直到再次趋于动态平衡状态为流变稳态应力[11]。

图5.1可以看出真应力-应变曲线主要受变形温度和应变速率的影响，当应变速率一定时，变形温度越高，原子扩散能力越大，有利于动态回复及动态再结晶；当应变温度一定时，应变速率越小，位错和晶界越有足够的时间进行移动，从而促进动态再结晶[12]。对于Mg-xLi-1Al（x=1,3,5）合金真应力-应变曲线，其中LA11合金的峰值应力最小，LA31及LA51合金的应变曲线流变应力较大且峰值应力值接近，说明金属材料的流变应力受合金成分的影响。综上，金属材料的应变曲线主要受变形温度、变形速率及合金成分的影响。变形过程中主要以加工硬化和动态再结晶软化相互作用，变形温度的升高和应变速率的降低促进了动态再结晶，且变形温度对动态再结晶程度的影响较大。

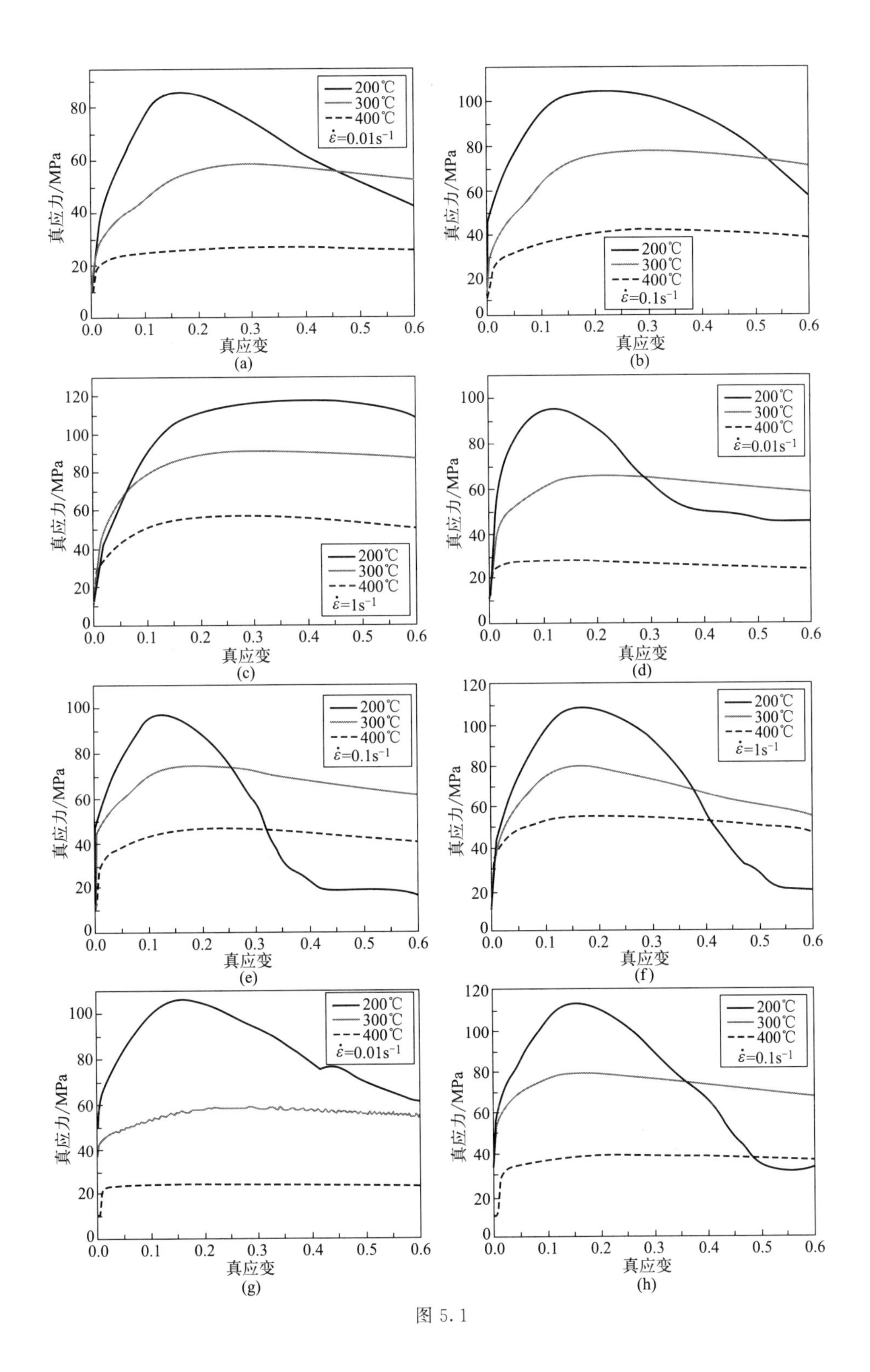

真应力/MPa
真应变
200℃
300℃
400℃
$\dot{\varepsilon}$=0.01s⁻¹
(a)
$\dot{\varepsilon}$=0.1s⁻¹
(b)
$\dot{\varepsilon}$=1s⁻¹
(c)
$\dot{\varepsilon}$=0.01s⁻¹
(d)
$\dot{\varepsilon}$=0.1s⁻¹
(e)
$\dot{\varepsilon}$=1s⁻¹
(f)
$\dot{\varepsilon}$=0.01s⁻¹
(g)
$\dot{\varepsilon}$=0.1s⁻¹
(h)

图 5.1

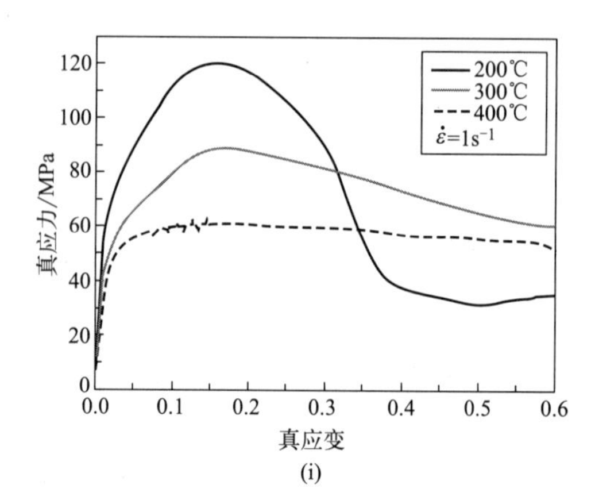

图 5.1 均匀化态 Mg-xLi-1Al（x=1,3,5）合金在不同变形条件下的真应力-应变曲线

(a)、(b)、(c) LA11 合金；(d)、(e)、(f) LA31 合金；(g)、(h)、(i) LA51 合金

Mg-xLi-1Al（x=1,3,5）合金在不同变形条件下的峰值应力列于表 5.1，通过表 5.1 得知，在 200℃，同一应变速率变形条件下，峰值应力随锂含量的增加而增加；在 400℃时，同一应变速率变形条件下，峰值应力差别不大。主要原因为：在 200℃变形时，温度较低，原子扩散能力相对较差，随着锂含量的增加固溶度增加，受到固溶强化影响，峰值应力随锂含量的增加而增加；在 400℃变形时，由于高温下原子扩散能力增加，固溶量对流变峰值应力影响不大，故在高温变形条件下，随锂含量的变化，峰值应力变化不大。

表 5.1 Mg-xLi-1Al（x=1,3,5）合金在不同变形条件下的峰值应力

合金	$\dot{\varepsilon}$/s^{-1}	200℃	300℃	400℃
LA11	0.01	86.377	58.948	27.183
	0.1	103.78	76.498	40.417
	1	117.86	91.721	57.654
LA31	0.01	95.296	65.818	27.715
	0.1	97.178	74.211	46.054
	1	108.93	80.374	56.317
LA51	0.01	106.00	58.594	23.982
	0.1	113.00	78.935	39.603
	1	121.06	90.119	63..656

5.1.2 Mg-xLi-1Al 合金流变应力的本构方程建立

金属材料在高温变形条件下是热激活的过程，金属材料的高温塑性变形能力可以通过流变应力曲线进行研究分析，主要受金属内部结构、应变量、变形温度和应变速率等影响，通过建立本构方程，可以为合金在后续的热加工工艺优化提供理论基础。

Sellars 和 Tegart 提出热变形激活能和温度之间的双曲正弦函数修正的 Arrhenius 函数关系[13,14]。材料在热变形过程中峰值应力 σ 和应变速率 $\dot{\varepsilon}$ 及温度 T 之间关系可以描述为式(5.1) 所示：

$$\dot{\varepsilon}=A[\sinh(\alpha\sigma)]^{n}\exp\left(-\frac{Q}{RT}\right) \text{通用} \tag{5.1a}$$

$$\dot{\varepsilon}=A_{1}\sigma^{n_{1}}\ (\alpha\sigma<0.8) \tag{5.1b}$$

$$\dot{\varepsilon}=A_{2}\exp(\beta\sigma)\ (\alpha\sigma\geqslant 1.2) \tag{5.1c}$$

式中，$\dot{\varepsilon}$ 为应变速率，s^{-1}；σ 为峰值应力，MPa；Q 为变形激活能，J/mol；T 为变形温度，K；R 为气体常数，8.314J/(mol · K)；n 为应力指数；A_1、A_2、α、n_1 和 β 均为常数，其中 α、n_1 和 β 之间的关系如式(5.2) 所示：

$$\alpha=\beta/n_{1} \tag{5.2}$$

同时材料在高温塑性变形时，应变速率和温度的关系可以用 Z（Zener-Hollomon）参数表示[15-17]：

$$Z=\dot{\varepsilon}\exp(Q/RT) \tag{5.3}$$

结合式(5.1a) 和式(5.3) 得：

$$Z=A[\sinh(\alpha\sigma)]^{n} \tag{5.4}$$

式(5.4) 两端取自然对数：

$$\ln Z=\ln A+n\ln[\sinh(\alpha\sigma)] \tag{5.5}$$

峰值应力的 Z 参数如式(5.6) 所示：

$$\sigma=(1/\alpha)\ln\{(Z/A)^{1/n}+[(Z/A)^{2/n}+1]^{1/2}\} \tag{5.6}$$

只要确定 α、n、Q、A 的值，即可得 Mg-xLi-1Al（$x=1,3,5$）合金的 Arrhenius 本构方程及 Z 参数表达式。

对式(5.1b) 和式(5.1c) 两端取自然对数：

$$\ln\dot{\varepsilon}=\ln A_{1}+n_{1}\ln\sigma \tag{5.7}$$

$$\ln\dot{\varepsilon}=\ln A_{2}+\beta\sigma \tag{5.8}$$

图 5.2 是 Mg-xLi-1Al（$x=1,3,5$）合金在不同变形条件下的峰值应力和应变速率的关系，其中 n_1 和 β 分别是曲线 $\ln\dot{\varepsilon}$-$\ln\sigma$ 和 $\ln\dot{\varepsilon}$-σ 的斜率，通过线性拟合可见数据线性吻合度高，将图 5.2 中 LA11、LA31、LA51 合金在不同变形条件下的线性斜率取平均值，求其 α，并将计算结果列于表 5.2。同时，也可以看出

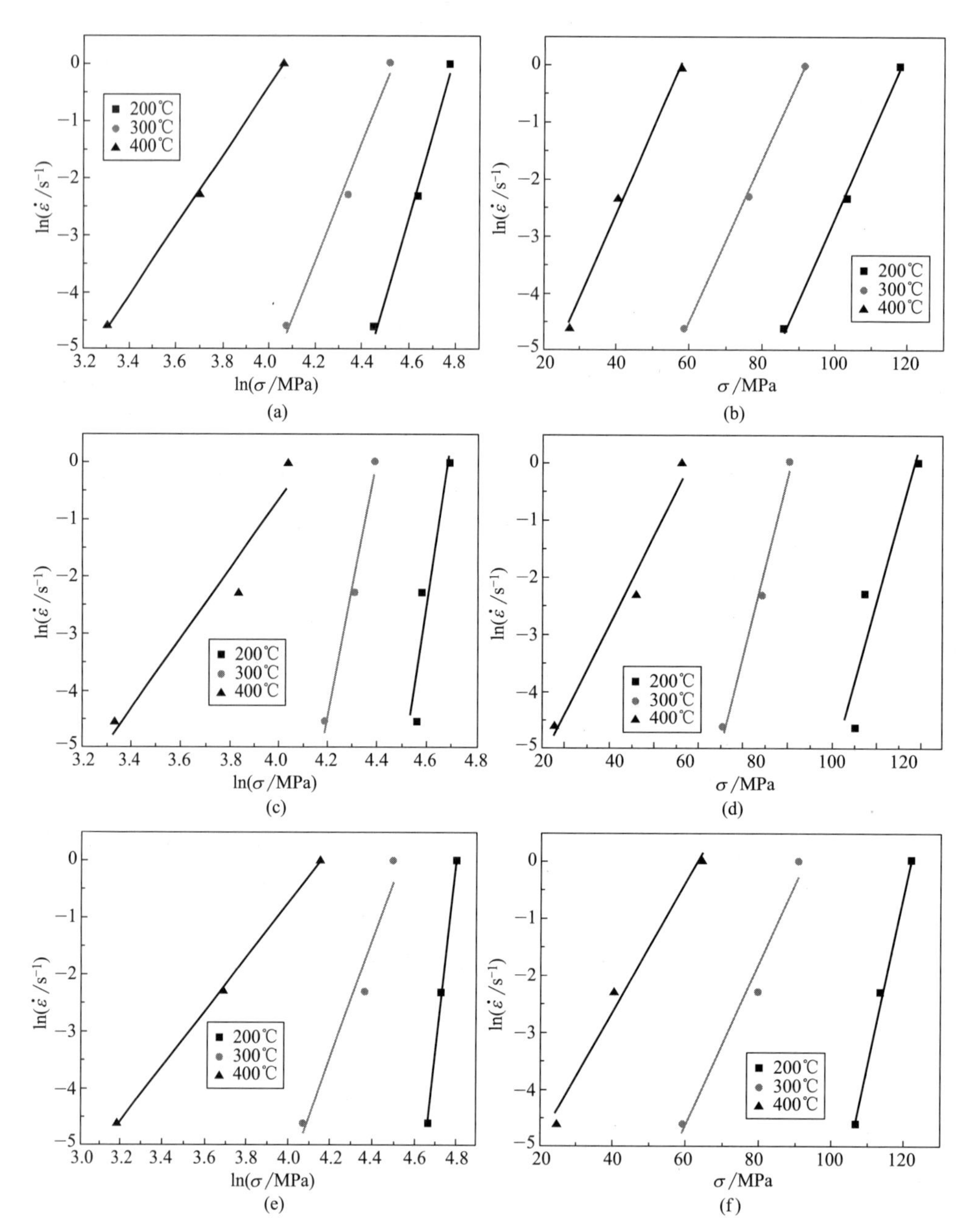

(a)　(b)　(c)　(d)　(e)　(f)

图 5.2　Mg-xLi-1Al（x=1,3,5）合金的应力与应变速率的关系

(a)、(b) LA11 合金；(c)、(d) LA31 合金；(e)、(f) LA51 合金

所拟合的线性斜率受变形温度影响，材料高温变形过程是热激活过程且变形温度是主要影响因素[18]。

表 5.2　Mg-xLi-1Al（x=1,3,5）合金高温变形参数

合金	常数	200℃	300℃	400℃
LA11	n_1	14.65778	10.30664	6.11877
	β	0.14573	0.14028	0.15027
	α	0.009942	0.013611	0.024559
LA31	n_1	29.51495	22.7417	6.11387
	β	0.28754	0.31392	0.15684
	α	0.009742	0.013804	0.025653
LA51	n_1	34.64913	10.19512	4.71629
	β	0.30528	0.14208	0.11435
	α	0.008811	0.013936	0.024246

通过计算可以得到 Mg-xLi-1Al（x=1,3,5）合金在不同变形条件下的 $\alpha\sigma$ 参数，计算结果列于表 5.3。

表 5.3　Mg-xLi-1Al（x=1,3,5）合金在不同变形条件下的 $\alpha\sigma$ 参数

合金	$\dot{\varepsilon}/s^{-1}$	200℃	300℃	400℃
LA11	0.01	0.85876	0.802341	0.667587
	0.1	1.031781	1.041214	0.992601
	1	1.171764	1.248415	1.415925
LA31	0.01	0.928374	0.908552	0.710973
	0.1	0.946708	1.024409	1.181423
	1	1.061196	1.109483	1.4447
LA51	0.01	0.933966	0.816566	0.581468
	0.1	0.995643	1.100038	0.960214
	1	1.06666	1.255898	1.543403

然后确定 n 和 Q 的值，对式(5.1a) 两端取自然对数：

$$\ln\dot{\varepsilon} = \ln A - Q/RT + n\ln[\sinh(\alpha\sigma)] \tag{5.9}$$

对式(5.9) 微分得变形激活能 Q 可以由式(5.10) 得：

$$Q = R\left\{\frac{\partial\ln\dot{\varepsilon}}{\partial\ln[\sinh(\alpha\sigma)]}\right\}_T\left\{\frac{\partial\ln[\sinh(\alpha\sigma)]}{\partial(1/T)}\right\}_{\dot{\varepsilon}} \tag{5.10}$$

由式(5.9) 关系知，拟合不同变形条件下的 $\ln\dot{\varepsilon}$-$\ln[\sinh(\alpha\sigma)]$ 如图 5.3 所示，以及 $\ln[\sinh(\alpha\sigma)]$-$1/T$ 曲线如图 5.4 所示，其中$\frac{\partial\ln\dot{\varepsilon}}{\partial\ln[\sinh(\alpha\sigma)]}$和$\frac{\partial\ln[\sinh(\alpha\sigma)]}{\partial(1/T)}$分别为 $\ln\dot{\varepsilon}$-$\ln[\sinh(\alpha\sigma)]$和 $\ln[\sinh(\alpha\sigma)]$-$1/T$ 曲线的斜率，并取不同变形条件下的斜率平均数，经计算所得平均值代入式(5.10)，得 LA11 合金 Q_{LA11} =

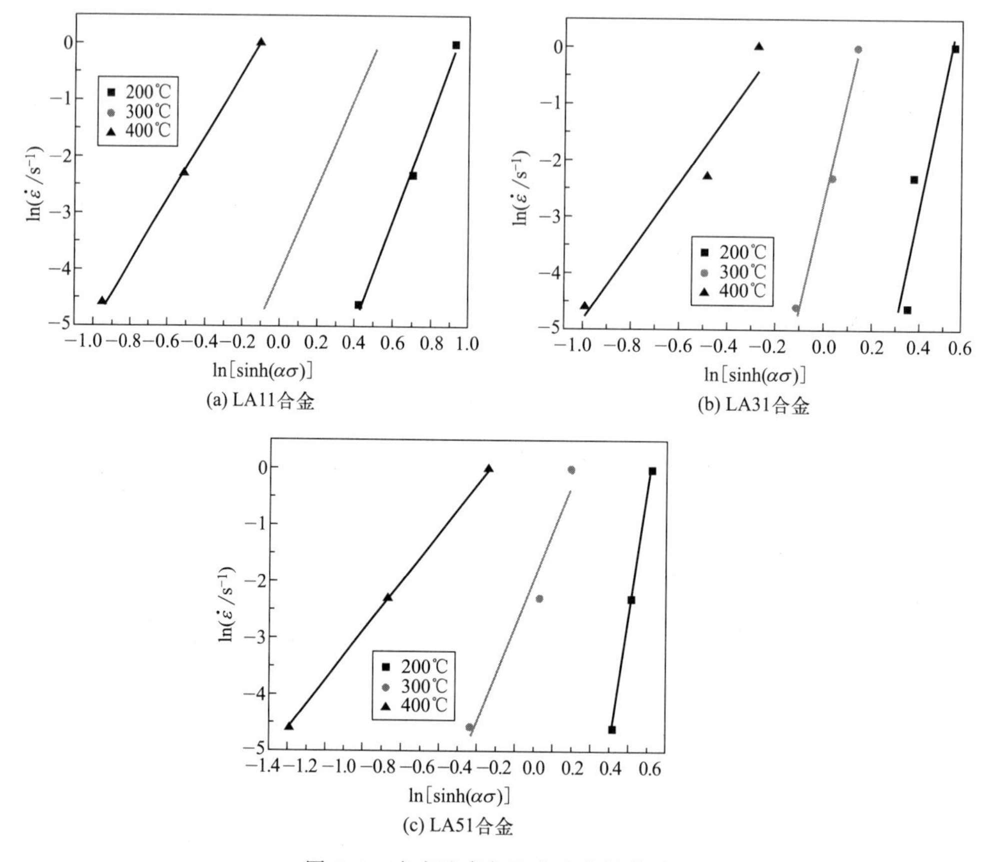

(a) LA11合金

(b) LA31合金

(c) LA51合金

图 5.3　应变速率与流变应力的关系

116482.7411J/mol、LA31 合金 $Q_{LA31}=201470.4004$J/mol、LA51 合金 $Q_{LA51}=198740.9297$J/mol。计算发现，Mg-xLi-1Al（$x=1,3,5$）合金的 Q 随 Li 含量的增加先增大后减小（图 5.5），当锂含量为 1%（质量分数）时，Q 值最小，说明较容易发生塑性变形；当锂含量为 3%（质量分数）时，Q 值最大，说明发生塑性变形较困难，当锂含量增加到 5%（质量分数）时，Q 值略微下降。Q 值一般与材料的固溶度有关，随元素添加量的增加而增加，Q 随变形温度的增加而增加，可能与动态再结晶的形成消耗大量位错有关，动态再结晶越剧烈，位错数量减少，导致变形激活能增加[2,19]。

A 值的确定可由式(5.5)知，采用最小二乘法进行回归拟合 $\ln Z$-ln[sinh(ασ)] 曲线，如图 5.6 所示，其截距为 $\ln A$，斜率为 n 值，由图可知其线性相关性较高，说明计算结果可靠。求出：LA11 合金 $A_{LA11}=2.7366\times10^{9}$，$n_{LA11}=7.004$；LA31 合金 $A_{LA31}=4.1208\times10^{17}$，$n_{LA31}=12.54$；LA51 合金 $A_{LA51}=$

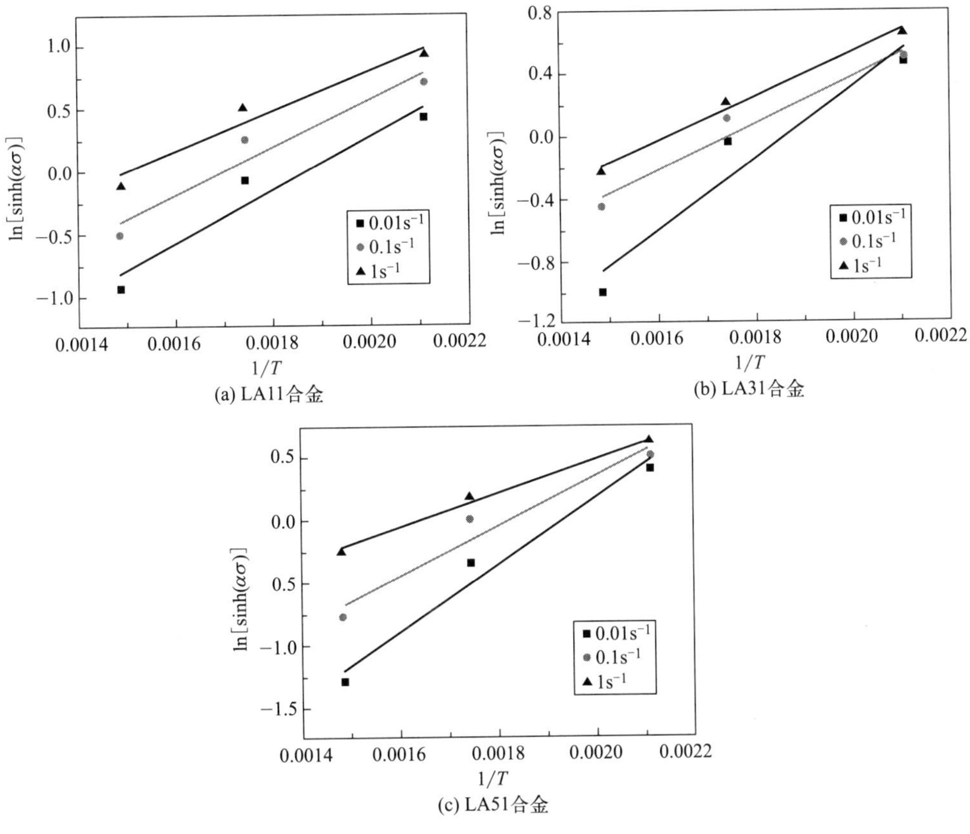

图 5.4　流变应力与温度之间的关系

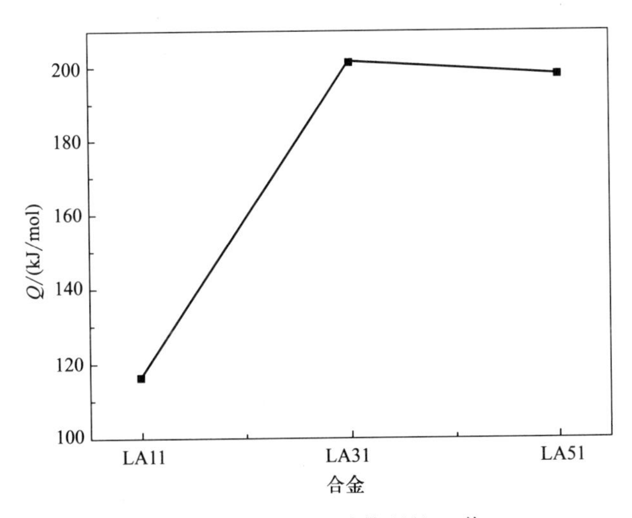

图 5.5　三种合金计算所得 Q 值

8.7238×10^{17}，$n_{LA51} = 10.275$。

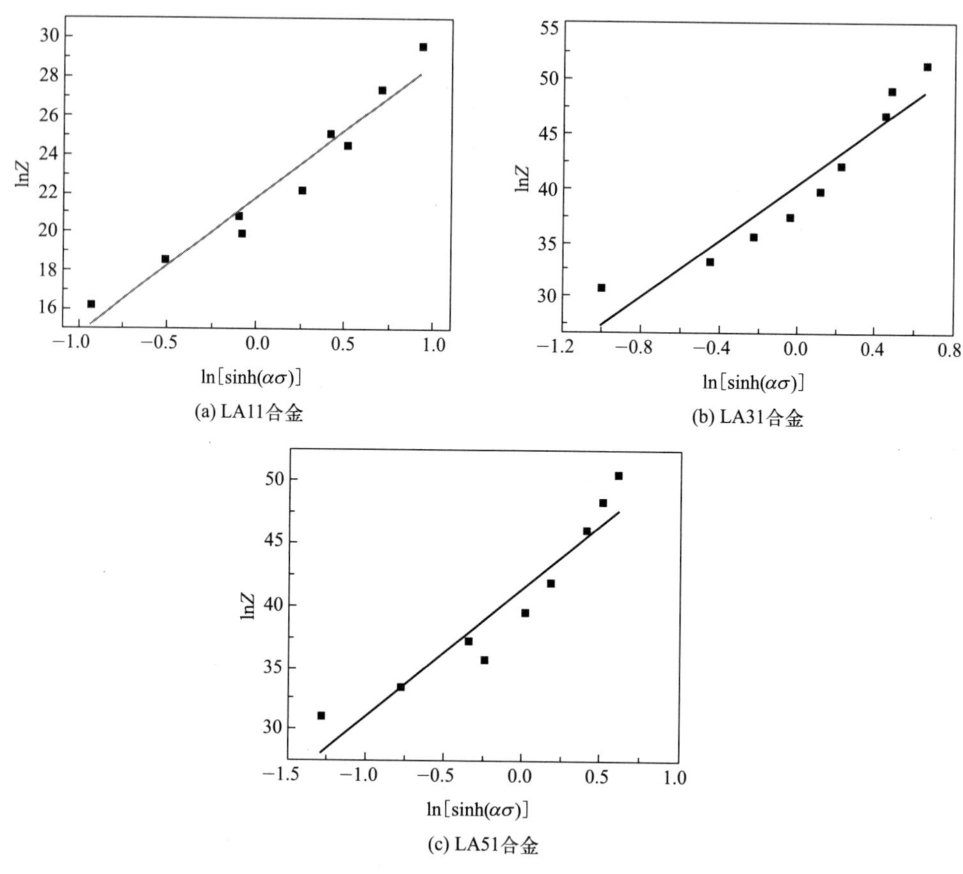

(a) LA11合金

(b) LA31合金

(c) LA51合金

图 5.6　$\ln Z$-$\ln[\sinh(\alpha\sigma)]$ 回归曲线

将计算出的各参数代入式(5.1a) 及式(5.6)，得 Mg-xLi-1Al （$x=1,3,5$）合金的本构方程及 Z 参数表达式。

（1）LA11 合金

$$\dot{\varepsilon} = 2.7366 \times 10^{9}[\sinh(0.014\sigma)]^{7.004}\exp(-116482.7411/RT)$$

$$\sigma = 71.246\ln\{(Z/2.7366 \times 10^{-9})^{1/7.004} + [(Z/2.7366 \times 10^{-9})^{2/7.004} + 1]^{1/2}\}$$

$$Z = \dot{\varepsilon}\exp(-116482.7411/RT)$$

（2）LA31 合金

$$\dot{\varepsilon} = 4.1208 \times 10^{17}[\sinh(0.013\sigma)]^{12.54}\exp(-201470.4004/RT)$$

$$\sigma = 76.976\ln\{(Z/4.1208 \times 10^{-17})^{1/12.54} + [(Z/4.1208 \times 10^{-17})^{2/12.54} + 1]^{1/2}\}$$

$$Z = \dot{\varepsilon}\exp(-201470.4004/RT)$$

(3) LA51 合金

$$\dot{\varepsilon}=8.7238\times10^{17}[\sinh(0.011\sigma)]^{10.275}\exp(-198740.9297/RT)$$

$$\sigma=88.232\ln\{(Z/8.7238\times10^{-17})^{1/10.275}+[(Z/8.7238\times10^{-17})^{2/10.275}+1]^{1/2}\}$$

$$Z=\dot{\varepsilon}\exp(-198740.9297/RT)$$

以上计算过程中的相关参数均为不同变形条件下拟合斜率的平均值，不代表某一具体时刻的值。

5.1.3 Mg-xLi-1Al 动态再结晶动力学模型

(1) 动态再结晶临界条件

金属材料在变形过程中需达到一定应变量时才会发生动态再结晶，动态再结晶临界条件可以根据 Ryan 与 McQueen 等人研究的加工硬化率（$\theta=\mathrm{d}\sigma/\mathrm{d}\varepsilon$）随应力-应变曲线特征快速确定准确的动态再结晶临界条件[20]。加工硬化率曲线可以通过真应力-应变曲线变换获得，如图 5.7 所示，为 LA11 合金在 300℃、应变速率为 $0.01\mathrm{s}^{-1}$ 时的加工硬化曲线图，可以明显看出 θ-σ 曲线大致分为 3 个阶段：第一个阶段是变形初期随着流变应力的增加，θ 急剧下降，这主要和动态回复有关，当达到 θ-σ 曲线的拐点时开始发生动态再结晶，为动态再结晶临界应力 σ_c；第二阶段是图中 σ_c 到达 σ_p，在此阶段随着流变应力的增加，动态回复和动态再结晶作用不断增加，但加工硬化仍占主导作用，直到 σ_p 时，动态再结晶软化与加工硬化达到瞬间动态平衡状态；在第三阶段 θ 不断下降到最小值，此时为最大

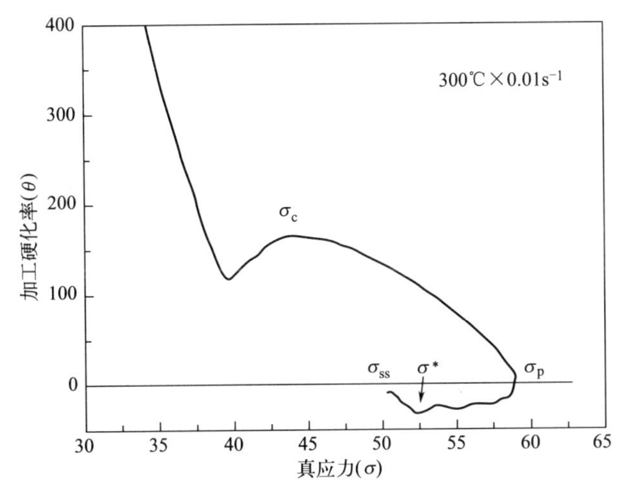

图 5.7 LA11 合金在 300℃×0.01s^{-1} 条件下加工硬化率 θ 随流变应力 σ 的变化

软化应力 σ^*，材料处于最大软化率状态，直到流变应力接近稳定应力值 σ_{ss}，通常被认为是一个常数[21]。不同变形条件下 LA11 合金的加工硬化率 θ 和流变应力 σ 的关系如图 5.8 所示。

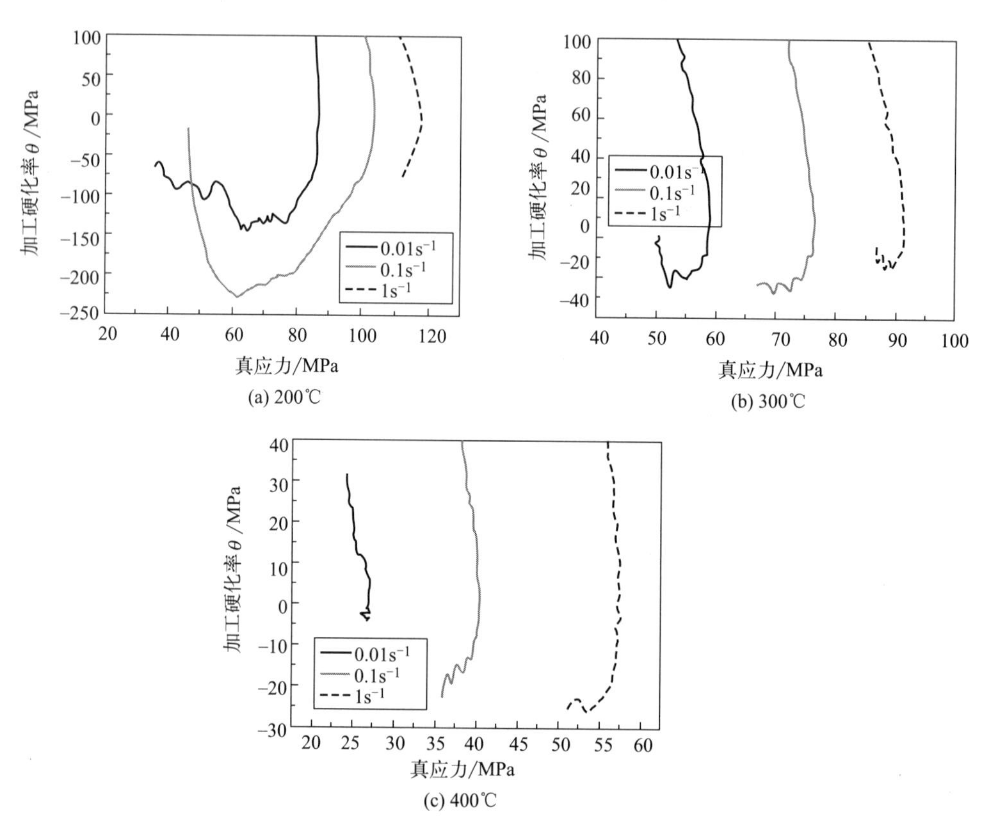

图 5.8 不同变形条件下 LA11 合金的加工硬化率 θ 随流变应力 σ 的变化

加工硬化率与流变应力之间的关系，如式(5.11)：

$$\theta = d\sigma/d\varepsilon \tag{5.11}$$

根据 Poliak 和 Jonas 研究计算动态再结晶临界条件[22]，通过对加工硬化率和流变应力再次求导可以得出精准的动态再结晶临界应力值，即 $-\partial\theta/\partial\sigma$-$\sigma$ 曲线的最小值为 σ_c，从而获得临界应力 σ_c 对应的动态再结晶的临界应变 ε_c 值，图 5.9 为 LA11 合金在不同变形条件下的临界条件的关系图。

基于上述方法，可以准确获得不同变形条件下的 θ-σ 曲线的拐点坐标，从而准确获得临界应力 σ_c 与临界应变 ε_c 值。可知 ε_c 小于 ε_p，且 ε_c 和 ε_p 与变形温度呈负相关，当应变速率 $\dot{\varepsilon}$ 一定时，ε_c 和 ε_p 随变形温度的增加而减小，主要原因是在高温变形条件下，金属材料的原子扩散率增加，增加位错运动驱动力，减小滑移系开动的临界切应力，从而促进动态再结晶，降低变形抗力[23]。而 ε_c 和 ε_p 与应变速率 $\dot{\varepsilon}$ 呈正相关，当变形温度 T 一定时，变形速率 $\dot{\varepsilon}$ 越大，ε_c 和 ε_p 越大，主要原因是较低的应变速率 $\dot{\varepsilon}$ 下变形，位错有充分的时间运动和湮灭，从而使动态再结晶有足够的时间形核和长大，促进动态再结晶发生[24]。

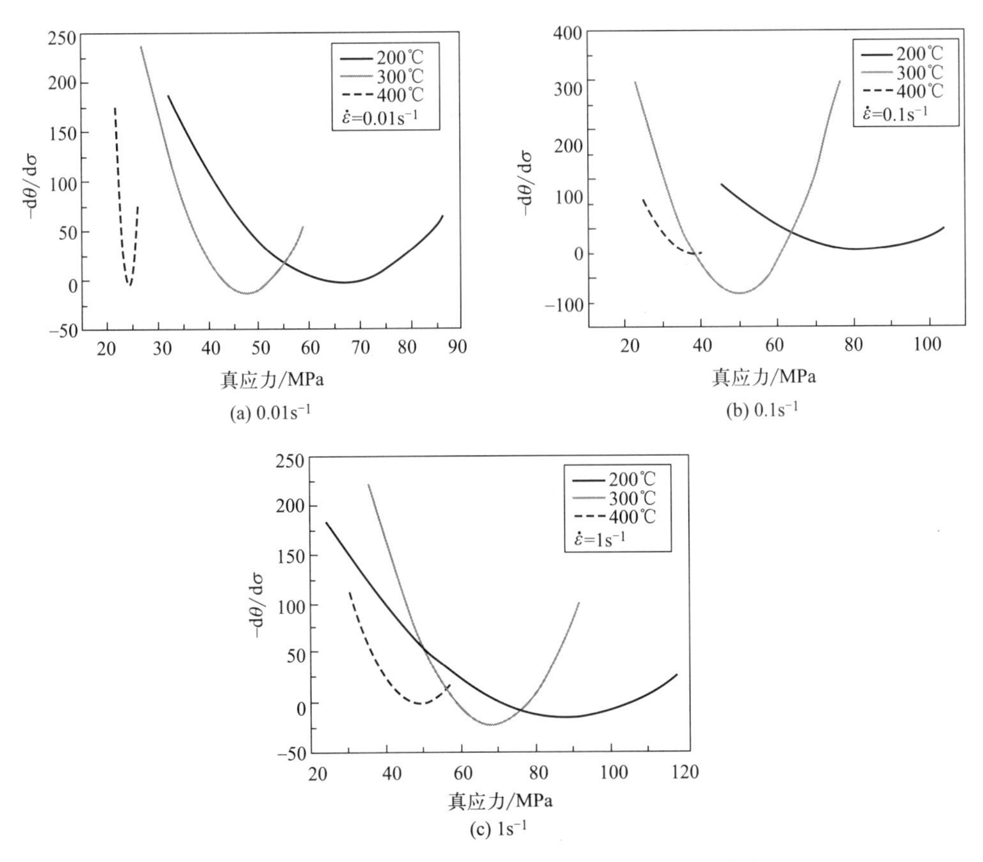

图 5.9　LA11 合金不同变形条件下的 $-\partial\theta/\partial\sigma$-$\sigma$ 曲线

临界应变 ε_c 和峰值应变 ε_p 之间的比值可以用来评估动态再结晶的开动难易程度，有学者研究了不同金属的动态再结晶临界条件[25]，通常认为临界应变 ε_c 大约是峰值应变 ε_p 的 80%。为了分析动态再结晶的临界条件和应变速率 $\dot{\varepsilon}$ 及变形温度 T 之间的函数关系，本章采用 Sellars 方程[26,27] 构建动态再结晶的临界条件模型，临界应变 ε_c 和峰值应变 ε_p 之间的关系可以由关于 Z 参数的幂函数描述，如式(5.12) 所示：

$$\varepsilon = AZ^n \tag{5.12}$$

式中，Z 为 Zener-Hollomon 参数，也称为温度补偿应变率因子；A 和 n 为材料常数。

根据式(5.3)以及前述计算LA11合金热变形激活能$Q_{LA11}=116482.7411J/mol$，对式(5.12)两边取对数得：

$$\ln\varepsilon=\ln A+n\ln Z \tag{5.13}$$

将不同变形条件下的ε_c和ε_p以及Z参数分别代入式(5.13)，绘制$\ln\varepsilon$-$\ln Z$散点图。并将散点图采用线性回归法拟合直线，如图5.10所示。其中拟合直线斜率为n，截距为$\ln A$。将其计算结果代入式(5.12)可得LA11合金动态再结晶临界条件模型为：

$$\varepsilon_c=0.009997Z^{0.07915}$$

$$\varepsilon_p=0.033607Z^{0.07623}$$

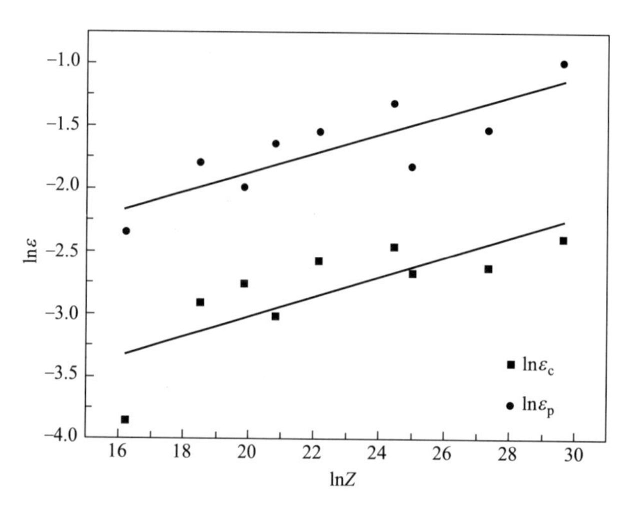

图5.10 峰值应变ε_p、临界应变ε_c和Z参数之间的线性关系

(2) 动态再结晶动力学模型

在金属塑性变形过程中，动态再结晶主要和材料内部位错密度有关，当位错密度达到一定值时，动态再结晶晶粒优先在位错塞积严重的初始晶界附近形核。由于金属材料在高温下变形为热激活过程，位错更容易发生交滑移和攀移。根据JMAK动力学理论，LA11合金在一定的变形温度和应变速率条件下，DRX动力学模型可用Avrami方程表示[28]，如式(5.14)。

$$X_{DRX}=1-\exp\left[-p\left(\frac{\varepsilon-\varepsilon_c}{\varepsilon_p}\right)^m\right] \tag{5.14}$$

式中，m和p为材料常数；X_{DRX}为动态再结晶体积分数。

动态再结晶体积分数和流变应力之间由式(5.15)表示：

$$\sigma-\sigma_p=X_{DRX}(\sigma_p-\sigma_{ss}) \tag{5.15}$$

由式(5.15)变换可得式(5.16)，表示动态再结晶体积分数：

$$X_{DRX}=\frac{\sigma-\sigma_p}{\sigma_p-\sigma_{ss}} \tag{5.16}$$

对式(5.14)两边取对数：

$$\ln[-\ln(1-X_{DRX})]=\ln p+m\ln[(\varepsilon-\varepsilon_c)/\varepsilon_p] \tag{5.17}$$

X_{DRX} 是重要的材料参数，可由式(5.14)和式(5.16)计算得到。$\ln[-\ln(1-X_{DRX})]$ 和 $\ln[(\varepsilon-\varepsilon_c)/\varepsilon_p]$ 之间的线性关系如图5.11(a)所示，在200℃、应变速率为 $0.1s^{-1}$ 时的线性相关性为0.985。拟合不同变形条件下的 $\ln[-\ln(1-X_{DRX})]$ 和 $\ln[(\varepsilon-\varepsilon_c)/\varepsilon_p]$ 之间的关系如图5.11(b)所示，计算图中不同变形条件下的平均截距和斜率，得到 p 和 m 值分别为4.91136和0.009257。因此，DRX的动力学模型可以描述为：

$$\begin{cases} X_{DRX}=0 & (\varepsilon\leqslant\varepsilon_c) \\ X_{DRX}=1-\exp\left[-0.009257\left(\dfrac{\varepsilon-\varepsilon_c}{\varepsilon_p}\right)^{4.91136}\right] & (\varepsilon\geqslant\varepsilon_c) \end{cases}$$

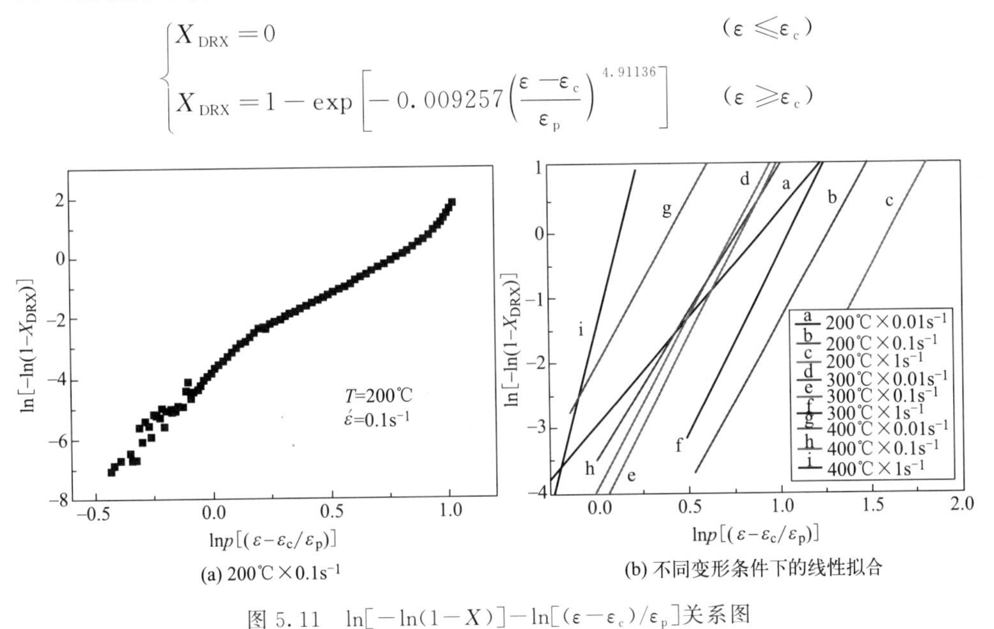

图5.11 $\ln[-\ln(1-X)]-\ln[(\varepsilon-\varepsilon_c)/\varepsilon_p]$ 关系图

LA11合金在不同变形条件下的动态再结晶体积分数曲线如图5.12所示。可以发现LA11合金的动态再结晶体积分数呈现典型的S形曲线。当应变速率一定时，X_{DRX} 随变形温度的升高而增大，这是由于高温变形增加原子扩散和晶界迁移率，促进了动态再结晶形核和生长速率[29]。当变形温度一定时，X_{DRX} 随应变速率增大而减小，这是由于较大的应变速率导致合金内部的位错密度较高，使得

DRX 的形核速率大于 DRX 晶粒的生长速率，使 DRX 晶粒没有充足的时间长大，有利于获得细小的动态再结晶晶粒[30]。总之，在热变形过程中，提高变形温度和降低应变速率能够增加动态再结晶体积分数。

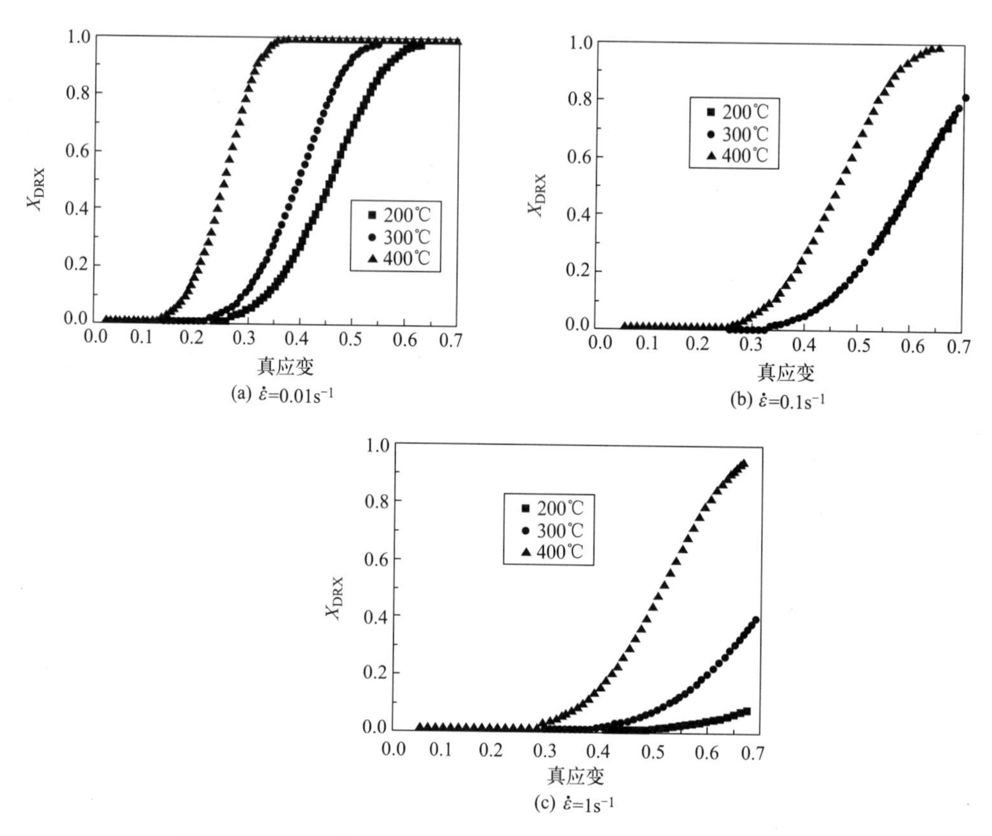

图 5.12　LA11 合金在不同变形条件下的动态再结晶体积分数

5.2　热变形对合金断口形貌的影响

在镁合金中添加锂元素可以降低镁合金 c/a，从而改善镁合金的塑性变形性能。合金的热变形机制主要受应变速率和变形温度等条件影响，通过 OM、SEM、EBSD 等表征方法（测试方法及试样准备与 4.1.3 分析测试方法相同）分析 Mg-xLi-1Al（x=1,3,5）合金在不同变形条件下的微观组织。

5.2.1 变形条件对宏观形貌的影响

Mg-xLi-1Al（x=1,3,5）合金在不同变形条件下的宏观形貌如图 5.13 所示。由图 5.13 可以看出，热压缩变形后试样呈鼓状，这种现象是因为在热压缩变形过程中压头和试样之间不可避免的摩擦，阻碍试样两端附近的金属流动[31]。试样在 200℃变形时产生裂纹，说明 HCP 结构镁锂合金在低温下塑性较差，且随锂含量的增加断裂严重，主要原因是虽然随锂含量的增加，合金轴比 c/a 会下降，但低温不足以开动锥面滑移，而且晶粒尺寸较大的合金变形过程中，有利于孪生变形，不利于滑移[7]。当变形温度为 300℃和 400℃时，变形试样未发现裂纹，塑性较好。三种试样在不同变形条件下的变化趋势一致，随变形温度的升高，合金试样的成形性越来越好。

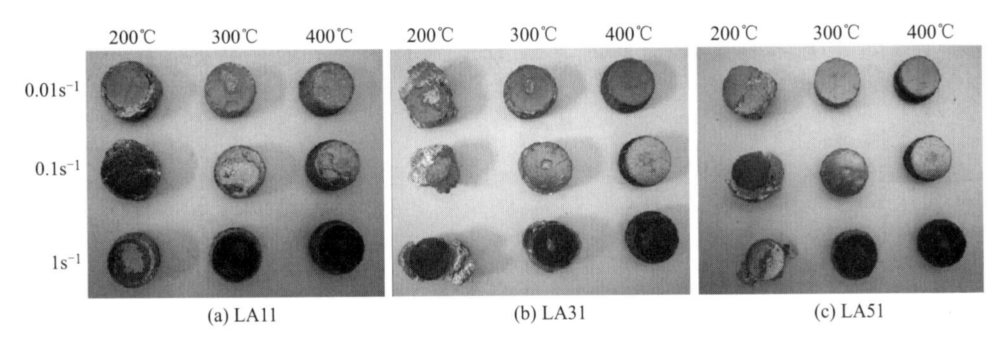

图 5.13 Mg-xLi-1Al（x=1,3,5）合金在不同变形条件下的宏观形貌

5.2.2 微观断口形貌特征

图 5.14 是 LA11 合金在 200℃、0.01s^{-1} 变形后的断裂图，可以看出试样断裂方向为沿压缩方向大约呈 45°，断裂面通常为原子密排面或低指数晶面，因为密排面或低指数晶面面间距较大，原子间结合力较差，故易沿该面断裂[32]。金属压缩变形的剪切应力可以由式（5.18）表示：

$$T=(\sigma/2)\times 2\sin 2\alpha \qquad (5.18)$$

图 5.14 LA11 合金在 200℃、应变速率为 0.01s^{-1} 条件下的断裂图

式中，T 为剪切应力；σ 为许用应力；α 为外力与滑移面法向夹角。

由式(5.30）知，当 α 为 45°时，滑移面具有最大剪切应力，故断裂面沿外力方向约呈 45°。

图 5.15 为 LA11 合金在 200℃、应变速率为 $0.01s^{-1}$ 条件下不同方向观察的断口 SEM 图（观察方向由示意图沿黑色箭头所指），从图 5.15(a) 可看出，该断口为典型的脆性断裂，且为沿晶断裂。图 5.15(b) 可以看到合金在变形过程中，晶粒内部产生大量的滑移带，通常情况下呈平行排列的线条，说明试样变形不均匀，滑移只发生在某一晶面上，滑移线之间的晶体片层仅发生相对的位移，并没有发生变形。

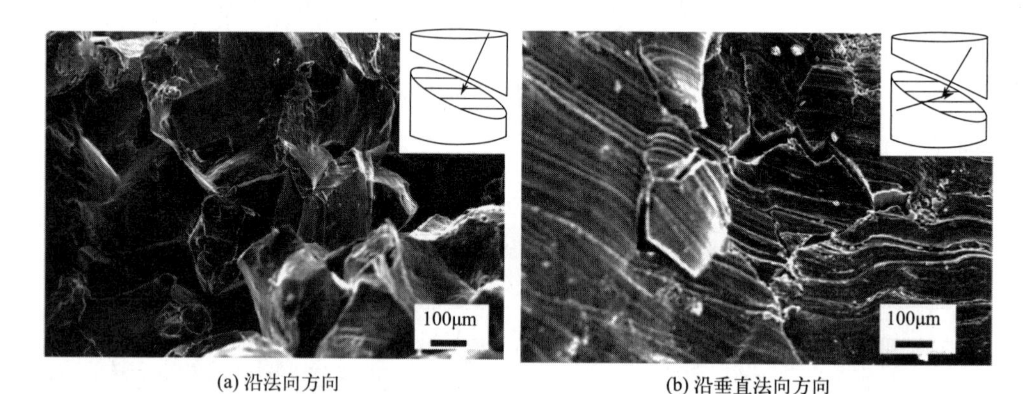

(a) 沿法向方向　　(b) 沿垂直法向方向

图 5.15　LA11 合金断口形貌

5.3　变形参数对微观组织演变的影响

5.3.1　变形温度对微观组织的影响

图 5.16 为 LA11 合金在 200℃、$0.01s^{-1}$ 时的微观组织，可以看出变形试样中存在大量的剪切带，剪切变形带沿压应力方向呈大约 45°，通常在剪切带中心会产生大量的细小动态再结晶晶粒，同时，可以观察到在大晶粒中存在大量的孪晶组织形貌，说明在低温变形过程中，LA11 合金主要发生孪生变形，在此过程中孪生可以诱导动态再结晶，并在孪晶界产生动态再结晶形核[7]。

图 5.16　LA11 合金在 200℃、0.01s^{-1} 时的微观组织

图 5.17 为 Mg-xLi-1Al（x=1,3,5）合金在应变速率为 0.01s^{-1} 时，变形温度为 300℃[(a)、(c)、(e)]和 400℃[(b)、(d)、(f)]时的微观组织。图 5.17(a)、(b) 为 LA11 合金变形后的微观组织，可以看出，LA11 合金在 0.01s^{-1}、300℃变形时，在原始晶界优先发生动态再结晶，并且呈现出“链状”结构。在 400℃变形时，可以看出动态再结晶晶粒发生长大，基本呈等轴晶，动态再结晶体积分数增加，且与原始态组织相比晶粒得到显著细化。图 5.17(c)、(d) 为 LA31 合

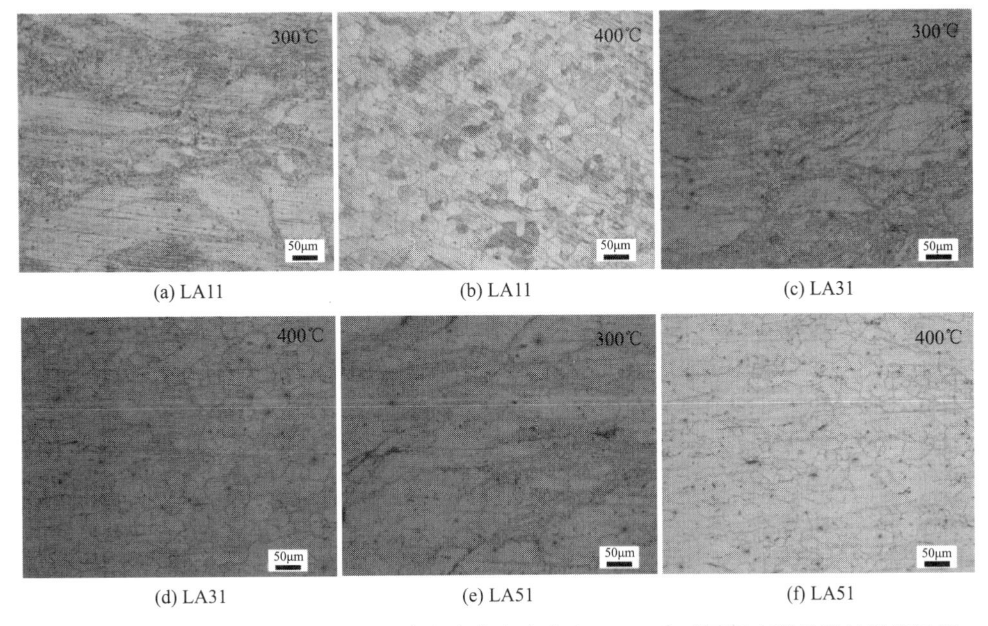

图 5.17　Mg-xLi-1Al（x=1,3,5）合金在应变速率为 0.01s^{-1} 时不同变形温度的微观组织

金在 0.01s^{-1}、300℃和 400℃条件下变形后的微观组织，可以看出该合金的动态再结晶程度及动态再结晶的晶粒尺寸随变形温度的升高而升高，通过热压缩变形后的晶粒得到明显的细化。图 5.17(e)、(f) 为 LA51 合金在 0.01s^{-1}、300℃和 400℃条件下变形的微观组织，当应变速率一定时，随变形温度的增加动态再结晶程度增加。通过图 5.17 可以看出三种合金通过热压缩变形后的微观组织变化规律基本一致。均表现为在一定应变速率下，随温度的增加，X_{DRX} 增加。热变形过程中的动态再结晶机制和微观组织演变与晶粒取向、晶界能以及位错密度有密切关系。位错的迁移主要受变形温度影响，在高温变形条件下具有较大的热驱动力使位错更容易滑移，以及有助于晶界的迁移，从而促进动态再结晶晶粒的形核及长大[33]。因此，增加变形温度可以有效地提高合金的动态再结晶体积分数以及改善合金的塑性成形能力。

5.3.2 变形速率对微观组织的影响

图 5.18 为 Mg-xLi-1Al (x=1,3,5) 合金在 400℃、不同应变速率下的微观组织。图 5.18(a)、(d)、(g) 的应变速率为 1s^{-1}；图 5.18(b)、(e)、(h) 的应变速率为 0.1s^{-1}；图 5.18(c)、(f)、(i) 的应变速率为 0.01s^{-1}。图 5.18(a)、(b)、(c) 为 LA11 合金在 400℃、不同应变速率变形条件下的微观组织。LA11 在 400℃、1s^{-1} 变形时，晶粒大小不均匀且有较多变形晶粒，动态再结晶晶粒主要在原始晶界处分布，且动态再结晶程度较低；图 5.18(b) 为 LA11 在 400℃、0.1s^{-1} 时的微观组织，此时较 1s^{-1} 时的动态再结晶程度有所增大，但晶粒仍为大尺寸变形晶粒及小尺寸动态再结晶构成的混晶组织；图 5.18(c) 为 LA11 在 400℃、0.01s^{-1} 时的微观组织，此时动态再结晶程度和动态再结晶晶粒尺寸均增加，变形后组织主要由均匀的动态再结晶晶粒和少量的变形晶粒构成，且较原始组织平均晶粒度得到明显减小。图 5.18(d)、(e)、(f) 为 LA31 合金和 (g)、(h)、(i) 为 LA51 合金在 400℃、不同应变速率变形条件下的微观组织。三种合金在一定变形温度下动态再结晶随不同应变速率变化的规律基本一致。主要原因是大尺寸晶粒在变形过程中晶界处由于位错的塞积导致应变能较高，动态再结晶晶核优先在晶界处形核，随着应变速率的降低，位错和晶界有充足的时间进行迁移，从而使动态再结晶晶粒有充足的时间长大[34]。随着应变速率的增加，合金在变形过程中晶界来不及迁移并阻碍位错滑移，位错缠结、塞积，在较短的时间内不足以进行位错运动，导致产生大量的亚结构以及大量动态再结晶晶粒在晶界处汇集，故动态再

结晶程度降低[25]。

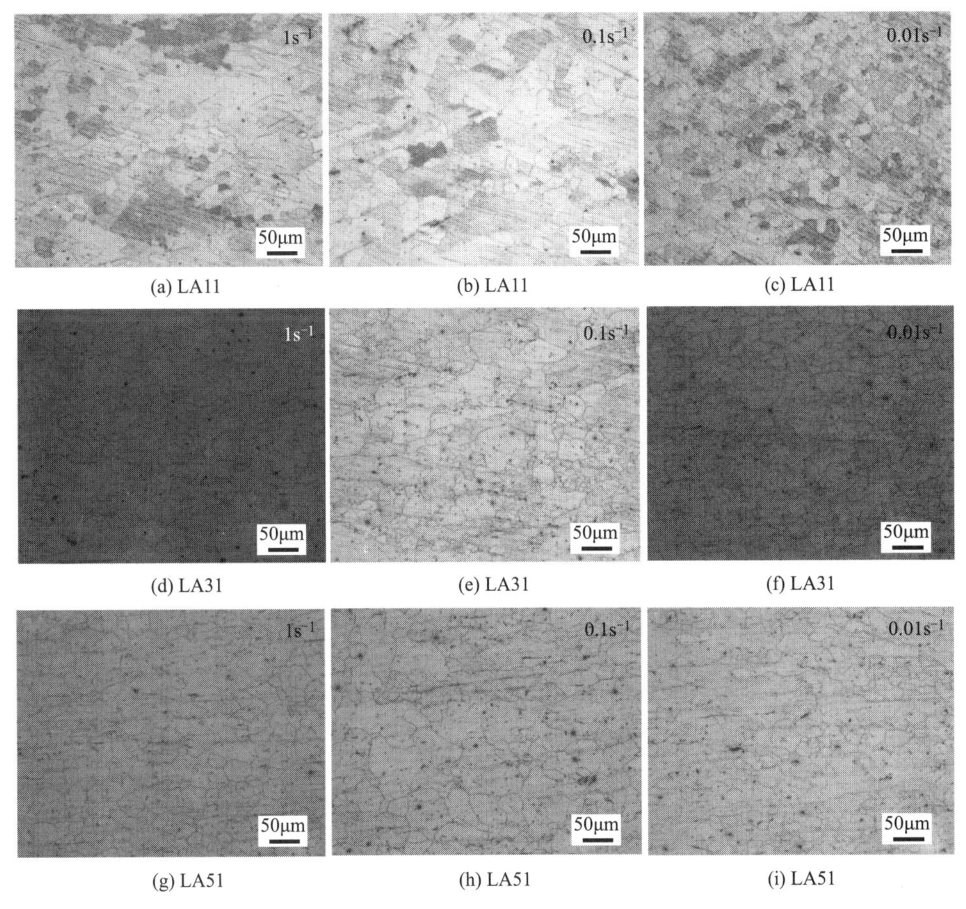

图 5.18　Mg-xLi-1Al（x=1,3,5）合金当变形温度在400℃、不同应变速率下的微观组织

5.4　Mg-xLi-1Al（x=1，3，5）合金的热变形机制

5.4.1　Mg-xLi-1Al合金的动态再结晶行为

图5.19是LA11合金在不同变形条件下的IPF图［(a)、(c)、(e)、(g)］和晶界图［(b)、(d)、(f)、(h)］，各自条件：(a)、(b) 为200℃、0.01s^{-1}；(c)、(d)

为 300℃、$0.01s^{-1}$；(e)、(f) 为 400℃、$0.01s^{-1}$；(g)、(h) 为 400℃、$0.1s^{-1}$。在图 5.19(b)、(d)、(f)、(h) 晶界图中，黑线表示大角度晶界（HAGBs），红线表示小角度晶界（LAGBs）（参见彩图 5.19），由图可知，该合金的变形机制为典型的动态回复和动态再结晶软化机制，其中大晶粒沿压缩法向方向被拉长，同时晶粒内部形成少量亚晶粒。变形温度以及 Z 参数均会影响微观组织，例如，在低温（200℃、$0.01s^{-1}$、$\ln Z=25.02$）变形时，会出现位错缠结，在单个晶粒内形成位错壁[35]，如图 5.19(a)、(b)。晶界处和晶粒内部存在大量再结晶晶粒（以白色矩形标记）和亚晶粒（黑色箭头标记），在较低温度下变形时，由于应力集中的释放，边界处会产生少量微裂纹，如图 5.19(d)、(f)。较低变形温度会导致大量位错缠结，从而产生更多的亚晶粒和再结晶晶粒，对应 IPF 图 5.19(c)、(e) 中在晶粒内部产生大量的亚晶粒（黑色箭头表示）以及晶界处产生大量的动态再结晶晶粒（白色箭头标记）。随着变形温度的升高，位错迁移速率和晶界迁移率增加，促进动态再结晶晶核的形核和长大。在较低的变形温度下也出现了动态再结晶晶粒[36]，并且，在与压缩方向呈 45°左右还存在绝热剪切带。主要原因是较低的温度和较高的 Z 参数条件下变形不利于晶界滑动，变形过程中导致在剪切带局部产生大量应力集中。从图 5.19(e)、(g) 中可以看出，较低的应变速率和较低的 Z 参数有利于等温变形条件下发生动态再结晶。较高的应变速率导致严重的变形过程中热传递不充分，位错和晶界没有充分的时间滑移，从而导致变形晶粒沿最大剪切应力方向局部流动[33]。

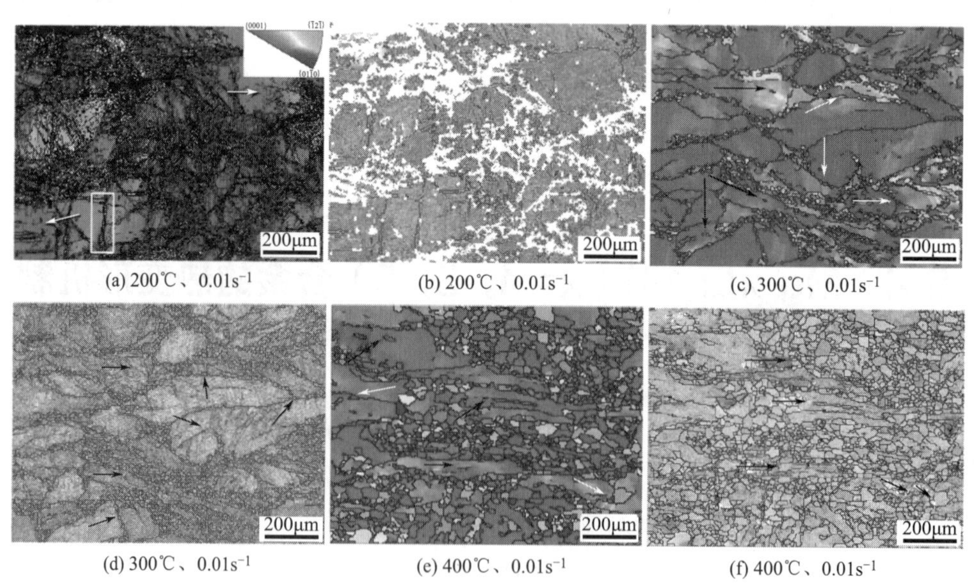

(a) 200℃、$0.01s^{-1}$　(b) 200℃、$0.01s^{-1}$　(c) 300℃、$0.01s^{-1}$

(d) 300℃、$0.01s^{-1}$　(e) 400℃、$0.01s^{-1}$　(f) 400℃、$0.01s^{-1}$

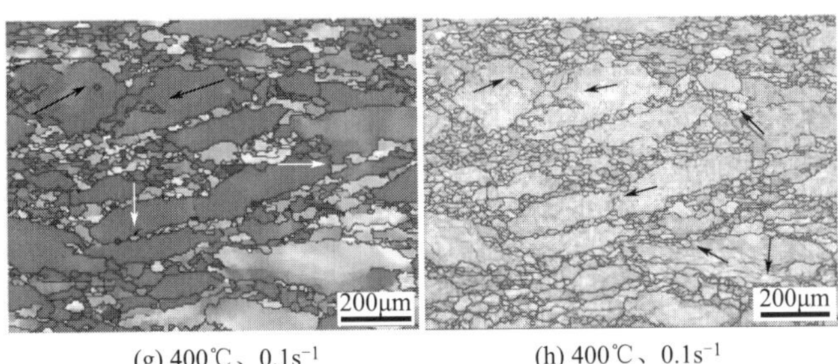

(g) 400℃、$0.1s^{-1}$　　(h) 400℃、$0.1s^{-1}$

图 5.19　LA11 合金在不同变形条件下的 IPF 图

［(a)、(c)、(e)、(g)］和晶界图［(b)、(d)、(f)、(h)］

值得注意的是，普通镁合金在热变形过程中主要的动态再结晶机制是 CDRX，应变速率的增加导致平均位错密度的增加。图 5.19(b)、(d)、(f)、(h) 中具有 CDRX 特征的晶粒用蓝色箭头表示，随着 ln$Z$ 的减少，CDRX 晶粒所占比例减小[14]。此外，另一种典型的动态再结晶机制是 DDRX，其形核机制是晶界弓出（BLG）形核，其特征是晶界外呈拱形。在不同变形条件下观察到具有 BLG 特征的晶粒（红色箭头所示）。总的来说，ln$Z$ 越小，变形温度越高，应变速率越低，位错密度会降低，亚晶粒尺寸增大[10]。因此，可以推断 ln$Z$ 值的降低导致了动态再结晶机制由 CDRX 向 DDRX 发展[37]。

5.4.2　Mg-xLi-1Al 合金在热变形中的孪生行为

镁合金的变形机制主要有：①孪生；②基面和非基面滑移；③滑移-孪生相互作用。具有 HCP 结构的镁合金在室温变形时存在很少的独立滑移系，因此在较低温度和较高应变速率下变形时孪生起着重要作用，如 $\{10\bar{1}2\}$ 拉伸孪晶和 $\{10\bar{1}1\}$ 压缩孪晶[38]。CRSS 和 Schmid 因子（SF）都对变形机制有很大影响，基面滑移的 CRSS 最低，拉伸孪晶的 CRSS 仅大于基面滑移，所需 CRSS 为 5～20MPa[39,40]。因此，镁合金中主要的变形体系是基面滑移和拉伸孪生。

图 5.20 为 LA11 合金在 $0.01s^{-1}$、不同变形温度下的晶界图（参见彩图 5.20)，红线表示 $\{10\bar{1}2\}$ 拉伸孪晶，蓝线表示 $\{10\bar{1}1\}$ 压缩孪晶，绿线表示 $\{10\bar{1}2\}$-$\{10\bar{1}1\}$ 二次孪晶。从图 5.20(a) 中可以看出当变形条件为 200℃、$0.01s^{-1}$ 时，基体中存在大量的孪晶，其中有较多的 $\{10\bar{1}2\}$-$\{10\bar{1}1\}$ 二次孪晶，如图 5.20(a) 中矩形框所示。在相同的应变速率下，当变形温度上升到 300℃时，在图 5.20(b) 中矩形框中有较多的 $\{10\bar{1}1\}$ 压缩孪晶。当变形温度为

400℃时，在图5.20(c)中矩形框处存在更多的{10$\bar{1}$2}拉伸孪晶。一般来说，孪生有三个过程（成核、生长和扩展）。孪晶通常在晶界处及应力集中区域形核，孪生协调变形过程中孪晶类型随变形温度的变化而改变。在较低温度变形时，晶体中滑移系激活的数量较少，存在严重的应力集中，有利于形成大量的孪晶，并倾向形成更多的二次孪晶[41]。从图5.20(a)中可以看出，{10$\bar{1}$1}压缩孪晶和{10$\bar{1}$2}-{10$\bar{1}$1}二次孪晶的数量较多。随着变形温度的升高，更多的滑移系被激活，从而不利于孪晶的成核，因此孪晶数量减少[42]。有学者发现，{10$\bar{1}$2}拉伸孪晶的成核所需的CRSS小于{10$\bar{1}$1}压缩孪晶，{10$\bar{1}$1}压缩孪晶在c轴方向上受到拉应力，导致{10$\bar{1}$1}压缩孪晶能够继续产生拉伸孪晶，从而形成{10$\bar{1}$2}-{10$\bar{1}$1}二次孪晶[43]。图5.20(b)中可以看出{10$\bar{1}$1}压缩孪晶集中分布在晶界处。变形温度为400℃时，{10$\bar{1}$2}拉伸孪晶集中在晶界处且总体孪晶数量较少，如图5.20(c)所示。通常，变形温度越高越利于合金变形过程中的滑移，不利于孪生，同时，孪生可以诱导再结晶，再结晶晶核在孪晶界处形核[44]。孪晶的数量随着变形温度的升高而减少，在低温变形条件下主要以孪生变形为主，高温变形条件下滑移为主要变形机制。同样，应变速率也影响镁合金的孪生过程，较高的应变速率有利于孪晶的形成。

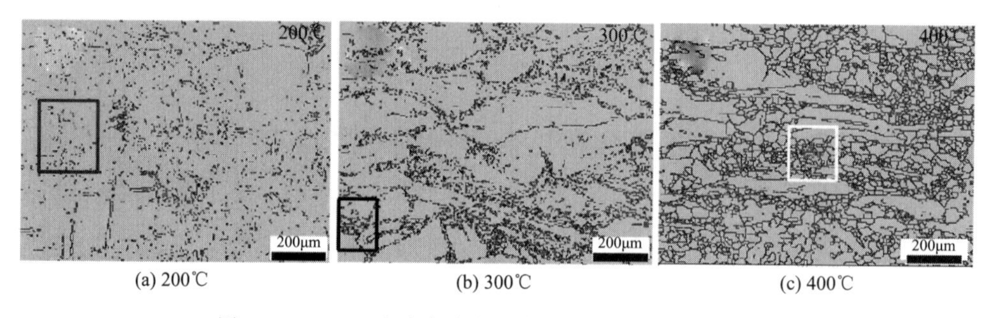

图5.20　LA11合金在应变速率为0.01s^{-1}时的晶界图

5.4.3　锂含量对再结晶程度的影响

图5.21为Mg-xLi-1Al（x=1,3,5）合金在400℃、0.01s^{-1}变形条件下的IPF图[(a)、(c)、(e)]和晶界图[(b)、(d)、(f)]（参见彩图5.21），其中黑线表示大角度晶界，红线表示小角度晶界。图5.21(a)、(b)为LA11合金的微观组织，通过图5.21(b)可以看出在大晶粒中存在大量小角度晶界，说明大晶粒为变形晶粒，晶粒内部存在大量的位错缠结、塞积。在晶粒内部和晶界处形成亚晶及动态再结晶晶核，此时合金主要发生动态回复和动态再结晶软化机制[36]。

图 5.21(c)、(d) 为 LA31 合金变形后微观组织，从图中可以看出 LA31 合金的再结晶晶粒平均尺寸大于 LA11 合金，且内部的大晶粒变形组织及小角度晶界较少，说明 LA31 合金的再结晶程度相对 LA11 合金较大[42]。有文献报道，当镁合金中锂含量大于 3%时，再结晶结束温度较低[19,44]。图 5.21(e)、(f) 为 LA51 合金变形后的微观组织，图中可以看出，LA51 合金和 LA31 合金的变形组织差别不大。在图 5.21 中还发现了孪晶诱导再结晶现象（椭圆标识）。

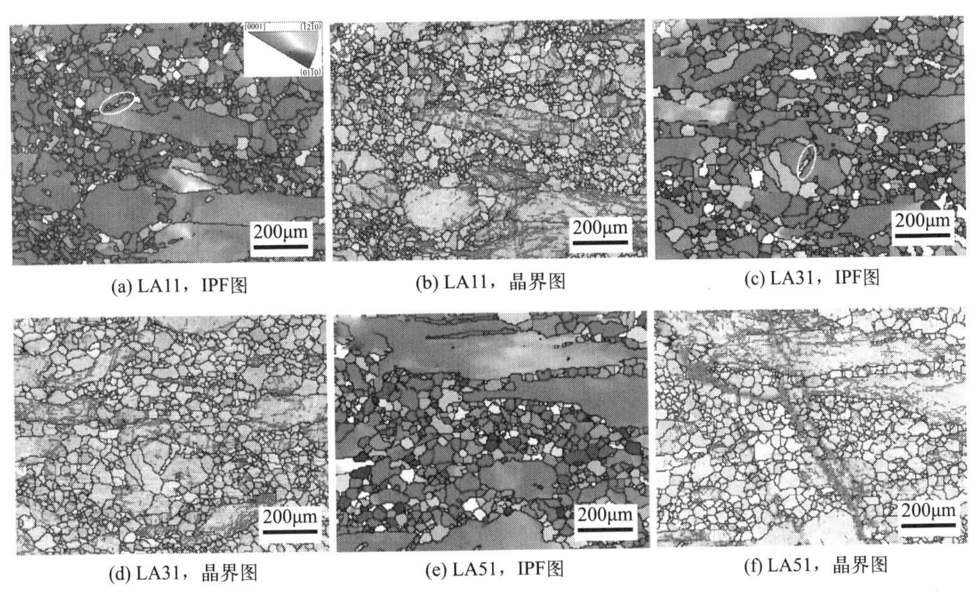

(a) LA11，IPF图 (b) LA11，晶界图 (c) LA31，IPF图

(d) LA31，晶界图 (e) LA51，IPF图 (f) LA51，晶界图

图 5.21 Mg-xLi-1Al（x=1,3,5）合金在 400℃、0.01s^{-1} 变形条件下的 IPF 图和晶界图

图 5.22 为 Mg-xLi-1Al（x=1,3,5）合金在 400℃、0.01s^{-1} 时变形后的再结晶体积分数分布图。图 5.22(a) 是 LA11 合金的再结晶体积分数的统计，可以看出，再结晶体积分数为 45.6%，变形晶体积分数为 52.0%，原始晶体积分数为 2.4%。图 5.22(b) 为 LA31 合金再结晶体积分数的统计，其中再结晶体积分数为 57.3%，变形晶体积分数为 40.8%，原始晶体积分数为 1.9%。图 5.22(c) 为 LA51 合金再结晶体积分数的统计，其中，再结晶体积分数为 51.3%，变形晶体积分数为 41.6%，原始晶体积分数为 7.1%。有学者研究锂含量对镁合金的再结晶温度的影响，发现在镁合金中添加少量的锂不影响镁合金的再结晶开始温度，当锂含量为 3.3%时不能提高镁合金的再结晶开始温度，当锂含量为 6%～7%时，会导致镁合金的再结晶开始温度升高。当锂含量小于 2%时，对镁合金的再结晶结束温度无影响，当锂含量为 3.3%时，会导致镁合金的再结晶结束温

度迅速下降，之后随着锂含量的增加，镁合金的再结晶结束温度增加[19,45]。通过图 5.22 对 Mg-xLi-1Al（x=1,3,5）合金的再结晶体积分数进行统计，发现 LA31 合金的再结晶程度最高，LA51 合金次之，LA11 合金的再结晶程度最低，这可能是由于 LA31 合金的再结晶结束温度低导致的再结晶体积分数略大于 LA51 和 LA11 合金。

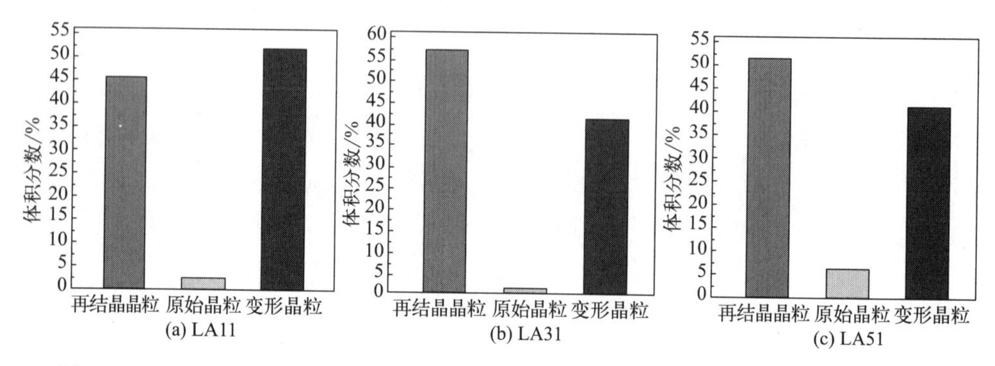

图 5.22 Mg-xLi-1Al（x=1,3,5）合金在 400℃、0.01s^{-1} 变形条件下再结晶体积分数

5.5 本章小结

① Mg-xLi-1Al（x=1,3,5）合金的变形激活能随锂含量的增加总体呈现上升趋势，当 Li 含量为 3%时的合金变形激活能最大，其中，LA11 合金 Q_{LA11} = 116482.7411J/mol；LA31 合金 Q_{LA31} = 201470.4004J/mol；LA51 合金 Q_{LA51} = 198740.9297J/mol。

② 计算了 Mg-xLi-1Al（x=1,3,5）合金的本构方程及 Z 参数表达式：

LA11 合金：

$$\dot{\varepsilon}=2.7366\times10^{9}[\sinh(0.014\sigma)]^{7.004}\exp(-116482.7411/RT)$$

$$\sigma=71.246\ln\{(Z/2.7366\times10^{-9})^{1/7.004}+[(Z/2.7366\times10^{-9})^{2/7.004}+1]^{1/2}\}$$

$$Z=\dot{\varepsilon}\exp(-116482.7411/RT)$$

LA31 合金：

$$\dot{\varepsilon}=4.1208\times10^{17}[\sinh(0.013\sigma)]^{12.54}\exp(-201470.4004/RT)$$

$\sigma=76.976\ln\{(Z/4.1208\times10^{-17})^{1/12.54}+[(Z/4.1208\times10^{-17})^{2/12.54}+1]^{1/2}\}$

$Z=\dot{\varepsilon}\exp(-201470.4004/RT)$

LA51 合金：

$\dot{\varepsilon}=8.7238\times10^{17}[\sinh(0.011\sigma)]^{10.275}\exp(-198740.9297/RT)$

$\sigma=88.232\ln\{(Z/8.7238\times10^{-17})^{1/10.275}+[(Z/8.7238\times10^{-17})^{2/10.275}+1]^{1/2}\}$

$Z=\dot{\varepsilon}\exp(-198740.9297/RT)$

③ 基于加工硬化率理论，计算 LA11 合金动态再结晶临界条件表达式：

$\varepsilon_c=0.009997Z^{0.07915}$

$\varepsilon_p=0.033607Z^{0.07623}$

④ 基于修正 Avrami 方程计算 LA11 合金的再结晶体积分数表达式：

$$\begin{cases} X_{DRX}=0 & (\varepsilon\leqslant\varepsilon_c) \\ X_{DRX}=1-\exp\left[-0.009257\left(\dfrac{\varepsilon-\varepsilon_c}{\varepsilon_p}\right)^{4.91136}\right] & (\varepsilon\geqslant\varepsilon_c) \end{cases}$$

⑤ Mg-xLi-1Al（$x=1,3,5$）合金的动态再结晶体积分数随变形温度的增加和应变速率的降低而增加；随着 Z 参数的降低，再结晶机制由 CDRX 向 DDRX 发展，DRX 的平均晶粒尺寸和 X_{DRX} 均增加。

⑥ LA11 合金再结晶体积分数为 45.6%，LA31 为 57.3%，LA51 为 51.3%；再结晶结束温度低导致 LA31 合金的再结晶体积分数略大于 LA51 和 LA11 合金。

参考文献

[1] 蔡祥，乔岩欣，许道奎，等．镁锂合金强化行为研究进展［J］．材料导报，2019，33（S2）：374-379.

[2] 圣冬冬，施颖杰，王茜茜，等．超轻镁锂合金的研究现状与发展趋势［J］．轻合金加工技术，2021，49（08）：8-12.

[3] 彭翔，刘文才，吴国华．镁锂合金的合金化及其应用［J］．中国有色金属学报，2021，31（11）：3024-3043.

[4] 刘俊伟，戴木海，鲁世强，等．LZ61 镁锂合金热变形行为及微观组织研究［J］．特种铸造及有色合金，2019，39（1）：1-5.

[5] 冯凯，李丹明，何成旦，等．航天用超轻镁锂合金研究进展［J］．特种铸造及有色合金，2017，37（2）：140-144.

[6] 李勇，刘俊伟，戴木海，等．LZ91 镁锂合金热变形的本构模型及微观组织演变［J］．材料热处理学报，2021，42（10）：167-174.

[7] 郭晶．新型 Mg-Li-Al 合金的微观组织及性能研究［D］．济南：山东大学，2019.

[8] BHAGAT S P, SABAT R K, KUMARAN S, et al. Effect of aluminum addition on the evolution of microstructure, crystallographic texture and mechanical properties of single phase hexagonal close packed Mg-Li alloys [J]. Springer, 2018, 27: 864-874.

[9] JI Q, WANG Y, WU R, et al. High specific strength Mg-Li-Zn-Er alloy processed by multi deformation processes [J]. Materials Characterization, 2020, 160: 110135.

[10] LI G, BAI X, PENG Q, et al. Hot deformation behavior of ultralight dual-phase Mg-6Li alloy: Constitutive model and hot processing maps [J]. Metals, 2021, 11 (6): 911.

[11] ASKARIANI S A, PISHBIN S H. Hot deformation behavior of Mg-4Li-1Al alloy via hot compression tests [J]. Journal of Alloys and Compounds, 2016, 688: 1058-1065.

[12] LEE W S, CHOU C W. Dynamic deformation behaviour and dislocation substructure of AZ80 magnesium alloy over a wide range of temperatures [J]. The European Physical Journal Conferences, 2018, 183: 03010.

[13] DEVADAS C, BARAGAR D, RUDDLE G, et al. The thermal and metallurgical state of steel strip during hot rolling: Part Ⅱ. Factors influencing rolling loads [J]. Metallurgical Transactions A, 1991, 22: 321.

[14] CAO L, LIAO B, WU X, et al. Hot deformation behavior and microstructure characterization of an Al-Cu-Li-Mg-Ag alloy [J]. Crystals, 2020, 10 (5): 416.

[15] DEVADAS C, SAMARASEKERA I V, HAWBOLT E B. The thermal and metallurgical state of steel strip during hot rolling: Part III. Microstructural evolution [J]. Metallurgical Transactions A, 1991, 22: 335-349.

[16] DEVADAS C, SAMARASEKERA I V, HAWBOLT E B. The thermal and metallurgical state of steel strip during hot rolling: Part Ⅰ. Characterization of heat transfer [J]. Metallurgical Transactions A, 1991, 22 (2): 307-319.

[17] ZENER C, HOLLOMON J H. Effect of strain rate upon plastic flow of steel [J]. Journal of Applied Physics, 1944, 15 (1): 22-32.

[18] XIAO Z, WANG Q, HUANG Y, et al. Hot deformation characteristics and processing parameter optimization of Al-6.32Zn-2.10Mg alloy using constitutive equation and processing map [J]. Metals, 2021, 11 (2): 360.

[19] 张密林，Elkin F M. 镁锂超轻合金 [M]. 北京：科学出版社，2010.

[20] MCQUEEN H J, RYAN N D. Constitutive analysis in hot working [J]. Materials Science and Engineering: A, 2002, 322 (1-2): 43-63.

[21] DUAN X, LIU J, LI P, et al. Microstructure and texture evolutions in AZ80A magnesium alloy during high-temperature compression [J]. Materials Research Express, 2021, 8 (1): 016535.

[22] POLIAK E I, JONAS J J. A one-parameter approach to determining the critical conditions for the initiation of dynamic recrystallization [J]. Acta Materialia, 1996, 44 (1): 127-136.

[23] 欧阳德来，鲁世强，黄旭，等. TA15 钛合金 β 区变形动态再结晶的临界条件 [J]. 中国有色金属学报，2010，20 (8)：1539-1544.

[24] HAO J, ZHANG J, XU C, et al. Optimum parameters and kinetic analysis for hot working of a solution-treated Mg-Zn-Y-Mn magnesium alloy [J]. Journal of Alloys and Compounds, 2018, 754: 283-296.

[25] XU Y, HU L, SUN Y. Deformation behaviour and dynamic recrystallization of AZ61 magnesium alloy [J]. Journal of Alloys and Compounds, 2013, 580: 262-269.

[26] SELLARS C M, MCTEGART W J. On the mechanism of hot deformation [J]. Acta Metallurgica, 1966, 14 (9): 1136-1138.

[27] SELLARS C M, WHITEMAN J A. Recrystallization and grain growth in hot rolling [J]. Metal Science Journal, 1978, 13 (3-4): 187-194.

[28] MIRZADEH H, CABRERA J M, NAJAFIZADEH A. Modeling and prediction of hot deformation flow curves [J]. Metallurgical and Materials Transactions A, 2012, 43 (1): 108-123.

[29] NIU Y, HOU J, NING F, et al. Hot deformation behavior and processing map of Mg-2Zn-1Al-0. 2RE alloy [J]. Journal of Rare Earths, 2020, 38 (6): 665-675.

[30] CHAUDRY U M, KIM T H, KIM Y S, et al. Dynamic recrystallization behavior of AZ31-0. 5Ca magnesium alloy during warm rolling [J]. Materials Science amd Engineering: A, 2019, 762: 138085.

[31] 任帅，张华，于子超，等．挤压态新型镍基粉末高温合金的热变形行为 [J/OL]. 中国有色金属学报, 2021-10-29 [2022-10-08]. https: //kns. cnki. net/kcms/detail /43. 1238. TG. 20211029. 1002. 001. html.

[32] 亨利 G，豪斯特曼合 D. 宏观断口学及显微断口学 [M]. 曾祥华等译．北京：机械工业出版社，1990.

[33] GU B, CHEKHONIN P, XIN S W, et al. Effect of temperature and strain rate on the deformation behavior of Ti5321 during hot-compression [J]. Journal of Alloys and Compounds, 2021, 876: 159938.

[34] MIRZADEH H. Developing constitutive equations of flow stress for hot deformation of AZ31 magnesium alloy under compression, torsion, and tension [J]. International Journal of Material Forming, 2018, 12 (4): 643-648.

[35] DETROIS M, ANTONOV S, TIN S, et al. Hot deformation behavior and flow stress modeling of a Ni-based superalloy [J]. Materials Characterization, 2019, 157: 109915.

[36] FAN D G, DENG K K, WANG C J, et al. Hot deformation behavior and dynamic recrystallization mechanism of an Mg-5wt. %Zn alloy with trace SiCp addition [J]. Journal of Materials Research and Technology, 2020, 10 (4): 422-437.

[37] HADADZADEH A, WELLS M A. Analysis of the hot deformation of ZK60 magnesium alloy [J]. Journal of Magnesium and Alloys, 2017, 5 (4): 369-387.

[38] BAI J, YANG P, YANG Z, et al. Towards understanding relationships between tension property and twinning boundaries in magnesium alloy [J]. Metals, 2021, 11 (5): 745.

[39] DU P, FURUSAWA S, FURUSHIMA T. Continuous observation of twinning and dynamic recrystallization in ZM21 magnesium alloy tubes during locally heated dieless drawing [J]. Journal of Magnesium and Alloys, 2022, 10 (3): 730-742.

［40］ YANG B，SHI C，ZHANG S，et al. Quasi-in-situ study on {10-12} twinning-detwinning behavior of rolled Mg-Li alloy in two-step compression（RD）-compression（ND）process ［J/OL］. Journal of Magnesium and Alloys，2021-02-18 ［2022-10-08］. https：//doi. org/10. 1016/j. jma. 2021. 01. 006.

［41］ FU Y，CHENG Y，CUI Y，et al. Deformation mechanisms and differential work hardening behavior of AZ31 magnesium alloy during biaxial deformation ［J］. Journal of Magnesium and Alloys，2022，10（2）：478-491.

［42］ GUI Y，OUYANG L，CUI Y，et al. Grain refinement and weak-textured structures based on the dynamic recrystallization of Mg-9. 80Gd-3. 78Y-1. 12Sm -0. 48Zr alloy ［J］. Journal of Magnesium and Alloys，2021，9（2）：456-466.

［43］ LIU H，LIN F，LIU P，et al. Variant selection of primary-secondary extension twin pairs in magnesium：An analytical calculation study ［J］. Acta Materialia，2021，219：117221.

［44］ LIU Y，LI Y，ZHU Q，et al. Twin recrystallization mechanisms in a high strain rate compressed Mg-Zn alloy ［J］. Journal of Magnesium and Alloys，2021，9（2）：499-504.

［45］ TOAZ M W，RIPLING J W. Flow and fracture characteristics of binary wrought magnesium-lithium alloys ［J］. Journal of the Institute of Metals，1957，85：137.

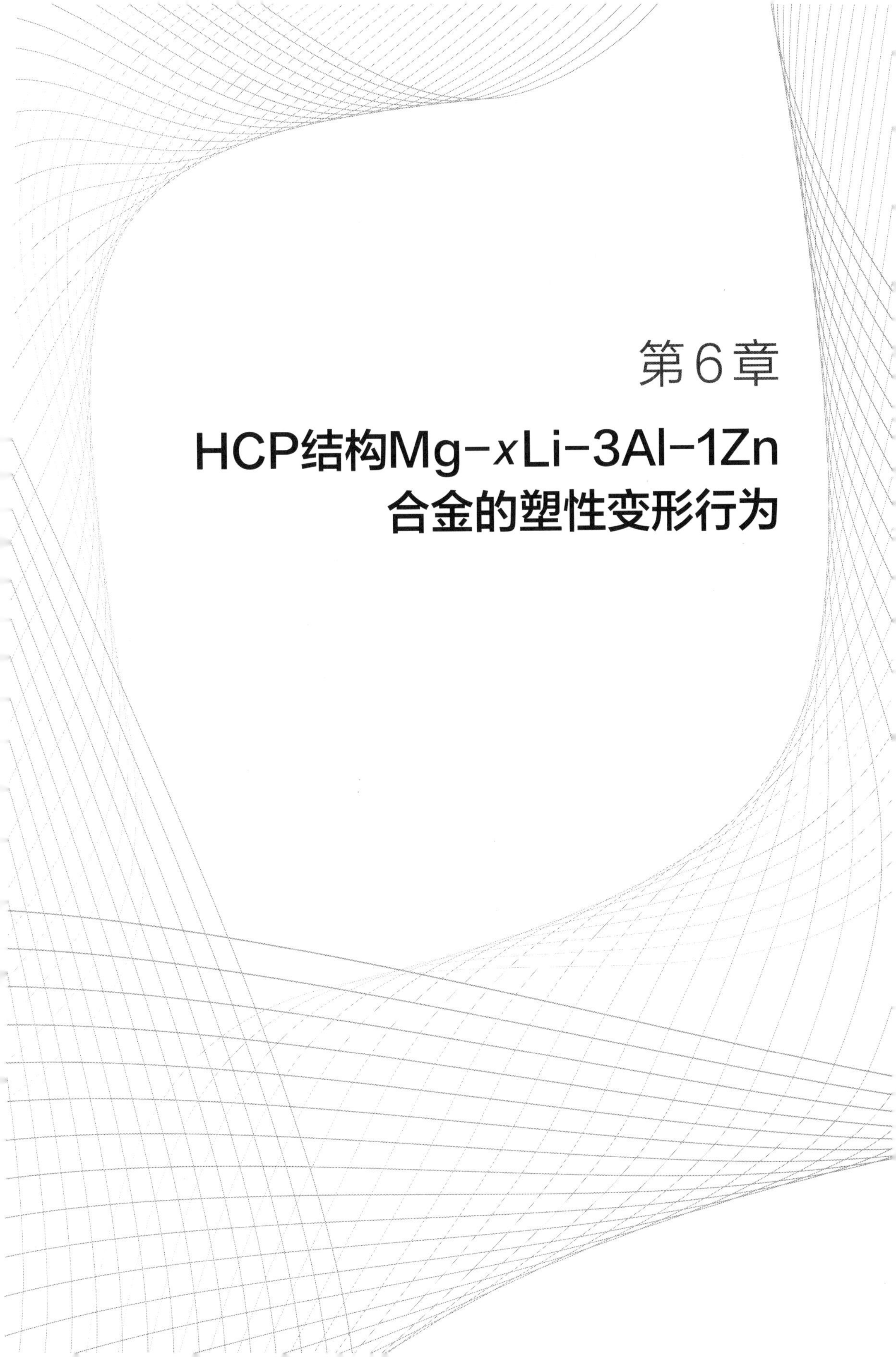

第6章

HCP结构Mg-xLi-3Al-1Zn合金的塑性变形行为

第 4 章讨论了 Li 含量对二元 Mg-Li 合金力学行为的影响，发现当 Li 含量为 3%（质量分数）时，合金在挤压过程中出现了多种滑移系，得到的挤压板材组织中有较多非基面取向的晶粒，且晶粒尺寸小，因而有较好的综合力学性能。但二元 Mg-Li 合金强度较低，仍难满足工业生产的需求。常规的 AZ31 镁合金室温独立滑移系少，在挤压或轧制变形过程中通常以基面滑移和孪生为主[1-4]，这就使得 AZ31 镁合金板材内部形成较强的基面织构，导致板材的室温成形性能差，各向异性现象较为明显[5-7]。在 AZ31 镁合金中添加 Li 元素，可以极大地改善其塑性变形能力[8-11]。本课题组成员研究了 Li 元素对挤压态 AZ31 镁合金力学性能的影响，发现在 AZ31 中添加了 Li 元素后，合金在挤压过程中开启了较多的非基面滑移，基面织构减弱，甚至消失，合金的塑性及各向异性得到了明显改善[12,13]。

通过第 4 章的研究结果可知，挤压过后的 Mg-Li 合金板材由于基面取向的晶粒完全消失，在后续的室温拉伸过程中，沿 ED 上的屈服强度较高，沿 45°方向上与 TD 上的较低，存在一定的各向异性。通过室温轧制可引入较弱的基面织构，轧制退火后板材的各向异性得到了明显的改善。因此，研究含 Li 的 AZ31 镁合金的室温轧制变形行为很有必要。此外，目前关于 Li 元素对 AZ31 镁合金塑性变形行为的研究主要集中在高温变形行为，而对其室温变形行为的系统研究较少。

本章将挤压态 Mg-xLi-3Al-1Zn [x=1，3，5；%（质量分数）] 合金（分别定义为 LAZ131、LAZ331 与 LAZ531 合金）进行多道次室温轧制，讨论 Li 含量对 AZ31 镁合金室温轧制变形行为的影响，分析不同的轧制压下量对不同 Li 含量的 AZ31 镁合金力学性能、织构演变规律及变形模式的影响。

6.1 Mg-xLi-3Al-1Zn 合金冷轧及退火板材的制备

采用真空感应炉熔炼，涉及的实验原料为商用 AZ31 铸锭和工业纯锂 [纯度为 99.9%（质量分数）]。熔炼工艺如下：

将真空感应炉加热至 150℃烘干，把 AZ31 和纯锂迅速加至感应炉中的坩埚内。将感应熔炼炉抽真空至气压小于 1×10^{-2}Pa，随后通入纯氩气至 0.03MPa。

将感应炉温升至720℃，待原料完全熔融后，在此温度下保温静置15min。加大氩气的通入量以增加感应炉膛压力，将熔体压入300℃预热的金属模具（模具尺寸为直径168mm、高度510mm）内。

实验合金测试的实际成分如表6.1所示。

表6.1 本章实验合金的实际成分（质量分数，%）

合金	Mg	Li	Al	Zn	Mn
LAZ131	余量	0.93	2.52	0.76	0.39
LAZ331	余量	2.93	2.61	0.78	0.35
LAZ531	余量	4.79	2.53	0.79	0.27

得到的镁合金铸锭尺寸较大，挤压加工过程中最大挤压力为1250吨，挤压温度为300℃，挤压比为83.7，挤压后获得宽120mm、厚2mm的板材。轧制工艺及分析测试方法与第4章相同。

6.2 Mg-xLi-3Al-1Zn冷轧及退火板材的显微组织及力学性能

6.2.1 冷轧板材及冷轧退火板材的显微组织

图6.1为LAZ131合金板材随轧制压下量增大的组织演变过程。从图中可以看出，合金经过轧制后，在晶粒内部均出现了不同程度的孪晶和剪切带。随着压下量的增大，合金组织中孪晶与剪切带的数量增多，晶粒的形貌也不容易在金相显微镜下显现出来。在压下量达到20%时，合金板材内部甚至出现了显微裂纹。

图6.1

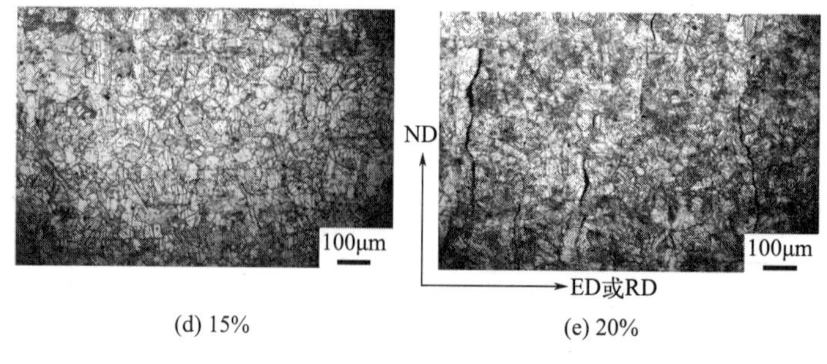

(d) 15%　　(e) 20%

图 6.1　不同压下量轧制后 LAZ131 板材的组织

通常，镁合金在室温轧制后将保留一定的变形组织，如孪晶、剪切带等[14,15]，因此，通过后续的退火工艺来调控合金组织显得尤为重要。图 6.2 为 LAZ131 合金轧制退火态组织。从图中可以看出，经过 300℃、0.5h 退火后，压下量为 5%的轧制退火板材中，仍有一定数量的孪晶存在，而当压下量大于 5%时，退火后晶粒内只出现少量的孪晶，或基本没有出现孪晶。随着压下量的增大，轧制退火板材的晶粒尺寸逐渐减小，组织也变得越来越均匀。这应该是随着冷轧变形量的增大，变形模式增多导致位错数目增多，在后续退火过程中，大量的位错可以成为静态再结晶的形核质点，退火过后的晶粒得到有效的细化。

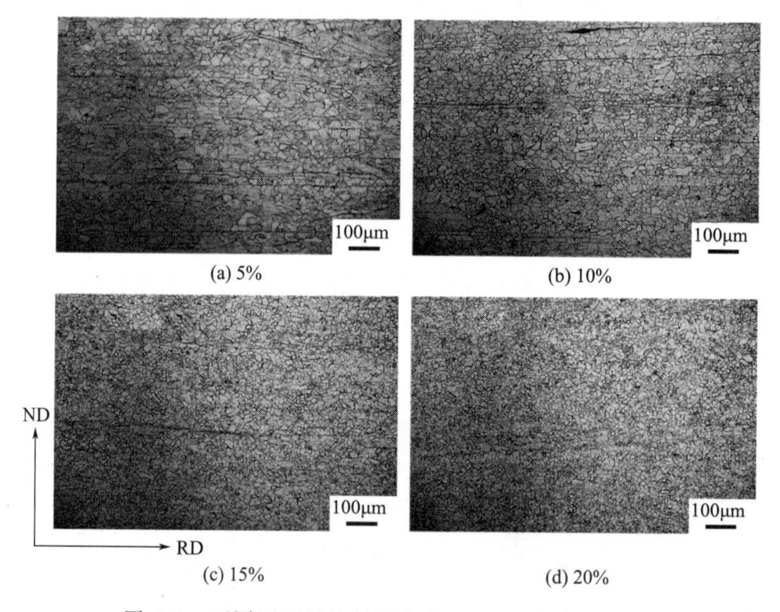

(a) 5%　　(b) 10%

(c) 15%　　(d) 20%

图 6.2　不同压下量轧制退火后 LAZ131 板材的组织

图 6.3 为 LAZ331 合金板材随轧制压下量增大的组织演变过程。从图中可以

看出，LAZ331 挤压板材轧制后虽然也在晶粒内部出现了较多的孪晶，但孪晶形貌与 LAZ131 合金有较大的差异。轧制态 LAZ131 合金中出现的孪晶在相邻两个晶粒内的位向是不同的，且孪晶片层较密，如图 6.2 所示。而轧制态 LAZ331 合金中的孪晶在相邻两个晶粒内的位向呈 0°或 90°角，最后形成的孪晶在宏观上表现出方格状，且孪晶片层较为稀疏，如图 6.3(b)～(e) 所示。除此之外，LAZ331 轧制板材也没有出现 LAZ131 轧制板材中的明显的剪切带与变形区，在压下量较大的情况下（20%），合金板材内部也没有出现明显的显微裂纹，说明 LAZ331 合金板材的可轧性能要优于 LAZ131 合金。

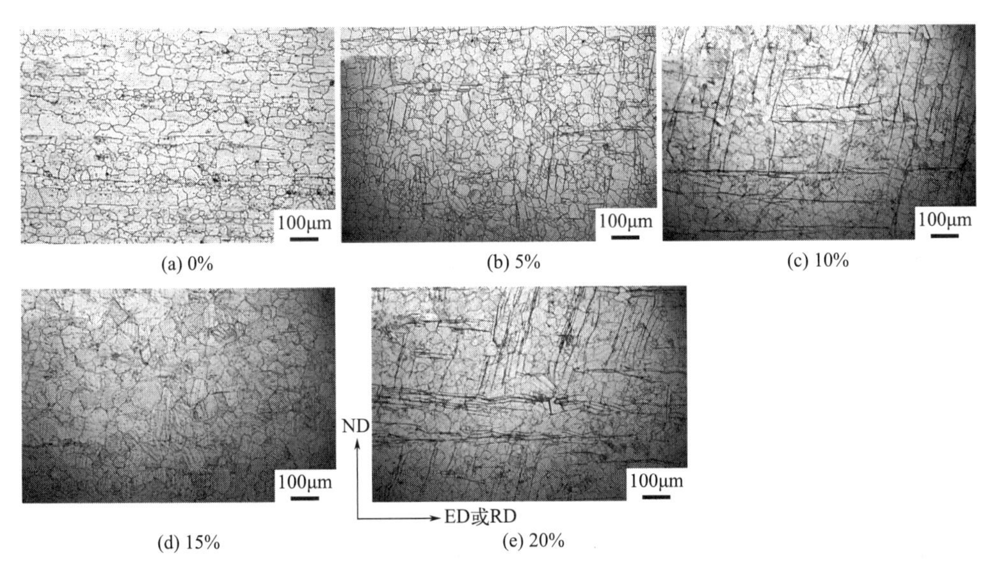

(a) 0%　(b) 5%　(c) 10%　(d) 15%　(e) 20%

图 6.3　不同压下量轧制后 LAZ331 板材的组织

图 6.4 为 LAZ331 合金轧制退火态组织。从图中可以看出，压下量为 5%的轧制退火板材中仍存在少量的孪晶，而当压下量超过 5%时，退火板材中的孪晶基本消失。且随着压下量的增大，退火态组织中再结晶晶粒尺寸逐渐减小，组织也变得越来越均匀。这与 LAZ131 轧制退火板材的组织演变规律类似。而与之相异的是，LAZ331 退火板材沿着变形方向有明显的黑色条带状组织出现。

图 6.5 为 LAZ531 合金板材随轧制压下量增大的组织演变过程。从图中可以看出，LAZ531 冷轧态组织与 LAZ131 及 LAZ331 冷轧态组织有着明显的差异。冷轧过后，板材金相显微组织中的晶粒呈现出两种不同颜色，且随着压下量的增大，颜色较深的晶粒所占比例增加。这两种晶粒在金相腐蚀过程中，颜色较深的晶粒优先被腐蚀出晶界，而颜色较浅的晶粒较难腐蚀出晶界，因而颜色较深的晶

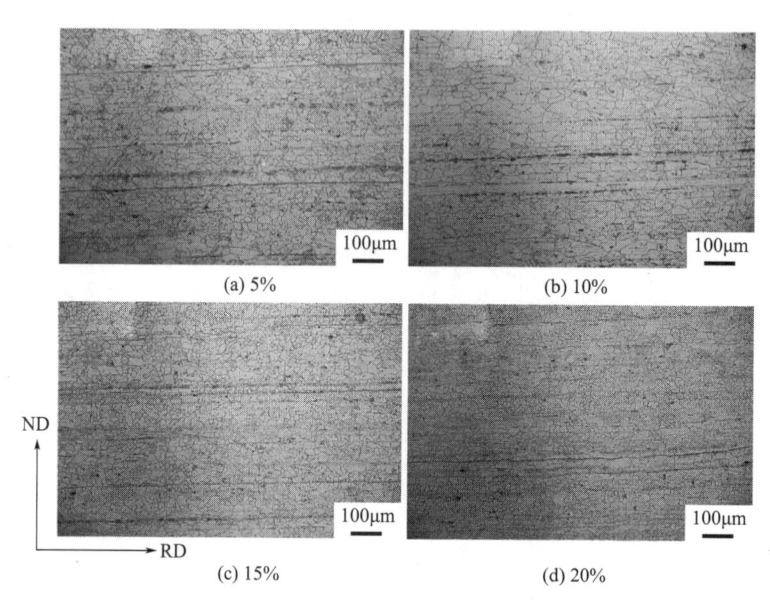

(a) 5%　(b) 10%　(c) 15%　(d) 20%

图 6.4　不同压下量轧制退火后 LAZ331 板材的组织

粒表现出过腐蚀的形貌，这与第 4 章中挤压态 Mg-3Li 的显微组织较为相似。除此之外，LAZ531 冷轧板也出现了孪晶，但是孪晶数量明显没有 LAZ131 与 LAZ331 板材多。

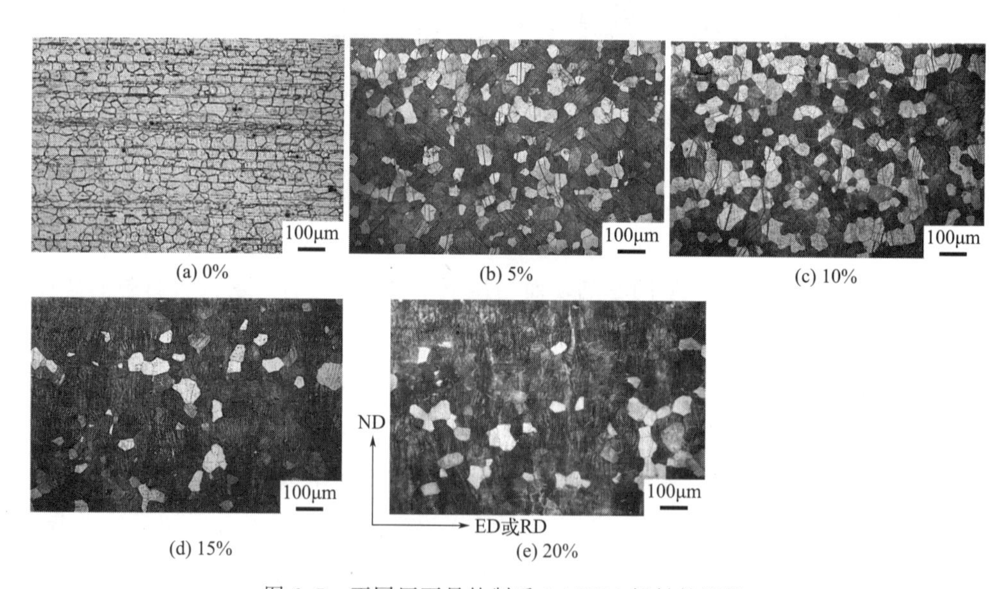

(a) 0%　(b) 5%　(c) 10%　(d) 15%　(e) 20%

图 6.5　不同压下量轧制后 LAZ531 板材的组织

图 6.6 为 LAZ531 合金轧制退火态组织。从图中可以看出，LAZ531 冷轧板

材经过再结晶退火后，得到了较为完全的再结晶组织。LAZ531 轧制退火态组织与 LAZ131 及 LAZ331 略有不同：5%的小压下量下，LAZ531 退火态组织中并未出现明显的孪晶，而是由均匀的等轴晶组成；不同压下量下轧制退火板材的晶粒尺寸变化不明显。与 LAZ331 轧制退火板材类似，LAZ531 沿着变形方向也呈现出明显的黑色条带状组织，且表现得更多更密。

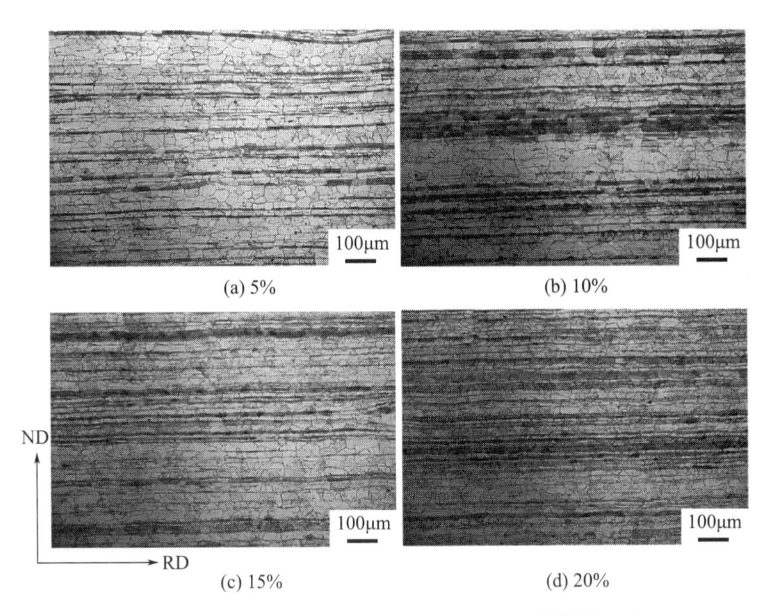

(a) 5%　(b) 10%　(c) 15%　(d) 20%

图 6.6　不同压下量轧制退火后 LAZ531 板材的组织

6.2.2　冷轧退火板材的力学性能

冷轧板材存在较多的孪晶、剪切带等变形组织，这严重影响板材的力学性能。为得到较优良的综合力学性能，将冷轧板材进行了 300℃、0.5h 的再结晶退火。图 6.7 为不同压下量下 LAZ131 轧制退火板材的真应力-应变曲线，将测得的力学性能数据列于表 6.2 中。由表 6.2 可知，轧制过后，合金板材的抗拉强度没有发生明显的变化，而屈服强度则有明显的提高。并且随着压下量的增大，屈服强度沿 RD 上有所下降，沿 45°方向上基本保持不变，沿 TD 上则有所上升，总体来说，三个方向上的屈服强度趋于一致。n 值也与屈服强度表现出同样的变化规律，随着轧制压下量的增大，板材三个方向的 n 值也越来越接近。结合图 6.7 可以看出，随着轧制压下量的增大，三个方向的真应力-应变曲线的变化规律趋于一致。这说明轧制变形有效地改善了 LAZ131 挤压板材的各向异性。

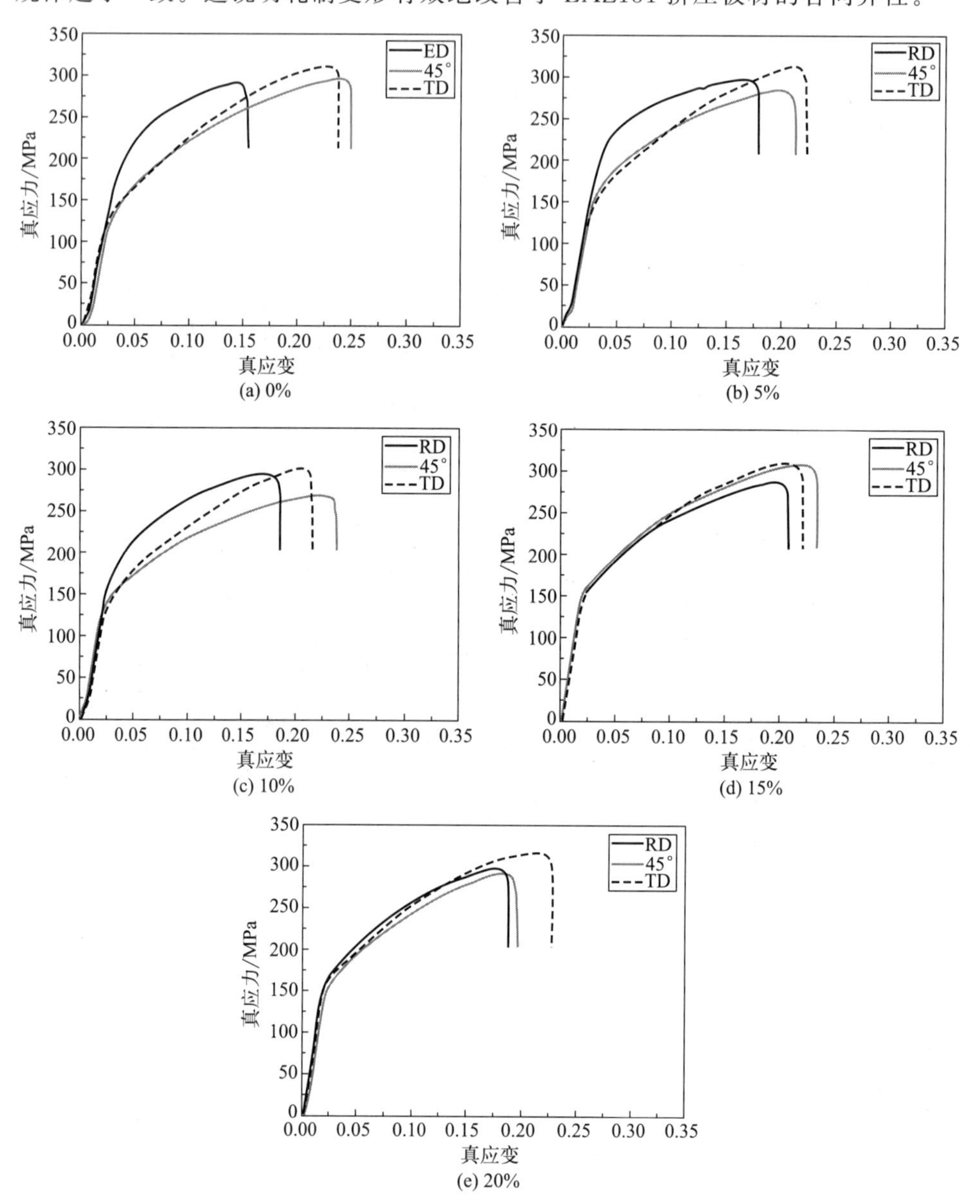

图 6.7 不同压下量轧制退火后 LAZ131 板材的真应力-应变曲线

表 6.2 不同压下量轧制退火后 LAZ131 板材沿 RD(ED)、45°方向及 TD 进行室温拉伸的实验结果

合金	抗拉强度/MPa			屈服强度/MPa			延伸率/%			n		
	RD	45°	TD	RD	45°	TD	RD	45°	TD	RD	45°	TD
0%(真应力-应变)	291	295	311	140	119	122	12.8	22.4	21.5	0.33	0.36	0.44

续表

合金	抗拉强度/MPa			屈服强度/MPa			延伸率/%			n		
	RD	45°	TD	RD	45°	TD	RD	45°	TD	RD	45°	TD
0%(工程应力-应变)	253	249	233	152	119	119	13.8	26.0	24.1			
5%(真应力-应变)	296	290	314	194	149	134	14.8	19.2	21.3	0.21	0.31	0.38
5%(工程应力-应变)	254	234	244	184	148	129	16.5	20.8	24.7			
10%(真应力-应变)	292	278	304	162	138	135	15.9	22.0	19.6	0.30	0.31	0.40
10%(工程应力-应变)	230	218	245	162	126	128	17.6	24.9	21.5			
15%(真应力-应变)	290	303	311	153	144	149	17.8	21.7	20.4	0.29	0.32	0.37
15%(工程应力-应变)	242	253	248	155	147	151	19.8	24.2	22.7			
20%(真应力-应变)	297	293	315	154	150	157	16.3	18.2	20.5	0.31	0.32	0.36
20%(工程应力-应变)	250	258	243	148	155	148	18.7	19.3	23.4			

图6.8为不同压下量下LAZ331轧制退火板材的真应力-应变曲线，将测得的力学性能数据列于表6.3中。由图表可知，轧制退火态板材的抗拉强度与屈服强度比挤压板材的高，并且随着压下量的增大，强度进一步提高，但当压下量为20%时略有下降，这个现象在三个方向上表现均一致。延伸率方面，挤压板材轧制过后，三个方向的延伸率均有所下降，且随着压下量的增大，延伸率呈下降趋势，但当压下量较大时（15%，20%），延伸率又略有上升。至于n值，在沿RD上，挤压板材轧制过后，n值略有下降，但随着压下量的增大，n值有一定上升，压下量为15%时表现出最大的n值；在45°方向上，压下量为5%时n值最大，压下量为10%时下降颇多，压下量继续增多时也略有下降；而在沿TD上，轧制过后，n值有所下降。从图6.8中的真应力-应变曲线可以看出，随着轧制压下量的增大，板材的各向异性有一定程度的改善。但对比图6.7与图6.8可以发现，轧制退火工艺对LAZ331板材各向异性的改善程度不如LAZ131合金板材。

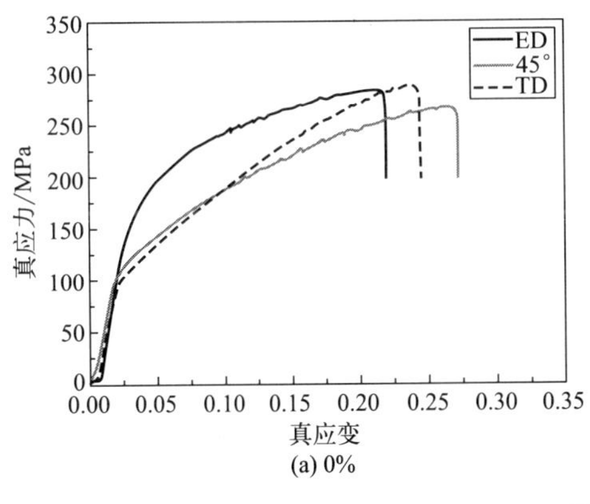

(a) 0%

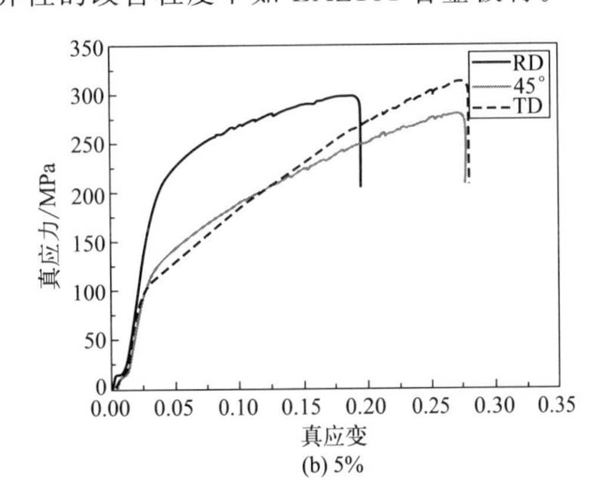

(b) 5%

图6.8

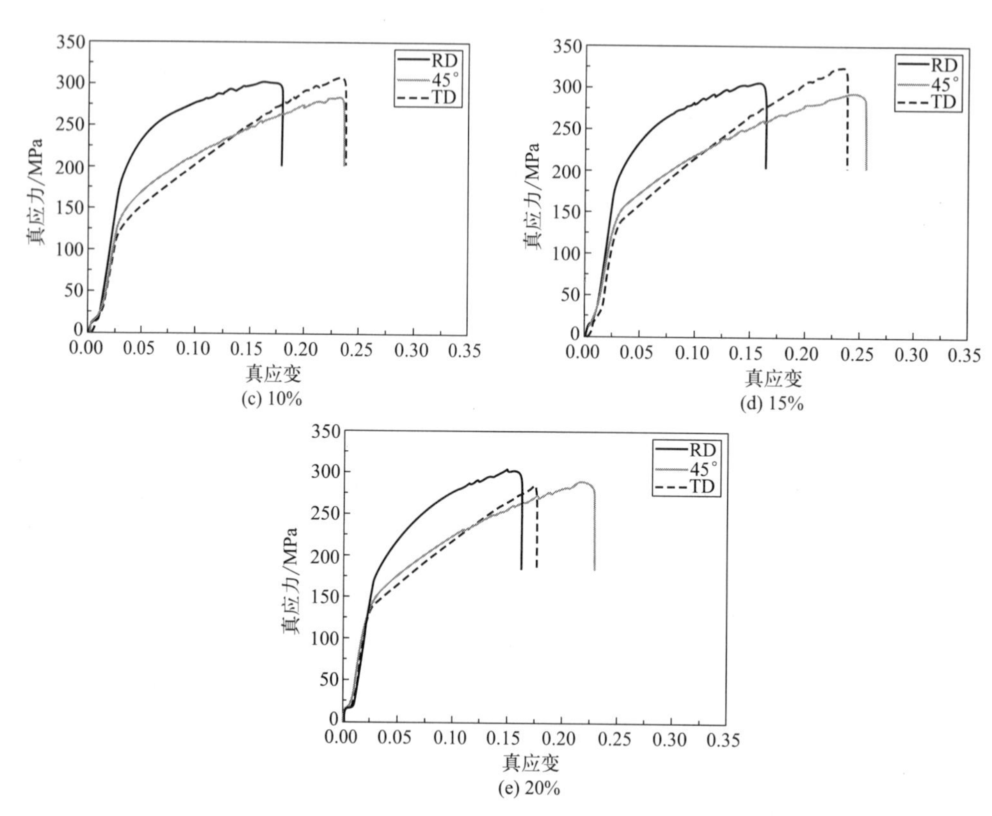

图 6.8　不同压下量轧制退火后 LAZ331 板材的真应力-应变曲线

表 6.3　不同压下量轧制退火后 LAZ331 板材沿 RD(ED)、45°方向及 TD 进行室温拉伸的实验结果

合金	抗拉强度/MPa			屈服强度/MPa			延伸率/%			n		
	RD	45°	TD	RD	45°	TD	RD	45°	TD	RD	45°	TD
0%(真应力-应变)	279	266	289	145	98	98	18.9	25.3	22.8	0.26	0.39	0.53
0%(工程应力-应变)	233	206	229	141	97	94	21.7	29.3	25.6			
5%(真应力-应变)	295	288	305	185	111	99	16.6	26.9	25.2	0.23	0.40	0.5
5%(工程应力-应变)	250	213	238	182	103	92	18.0	29.2	29.8			
10%(真应力-应变)	298	279	303	189	129	121	14.7	21.4	21.1	0.25	0.35	0.45
10%(工程应力-应变)	256	225	244	183	128	121	16.5	23.7	23.8			
15%(真应力-应变)	305	294	322	189	137	129	13.8	23.6	21.0	0.30	0.35	0.45
15%(工程应力-应变)	262	257	230	181	129	127	14.6	26.4	23.8			
20%(真应力-应变)	303	293	290	180	134	130	14.4	22.8	17.6	0.29	0.34	0.41
20%(工程应力-应变)	261	231	239	171	129	128	14.5	23.1	16.8			

图 6.9 为不同压下量下 LAZ531 轧制退火板材的真应力-应变曲线，将测得的力学性能数据列于表 6.4 中。由图表可知，随着轧制压下量的增大，LAZ531 轧制退火板材的抗拉强度从三个方向上表现为：沿 RD 上基本保持不变，沿 45°方向上逐渐升高，而沿 TD 上则逐渐降低。这表明轧制过后，LAZ531 板材三个方向上的抗拉强度逐渐趋于一致。而合金板材的屈服强度则表现为：轧制过后略有下降，随着压下量的增大，屈服强度基本保持不变，且三个方向上的变化趋势基本一致。延伸率方面，轧制过后，沿 RD 上延伸率有所下降，但随着压下量的增大，延伸率有升高的趋势；而 45°方向上，轧后延伸率有所下降，但在小压下量下延伸率又有所上升，当压下量超过 15%时，延伸率却急剧下降；沿 TD 上，轧后延伸率基本保持不变，但当压下量超过 15%时，延伸率却急剧下降。至于 n 值，沿 RD 上，轧制过后略有下降，但随着压下量的增大，合金 n 值有一定上升；在 45°方向上，压下量为 0 时 n 值最大，约为 0.38，压下量为 5%时 n 值下降颇多，随后基本保持在 0.35 左右；而沿 TD 上，轧制过后，n 值有所下降。

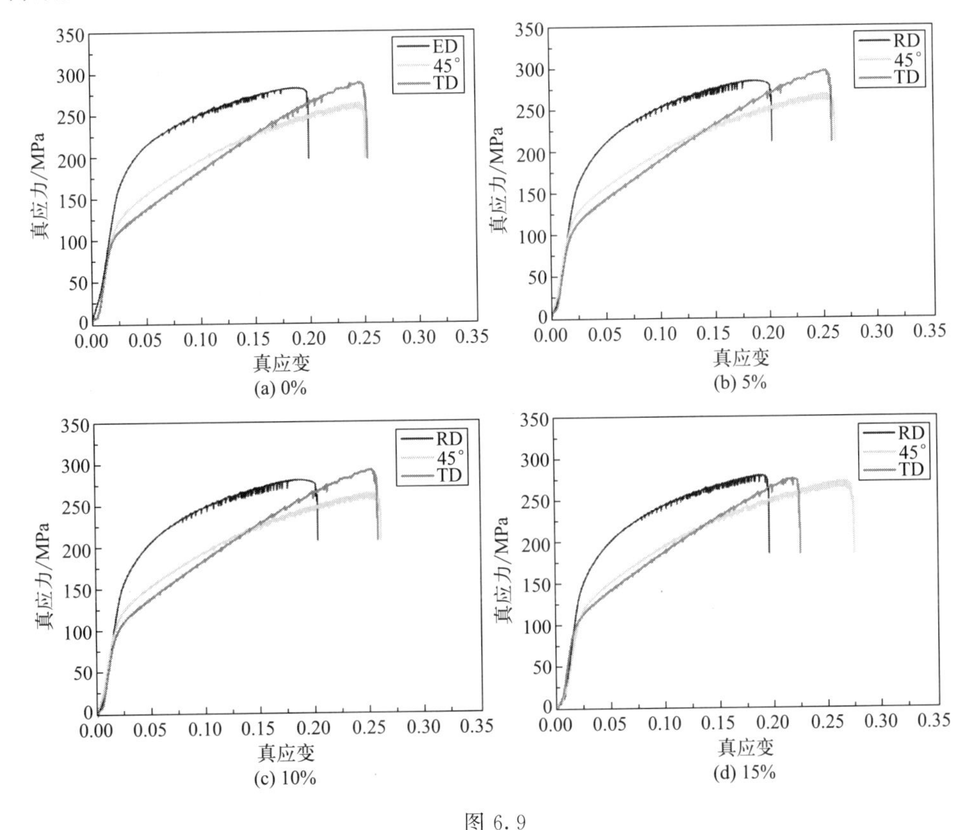

图 6.9

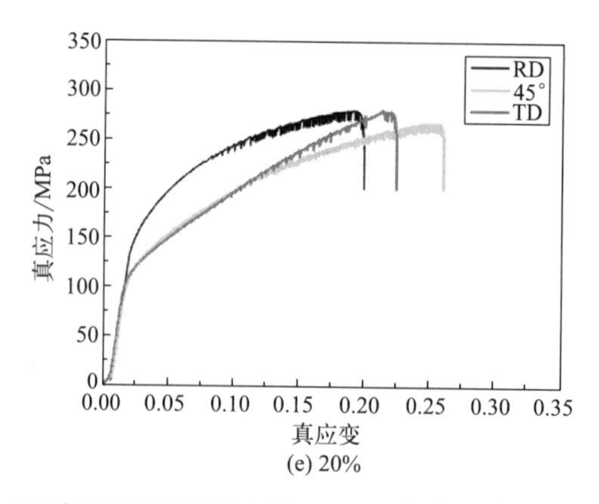

图 6.9 不同压下量轧制退火后 LAZ531 板材的真应力-应变曲线

表 6.4 不同压下量轧制退火后 LAZ531 板材沿 RD(ED)、45°方向及 TD 进行室温拉伸的实验结果

合金	抗拉强度/MPa			屈服强度/MPa			延伸率/%			n		
	RD	45°	TD	RD	45°	TD	RD	45°	TD	RD	45°	TD
0%(真应力-应变)	277	261	292	146	94	88	19.6	25.1	23.6	0.23	0.38	0.52
0%(工程应力-应变)	226	229	205	140	99	92	19.5	30.4	28.4			
5%(真应力-应变)	279	279	287	161	106	99	17.1	25.5	24.2	0.22	0.35	0.45
5%(工程应力-应变)	234	205	225	160	111	107	19.2	26.0	26.6			
10%(真应力-应变)	279	279	289	152	113	95	17.5	25.8	23.4	0.24	0.35	0.48
10%(工程应力-应变)	236	207	229	148	113	97	20.0	27.6	27.5			
15%(真应力-应变)	277	277	276	147	110	100	18.1	24.8	21.1	0.25	0.35	0.45
15%(工程应力-应变)	231	208	221	141	109	93	19.1	29.1	23.2			
20%(真应力-应变)	278	278	282	145	108	107	17.9	23.1	21.6	0.25	0.35	0.43
20%(工程应力-应变)	232	227	209	143	107	106	19.5	23.0	27.8			

6.3 Mg-xLi-3Al-1Zn 合金的塑性变形机制

6.3.1 压下量为 5% 时 Li 含量对 AZ31 板材显微组织、力学性能的影响

图 6.10 为 5%压下量时三种合金冷轧及退火态板材的金相显微组织。从图中

可以看出，LAZ131冷轧态组织由大量的孪晶和剪切带组成，且孪晶大量交叉，没有方向性。LAZ331冷轧板材也出现了较多的孪晶，但是相邻两个晶粒内的孪晶之间的位向为0°或90°，呈现出一定的方向性。LAZ331板材轧制过后之所以出现这些有特定取向的孪晶，可能是由于挤压板材中本身存在较多非基面取向的晶粒，这部分晶粒在后续的轧制变形时，发生同一种类型孪生的位向或孪生变体一致。而LAZ531冷轧板材是在LAZ331的基础上，金相显微组织中的晶粒呈现出两种不同的颜色。退火后的LAZ331合金与LAZ531合金沿着轧制方向均出现了黑色的条带状组织，且随着Li含量的增多，条带状组织明显增加。当Li含量增多时，在热挤压变形过程中开启了较多的锥面滑移与柱面滑移。较多的非基面位错可作为动态再结晶有效的形核质点，从而在显微组织上可以观察到较容易腐蚀的细晶。

由图6.10(d)～(f)可以看出，三种合金经过300℃、0.5h的退火后均发生了再结晶。除了LAZ531合金外，其他两种合金退火过后均存在少量的孪晶，且随着Li含量的增加，退火后孪晶的数目逐渐变少。这说明Li含量越高，板材在退火过程中展现出更完全的动态再结晶。这一现象出现的原因可归结为：①由Mg-Li二元合金相图[16]可知，当Li含量由1%（质量分数）增加至5%（质量分数）时，Mg-Li合金的熔点将由631℃降低至594℃。这说明在同样的变形工艺下，较高Li含量的Mg-Li合金拥有较低的动态再结晶温度。因此，在相同的退

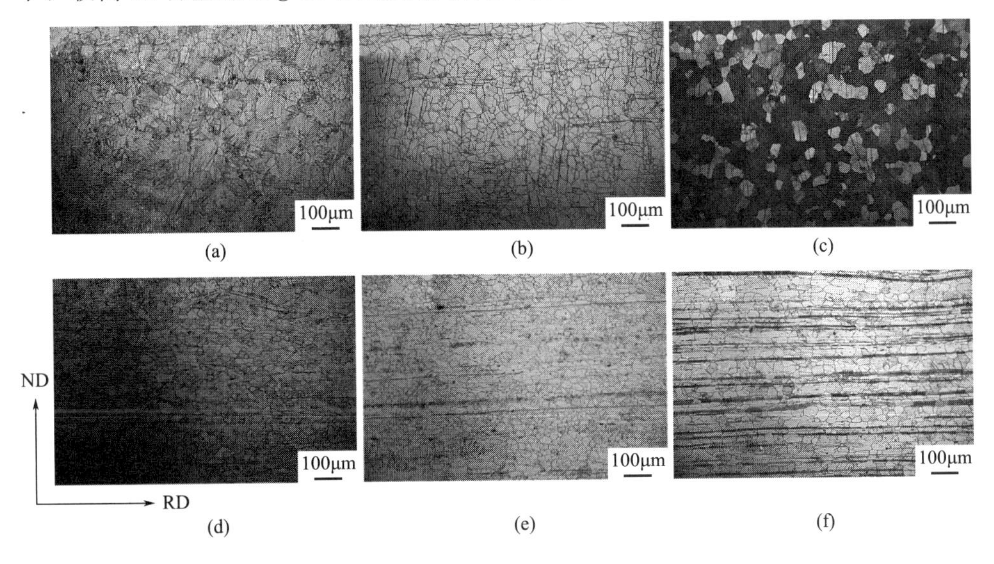

图6.10　实验合金显微组织

冷轧态组织：(a) LAZ131；(b) LAZ331；(c) LAZ531

退火态组织（300℃、0.5h）：(d) LAZ131；(e) LAZ331；(f) LAZ531

火温度及退火时间下，Li 含量高的 AZ31 冷轧板材在退火过程中将展现出更充分的动态再结晶。②Li 原子的半径比 Mg 原子的小，因而在扩散过程中 Li 原子更容易发生扩散[17,18]。轧制板材的退火过程也是一个扩散的过程，故而 Li 含量较高的 AZ31 板材在退火过程中扩散的程度较大，即表现为更充分的动态再结晶。

图 6.11 为不同 Li 含量的 AZ31 冷轧板材经 300℃、0.5h 退火后沿不同方向的真应力-应变曲线，相应的力学性能数据列于表 6.5 中。由图表可知，三种轧制退火板材的力学性能表现出一定的共性：材料的屈服强度和加工硬化指数 n 值均随拉伸方向与轧制方向夹角的增大而降低，且延伸率均表现为沿 45°方向上最大。但随着 Li 含量的增加，板材的力学性能又发生了一定的变化：①对于延伸率，随着 Li 含量的增加，板材沿 RD 上的延伸率由 14.8％增加至 16.6％和 17.1％，LAZ331 退火板材沿 45°方向和沿 TD 上的延伸率是所有板材中最高的，分别为 26.9％和 25.2％。②对于 n 值，LAZ331 退火板材在三个方向上均是最高的。③对于屈服强度和抗拉强度，Li 含量的增加使得退火板材的屈服强度下降，但对抗拉强度影响不大。

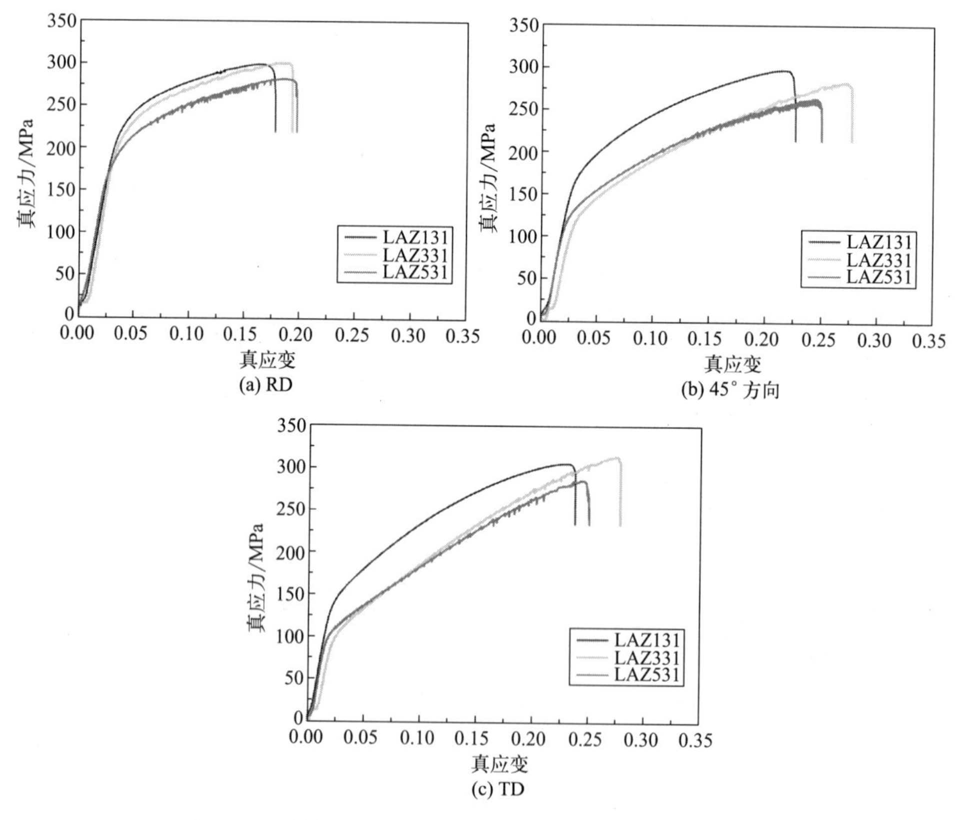

图 6.11　5％轧制退火板材沿不同方向的真应力-应变曲线

表 6.5 压下量 5%的轧制退火板材沿 RD、45°方向及 TD 进行室温拉伸的实验结果

合金	抗拉强度/MPa			屈服强度/MPa			延伸率/%			n		
	RD	45°	TD	RD	45°	TD	RD	45°	TD	RD	45°	TD
LAZ131(真应力-应变)	296	290	314	194	149	134	14.8	19.2	21.3	0.21	0.31	0.38
LAZ131(工程应力-应变)	254	234	244	184	148	129	16.5	20.8	24.7			
LAZ331(真应力-应变)	295	288	305	185	111	99	16.6	26.9	25.2	0.23	0.40	0.50
LAZ331(工程应力-应变)	250	213	238	182	103	92	18.0	29.2	29.8			
LAZ531(真应力-应变)	279	279	287	161	106	99	17.1	25.5	24.2	0.22	0.35	0.45
LAZ531(工程应力-应变)	234	205	225	160	111	107	19.2	26.0	26.6			

随着 Li 含量的增加，AZ31 冷轧退火板材的延伸率及 n 值逐渐升高，这与板材基面织构的演变有关。图 6.12 为冷轧板材随 Li 含量增加的宏观织构演变过程，从图中可以看出，Li 含量的增加对 AZ31 冷轧板材织构的影响十分明显。常规的 AZ31 镁合金板材通常表现出较强的（0002）基面织构，且最大极密度出现在中心位置[19-21]。Li 元素的添加可降低 AZ31 板材基面织构的峰值强度，如图 6.12(a) 所示，当 Li 添加量为 1%（质量分数）时，（0002）基面极图中的峰值强度有所下降，但板材的织构特征没有发生明显的改变，最大极密度仍在中心位置。随着 Li 含量的增加，LAZ331 合金表现出一种异于 LAZ131 及常规 AZ31 镁合金的织构特征，虽然其峰值强度比 LAZ131 合金大，但最大极密度的位置已经向 TD 偏转了一定的角度，也就意味着大部分晶粒的 c 轴发生了偏转。LAZ531 合金的（0002）基面极图与 LAZ331 类似，极轴已不在中心位置，而是向 TD 上偏转了一定的角度，且其织构强度较 LAZ331 有所下降。由上分析可知，LAZ331 与 LAZ531 轧制板材中存在较多的非基面取向的晶粒，在后续的室温拉伸过程中，这部分晶粒能较好地协调变形，从而使这两种合金的延伸率及 n 值明显高于 LAZ131 合金。

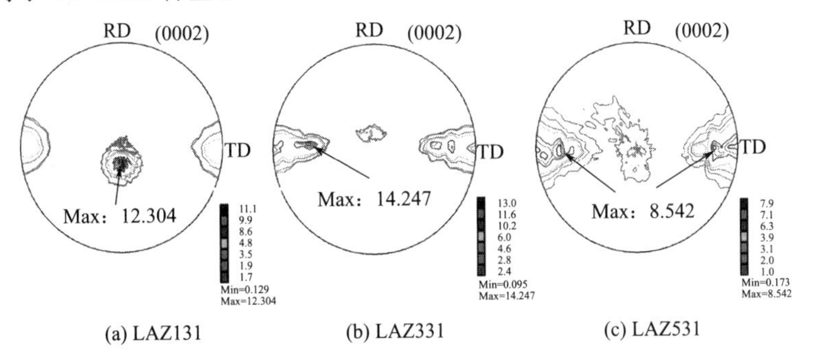

图 6.12 随 Li 含量增加的 5%冷轧退火板材（0002）基面极图

由图 6.11 可以看出，LAZ331 和 LAZ531 轧制退火板材的室温拉伸曲线上出现了锯齿波，这称为 PLC 效应[22-24]，下面结合加工硬化率曲线来解释这一现象。

5%压下量下三种轧制退火板材的加工硬化率曲线如图 6.13 所示，三者的加工硬化行为均可分为两个阶段。第一阶段，材料的加工硬化率从 3000～5000MPa 急剧降低至 1000MPa。在这一阶段，Li 含量越高，加工硬化率降低得越少，较高 Li 含量的板材对应着较低的起始加工硬化率。Rohatgi 等人[25]认为，孪晶能分割晶粒，增多的晶界能阻碍位错滑移的进行，因此同一晶粒尺寸下，存在孪晶的材料起始加工硬化率较无孪晶的材料高。由图 6.13 可知，在含 Li 的 AZ31 冷轧退火板材中，Li 含量越高，板材中的孪晶数量越少，因此富 Li 板材的起始加工硬化率较低。第二阶段，LAZ131、LAZ331 与 LAZ531 退火板材的 $\sigma_b-\sigma_{0.2}$ 分别始于 80MPa、50MPa 和 45MPa。在这一阶段，$\sigma_b-\sigma_{0.2}$ 与 θ 之间存在着较复杂的关系，并且 Li 含量越多，对应的数据波动越大（在相同 $\sigma_b-\sigma_{0.2}$ 变化率的情况下，θ 有显著的上升和下降）。

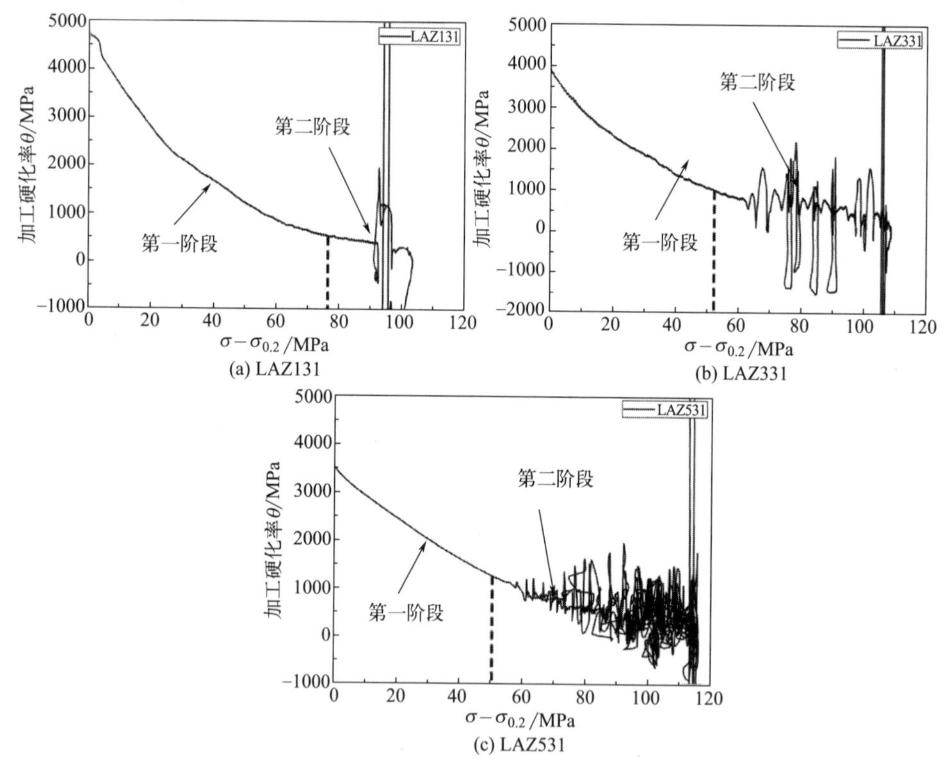

图 6.13　压下量为 5%的合金板材沿 RD 上的加工硬化率曲线

文献报道，溶质原子 Li 与 Al 能以“空位扩散”的方式偏聚在位错周围钉扎位错，或与位错发生强烈的交互作用进而影响位错的运动[26,27]。在塑性变形初期，溶质原子的扩散速度较慢，与位错的交互作用较小，此时位错与应力之间存在一定的函数关系，宏观表现为加工硬化曲线的第一阶段较平滑。随着变形程度的增加，溶质原子扩散速度加快，部分可动位错被溶质原子钉扎，而未被钉扎的位错则需较高的应力方可启动[27]。当变形处于未被钉扎的位错运动时，进一步塑性变形变得极为困难，表现为加工硬化率很高。而当变形处于位错与溶质原子强烈交互作用的情况时，进一步塑性变形较容易，表现为加工硬化率较低。这在宏观上表现为加工硬化率曲线第二阶段出现明显的上下起伏现象。Li 含量较高的镁合金在变形过程中将出现较多的〈$c+a$〉位错[8]，因此，Li 含量越高的 AZ31 板材在加工硬化率第二阶段表现出越明显的数据波动现象。

6.3.2 不同压下量下 LAZ131 板材的力学行为

图 6.14 为不同压下量下 LAZ131 轧制板材的宏观织构图。从图中可以看出，LAZ131 挤压板材轧制前后均为基面织构，在压下量为 5%及 10%的小变形量下，基面织构强度有所提高，而当压下量达到 15%及 20%时，织构强度有明显的下降。基面织构弱化最直接的结果是导致板材在沿三个方向上（RD/ED、45°方向及 TD）进行室温拉伸时屈服强度趋于一致，因此，压下量为 15%和 20%的轧制态 LAZ131 板材的各向异性现象较弱。

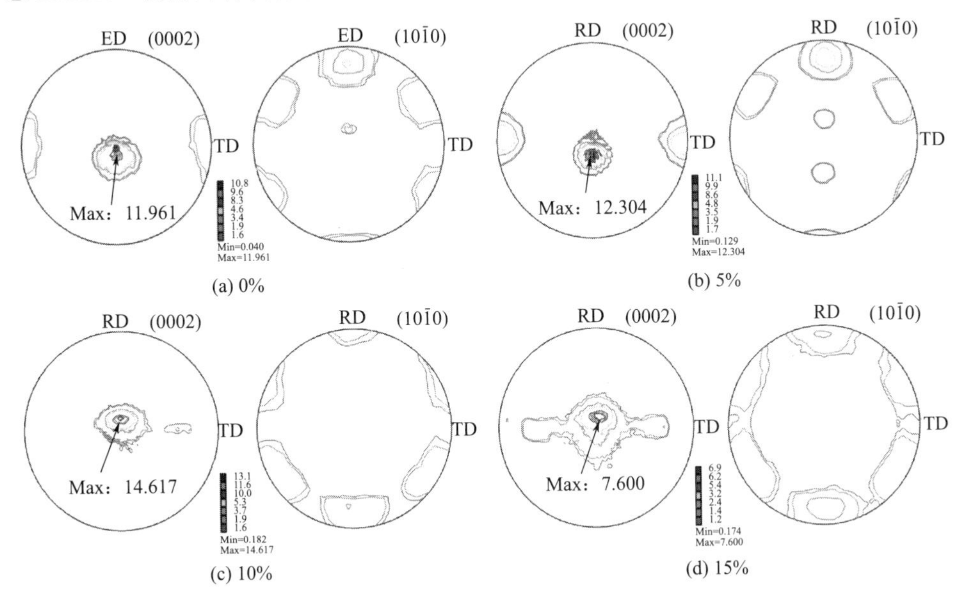

(a) 0%　(b) 5%

(c) 10%　(d) 15%

图 6.14

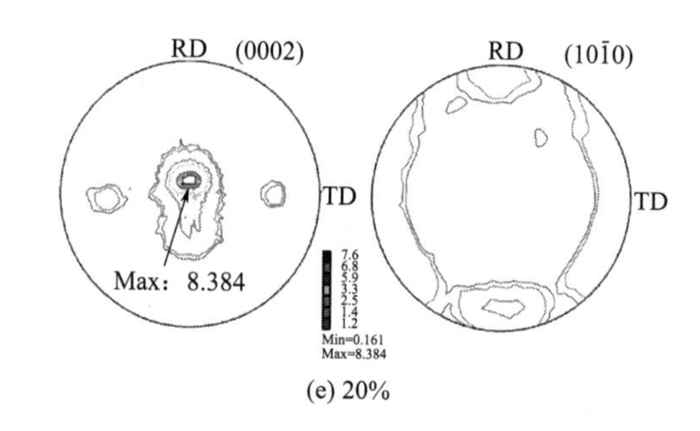

(e) 20%

图 6.14 不同压下量下 LAZ131 轧制板材的宏观织构

LAZ131 板材轧制前后（0002）基面极图的最大极密度均在中心位置，没有发生偏转，加之板材轧制过后均出现了不同程度的孪晶，如图 6.1 所示，因此可以推测 LAZ131 挤压板材在不同压下量的轧制变形下的塑性变形模式均以基面滑移和孪生为主。

6.3.3 不同压下量下 LAZ331 板材的力学行为

不同压下量下轧制板材的宏观织构可反映板材在轧制过程中晶粒的偏转规律，进而推测变形过程中滑移系的启动情况。图 6.15 为不同压下量下 LAZ331 轧制板材的宏观织构图。从图 6.15(a) 中可以看出，挤压态 LAZ331 合金中（0002）基面极图的极轴已完全偏转至 TD 上，且中心位置仍有较高的织构水平（约 15）。这说明挤压态 LAZ331 合金中有较多柱面取向的晶粒，同时还存在一定数量基面取向的晶粒。经过压下量为 5%的轧制变形后，如图 6.15(b) 所示，（0002）基面极图的极轴又向中心偏转了约 32°，此时的极轴距离中心约 58°，表示存在较多 c 轴与 ND 呈 58°角的晶粒。镁合金滑移面与基面的夹角示意图可以看出，{11$\bar{2}$2} 锥面滑移与基面的夹角为 58.3°。由此可以推测，LAZ331 板材在 5%的轧制变形过程中可能发生了 {11$\bar{2}$2} 锥面滑移。同时，5%的轧制过后，（10$\bar{1}$0）基面极图在 RD 上出现了择优取向，这说明在轧制过程中，原本板材中柱面取向的晶粒沿着 c 轴进行自转，发生了柱面滑移。当轧制压下量增大时，如图 6.15(c)～(e)所示，在（0002）基面极图上仍能看到距离中心约 58°处有一定的织构水平，这进一步说明了在整个不同压下量的轧制过程中，锥面滑移均占有一定的比例。

为了对比 LAZ531 板材轧制过程中弱取向织构的变化情况，将最低织构水平统一定为 1.5。对比图 6.15(a)～(c)中的（0002）基面极图，中心部位的织构水平逐渐变低，即基面取向的晶粒数目逐渐变少。这说明 LAZ331 板材在压下量为 5%至 10%的轧制变形下，主要的滑移机制是非基面滑移。然而当轧制变形量达到 15%与 20%时，基面取向的晶粒数目又有所增多，如图 6.15(d)～(e)所示。这些将在 EBSD 分析中进行详细阐述。

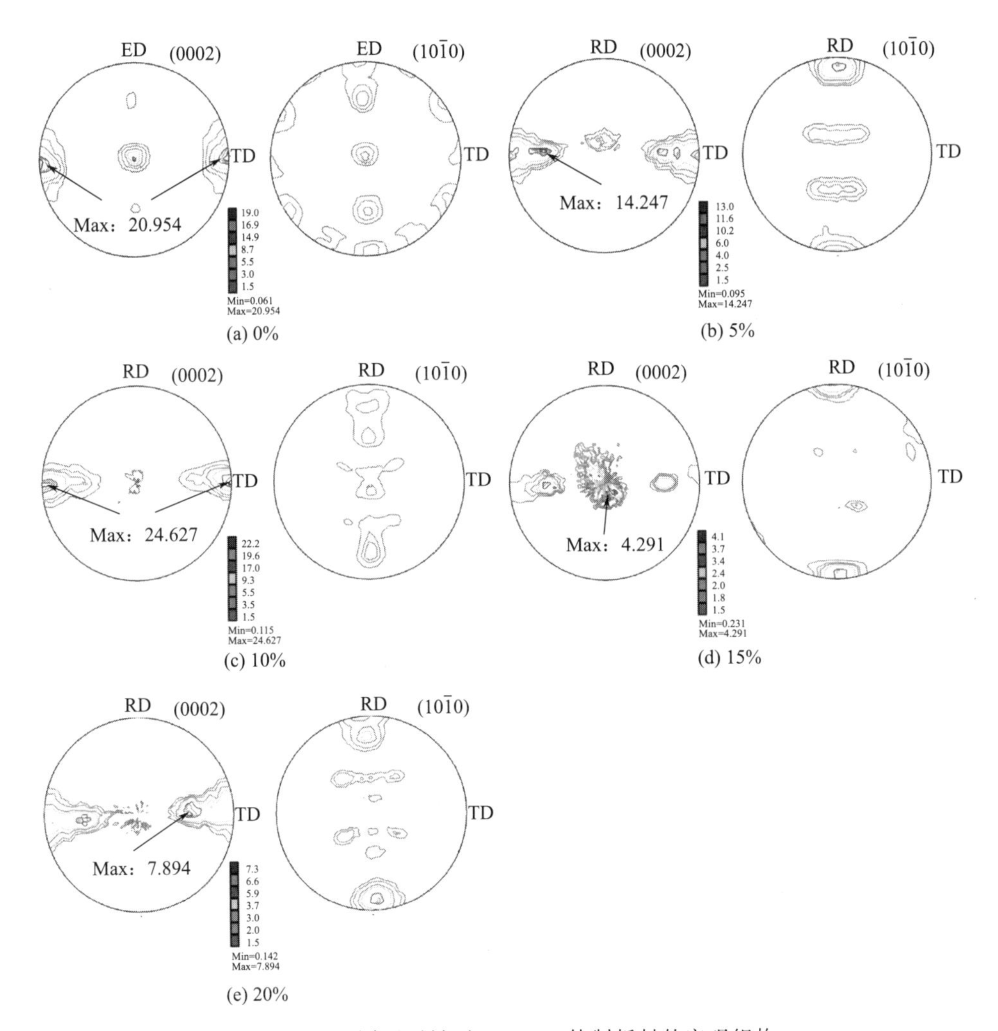

图 6.15　不同压下量下 LAZ331 轧制板材的宏观织构

为了进一步观察 LAZ331 板材在轧制变形过程中的晶粒偏转及滑移系开启情况，将该系列的板材进行了 EBSD 分析。图 6.16 是不同压下量 LAZ331 轧制板材的 IPF 图（参见彩图 6.16）。从图 6.16(a) 中可以看出，原始的 LAZ331 挤压板材的晶粒以 $\{10\bar{1}0\}$ 柱面取向为主。这部分晶粒在轧制变形时受到垂直于 c 轴的压应力，此时是基面滑移的硬取向，极难发生基面滑移。而通过图 6.16(b)的压下量为 5%的轧制板材的 IPF 图可以发现，小压下量下板材晶粒多为柱面取向和锥面取向。加之此时孪晶数目很少，因而可以推测在 5%的轧制变形时，LAZ331 板材的变形模式主要是柱面滑移和锥面滑移，这与宏观织构的预测结果是吻合的。

从图 6.16(c)～(e)可以看出，压下量为 10%～20%的轧制板材的晶粒仍以柱面取向和锥面取向为主，但同时也出现了一定数量基面取向的晶粒。此时基面取向晶粒的出现并不代表板材在轧制过程中发生了基面滑移。原因如下：①Li 元素可以极大地降低镁晶体非基面与基面的 CRSS 比值。所以纵使 10%轧制变形板材中存在部分锥面取向的晶粒，且这部分晶粒发生基面滑移的 Schmid 因子较大，它也会选择发生非基面滑移。②10%轧制变形板材的晶粒大多为柱面取向的晶粒，在进一步轧制过程中，这部分晶粒将垂直于 c 轴受压，基面滑移的 Schmid 因子几乎为零。而此时 $\{10\bar{1}2\}$ 拉伸孪生的 Schmid 因子较大，因此极易发生 $\{10\bar{1}2\}$ 拉伸孪生，在大应变速率下，这种晶粒可完全孪生化。孪生加上轧制力偶的共同作用，使得柱面取向的晶粒偏转至基面取向。

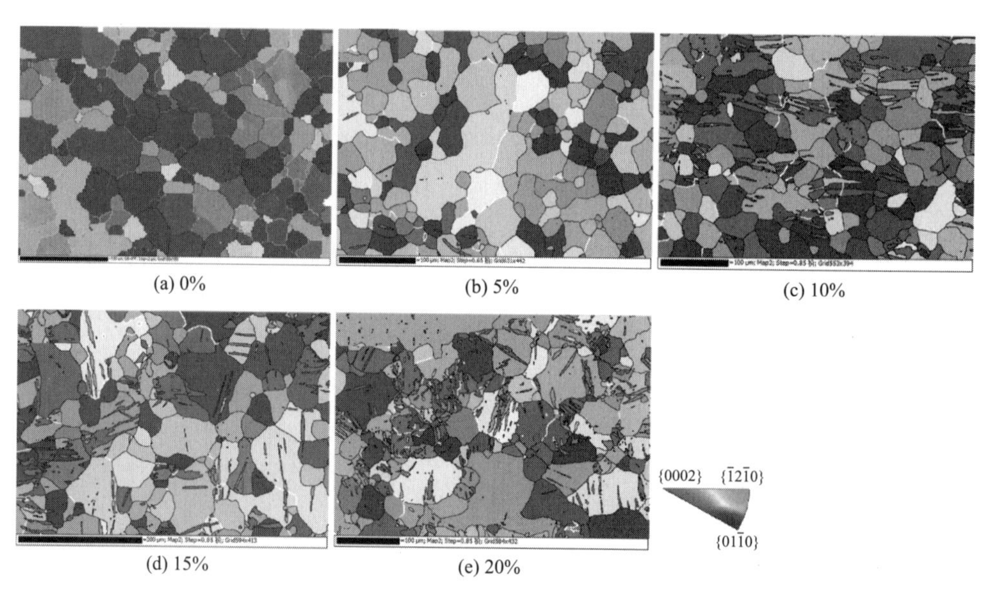

图 6.16　不同压下量 LAZ331 轧制板材的取向成像图

图 6.17 所示的孪晶图中不同的颜色代表不同类型的孪晶（参见彩图 6.17），红色代表 $\{10\bar{1}2\}$ 拉伸孪晶，绿色代表 $\{10\bar{1}1\}$ 压缩孪晶，紫色代表 $\{10\bar{1}1\}$-$\{10\bar{1}2\}$ 二次孪晶。由此可以看出，小压下量下（5%～10%）主要以 $\{10\bar{1}2\}$ 拉

伸孪晶为主，较大压下量（15%～20%）时既有 $\{10\bar{1}2\}$ 拉伸孪晶，又有 $\{10\bar{1}1\}$ 压缩孪晶。另外，当压下量达到20%时，孪晶数目及种类较前面几种均有所增加，此时，晶粒内部不仅有 $\{10\bar{1}2\}$ 拉伸孪晶和 $\{10\bar{1}1\}$ 压缩孪晶，还有 $\{10\bar{1}1\}$-$\{10\bar{1}2\}$ 二次孪晶。

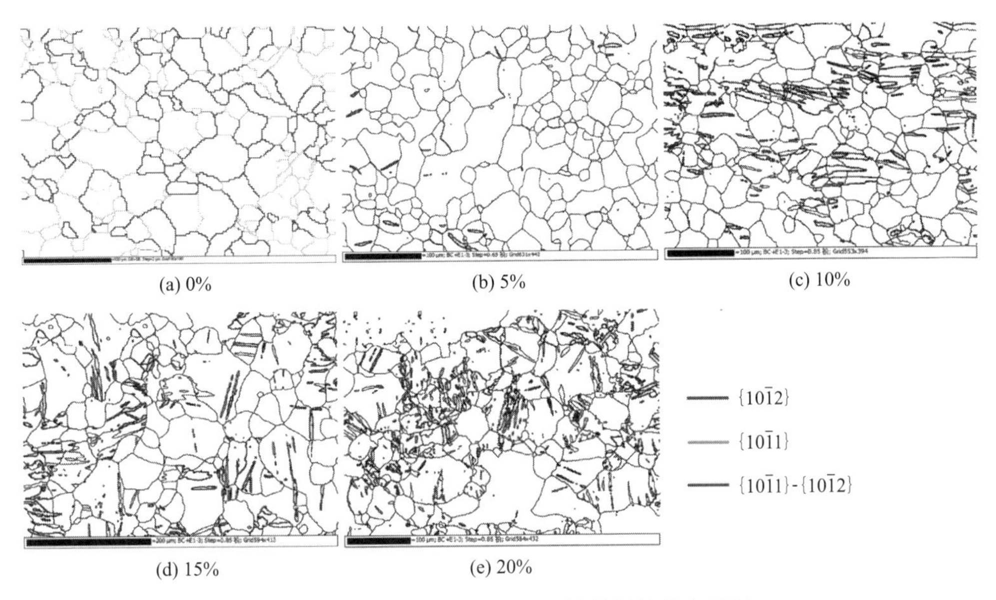

(a) 0%　(b) 5%　(c) 10%

(d) 15%　(e) 20%

图6.17　不同压下量LAZ331轧制板材的孪晶图

除此之外，图6.18的取向差角分布图可以看出：①LAZ331挤压板材以小角度晶界为主；②板材经过压下量为5%的轧制过后，大角度晶界与小角度晶界所占的比例基本一致；③板材经过压下量为10%～20%的轧制后，孪晶的大量出现使得材料表现出有规律的取向差角分布：在压下量为10%的轧制板材中，取向差为86°（对应 $\{10\bar{1}2\}$ 拉伸孪晶）附近出现了较大程度的统计值；在压下量为15%的轧制板材中，取向差为56°（对应 $\{10\bar{1}1\}$ 压缩孪晶）与86°（对应 $\{10\bar{1}2\}$ 拉伸孪晶）附近均出现了较大程度的统计值；在压下量为20%的轧制板材中，取向差为38°（对应 $\{10\bar{1}1\}$-$\{10\bar{1}2\}$ 二次孪晶），56°（对应 $\{10\bar{1}1\}$ 压缩孪晶）与86°（对应 $\{10\bar{1}2\}$ 拉伸孪晶）附近均出现了较大程度的统计值。

取向差角分布图与孪晶图提供的信息基本一致。由此可以推测：LAZ331板材在5%的轧制过程中较少发生孪生；10%则发生 $\{10\bar{1}2\}$ 拉伸孪生；15%主要发生了 $\{10\bar{1}2\}$ 拉伸孪生与 $\{10\bar{1}1\}$ 压缩孪生；对于20%的轧制变形，由于 $\{10\bar{1}1\}$ 压缩孪生已在15%变形时激活，在进一步变形时，$\{10\bar{1}2\}$ 拉伸孪生将难以发生，压下量为20%的轧制板材中出现的 $\{10\bar{1}2\}$ 孪晶应该是在15%变形时残留下来的，因此，20%轧制变形下主要发生 $\{10\bar{1}1\}$ 压缩孪生与 $\{10\bar{1}1\}$-$\{10\bar{1}2\}$ 二次孪生。

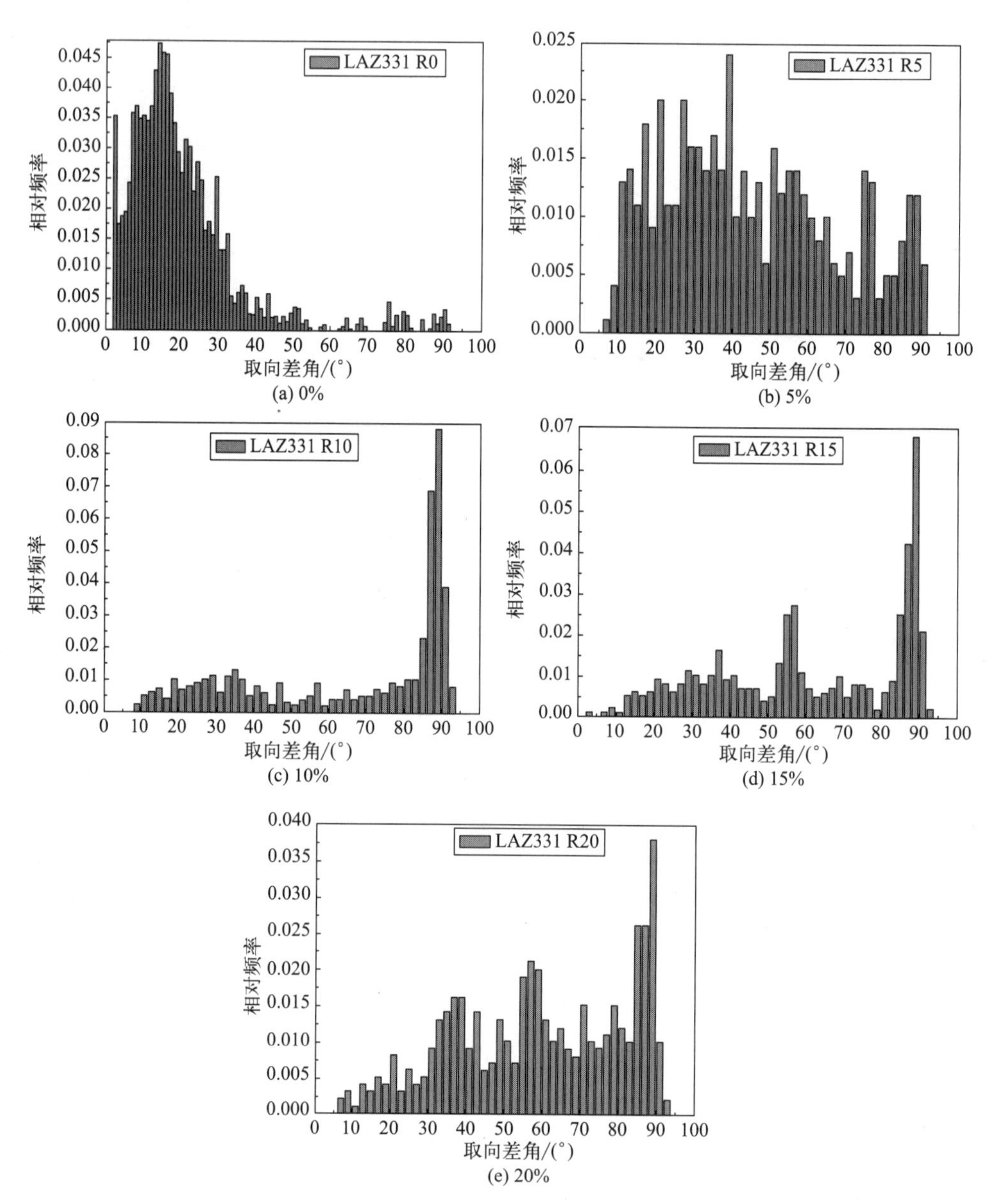

图 6.18 不同压下量 LAZ331 轧制板材的取向差角分布图

图 6.19 为不同压下量下 LAZ331 轧制板材的微观织构图。图 6.19(a) 反映的信息与图 6.15(a) 类似，挤压态 LAZ331 合金中，(0002) 基面极图上的极轴已经完全偏至 TD 上，加上 $(10\bar{1}0)$ 基面极图中心位置存在较强的织构水平。这

都说明挤压态 LAZ331 合金中存在较多的 $(10\bar{1}0)$ 柱面取向的晶粒。

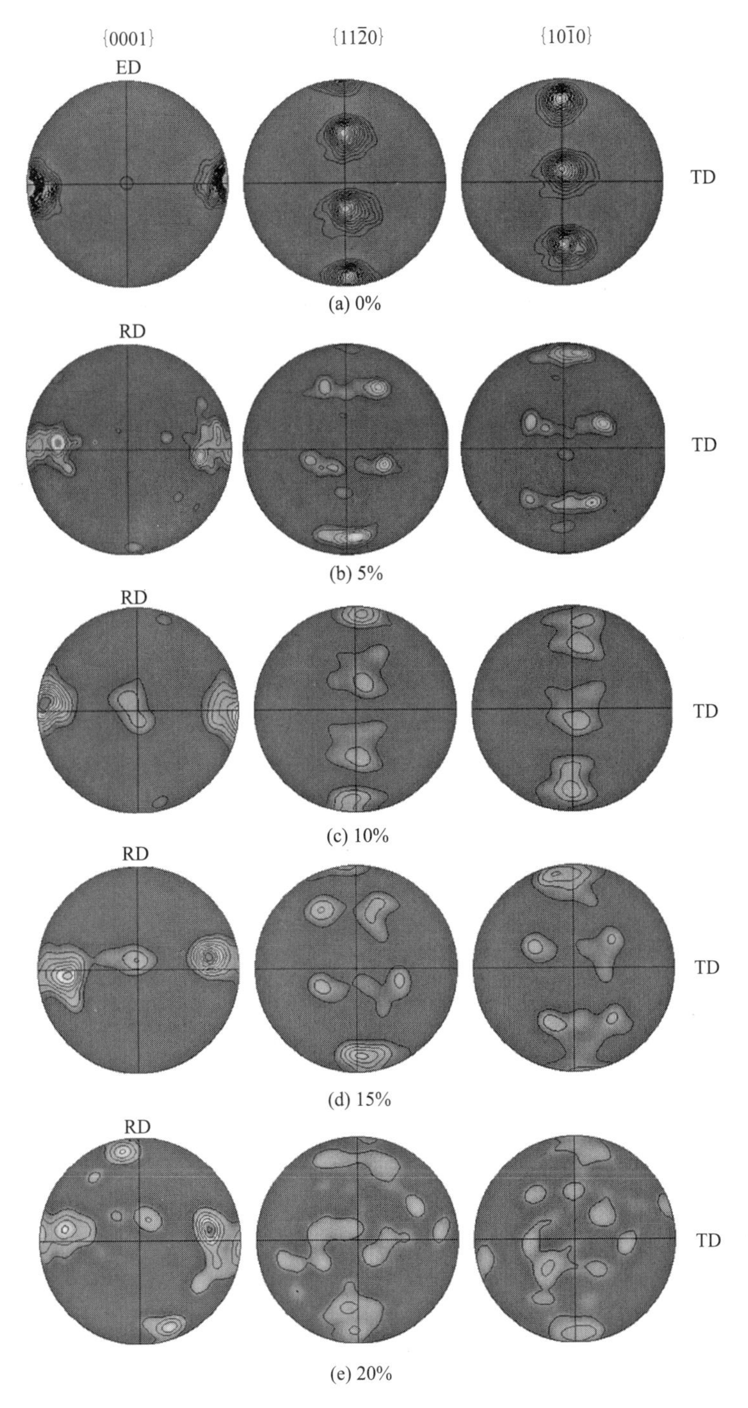

图 6.19　不同压下量 LAZ331 轧制板材的微观织构图

结合上述 EBSD 分析可知，压下量为 5%的轧制变形无法使 LAZ331 板材发生基面滑移，只能发生锥面滑移和柱面滑移。因此从图 6.18(b) 中可以看出，(0002) 基面极图上的极轴偏离中心约 58°，且 $(10\bar{1}0)$ 柱面极图的中心位置也出现了一定的织构水平。随着轧制的进一步进行，图 6.19(c) 中 $(10\bar{1}0)$ 基面的极图中心位置的织构水平变强，这可能是 5%轧制过后产生了较多锥面取向的晶粒，进一步轧制变形时，这部分晶粒发生柱面滑移的 Schmid 因子较大，因而发生了较多的柱面滑移。

综上所述，可以推测 LAZ331 挤压板材在不同压下量的轧制变形下的塑性变形模式如下：5%轧制变形下主要发生柱面滑移与 $\{11\bar{2}2\}$ 锥面滑移；10%轧制变形下主要发生 $\{10\bar{1}2\}$ 拉伸孪生与 $\{11\bar{2}2\}$ 锥面滑移；15%轧制变形下主要发生 $\{10\bar{1}2\}$ 拉伸孪生与 $\{10\bar{1}1\}$ 压缩孪生；20%轧制变形下主要发生 $\{10\bar{1}1\}$ 压缩孪生与 $\{10\bar{1}1\}$-$\{10\bar{1}2\}$ 二次孪生。

6.3.4 不同压下量下 LAZ531 板材的力学行为

图 6.20 为不同轧制压下量下 LAZ531 板材的宏观织构图。从图 6.20(a) 可以看出，LAZ531 挤压板材 (0002) 基面极图的极轴已向 TD 上偏转了约 58°，且中心位置与 TD 上均有一定的织构水平。这说明挤压板材中有大量 $\{11\bar{2}2\}$ 锥面取向的晶粒，同时也有基面取向与柱面取向的晶粒。

此外，轧制前后板材的最大极密度均出现在沿中心向 TD 上偏转约 58°的位置，且随着压下量的增大，极密度有增加的趋势。这说明 $\{11\bar{2}2\}$ 锥面取向的晶粒所占比例增多，进而说明在轧制过程中可能发生了锥面滑移。对比图 6.20 中不同轧制变形量下板材的 $(10\bar{1}0)$ 基面极图，LAZ531 板材轧制过后，$(10\bar{1}0)$ 基面的极图沿 RD 上出现了明显的择优取向。且随着压下量的增大，择优取向的程度逐渐增强，当压下量达到 20%时，板材 $(10\bar{1}0)$ 基面的投影沿 RD 上的极密度达到 23.860。这说明轧制变形过程中还可能发生了柱面滑移。

为了对比 LAZ531 板材轧制过程中弱取向织构的变化情况，将最低织构水平统一定为 1.0。对比图 6.20(a)～(d) 中不同轧制变形量下板材的 (0002) 基面极图，可以发现中心部位的水平逐渐变低，即基面取向的晶粒数目逐渐变少，这可以说明 LAZ531 板材在压下量为 5%至 15%的轧制变形下，主要的滑移机制是非基面滑移。然而当轧制变形量达到 20%时，如图 6.20(e) 所示，基面取向的晶粒数目又有所增多。

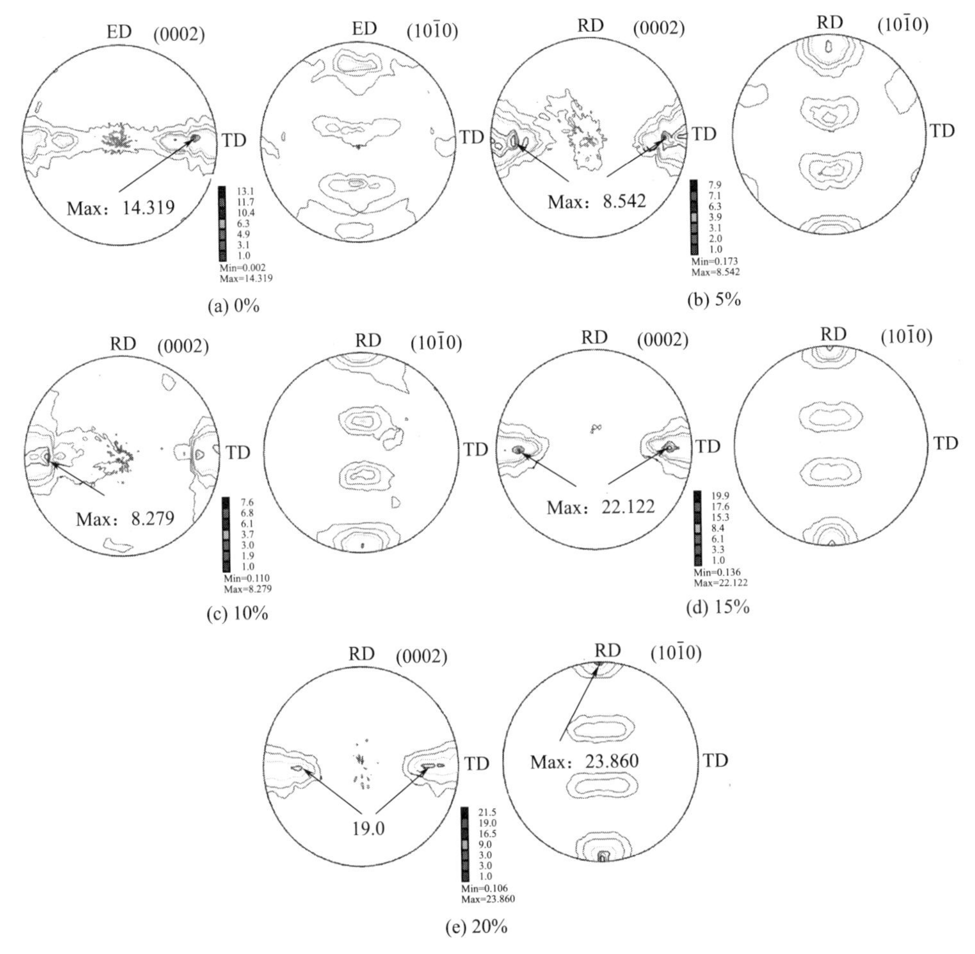

图 6.20 不同压下量 LAZ531 轧制板材的宏观织构

为了进一步观察 LAZ531 合金在轧制变形过程中的晶粒偏转及滑移系开启情况，将该系列的板材进行了 EBSD 分析。图 6.21 是不同压下量 LAZ531 轧制板材的 IPF 图（参见彩图 6.21）。如图 6.21(a) 所示，挤压板材晶粒颜色丰富，这说明挤压态合金的晶粒取向较为随机。

宏观织构分析表明，LAZ531 挤压板材中锥面取向的晶粒所占比例最大。轧制变形过程中，锥面取向的晶粒发生基面滑移的 Schmid 因子非常大，这种取向十分利于基面滑移。但如图 6.21(b) 所示，板材轧制过后并没有出现更多基面取向的晶粒，反而是原本取向随机的晶粒在轧制过后基本上由 (10$\bar{1}$0) 柱面取向的晶粒和锥面取向的晶粒组成。这就表明，板材在轧制变形中基本上没有发生基面滑移，而是发生了大量的非基面滑移。出现这种反常现象的原因是，Li 元素可以极大地降低镁

图 6.21　不同压下量 LAZ531 轧制板材的取向成像图

晶体非基面与基面的 CRSS 比值，所以纵使轧制变形时发生基面滑移的 Schmid 因子较大，由于非基面滑移的 CRSS 降低，也使得板材选择发生非基面滑移。

LAZ531 板材轧制过后且随着压下量的增大，基面取向的晶粒数目逐渐减少，而当轧制变形量达到 20%时，IPF 图中又出现了部分基面取向的晶粒。与大压下量下 LAZ331 轧制板材类似，此时基面取向晶粒并非由基面滑移得来。前面的分析表明，即使在 LAZ531 挤压板材中存在较多锥面取向的晶粒，此时发生基面滑移的 Schmid 因子很大，Li 元素的作用也使得板材在轧制变形过程中不开启基面滑移。同样地，在 20%的轧制变形时，板材也无法发生基面滑移。基面取向的晶粒大多是由柱面取向的晶粒经过孪生后得到。

图 6.22 是不同压下量下 LAZ531 合金的微观织构图。从图中可以看出，挤压板材 $\{11\bar{2}0\}$ 面的织构较为散漫，而轧制过后，该面的中心位置出现了一定的织构水平。这说明轧制板材中有较多 $\{11\bar{2}0\}$ 柱面取向的晶粒。随着压下量的增大，$\{11\bar{2}0\}$ 面中心位置始终保持一定的织构水平。

图 6.21(c)～(e) 表示，随着轧制变形量的增大，蓝色柱面取向的晶粒逐渐由绿色的晶粒取代（参见彩图 6.21）。绿色的晶粒颜色区间较大，既包括柱面取向的晶粒，也包括锥面取向的晶粒。由宏观织构分析可知，轧制板材 (0002) 基面极图的极轴出现在沿中心向 TD 上偏转约 58°的位置。结合微观织构的分析可推测，图 6.20(c)～(e) 中绿色的晶粒中既有 $\{11\bar{2}0\}$ 柱面取向的晶粒，又有 $\{11\bar{2}2\}$ 锥面取向的晶粒。说明 LAZ531 板材在轧制过程中既发生了柱面滑移，也发生了锥面滑移。

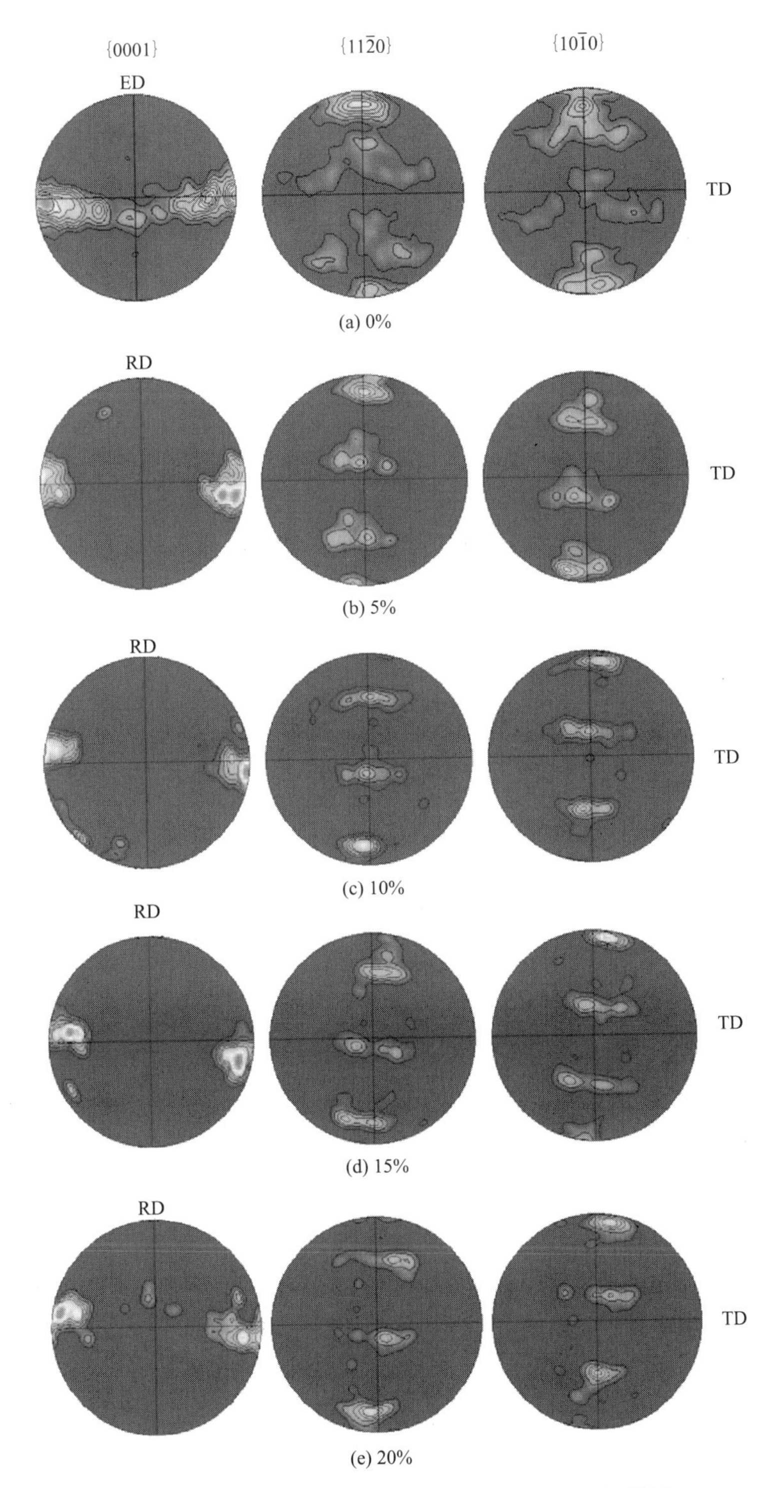

图 6.22 不同压下量 LAZ531 轧制板材的微观织构图

由图 6.21 的 IPF 图还可以看出，轧制 LAZ531 板材中出现了孪晶，且随着压下量的增大，孪晶的数量有所增加。这可通过图 6.23 中的取向差角分布图反映出来。LAZ531 挤压板材中大角度晶界与小角度晶界所占的比例基本一致。轧制过后，在取向差为 86°附近出现了较大程度的统计值，说明轧制过程中发生了

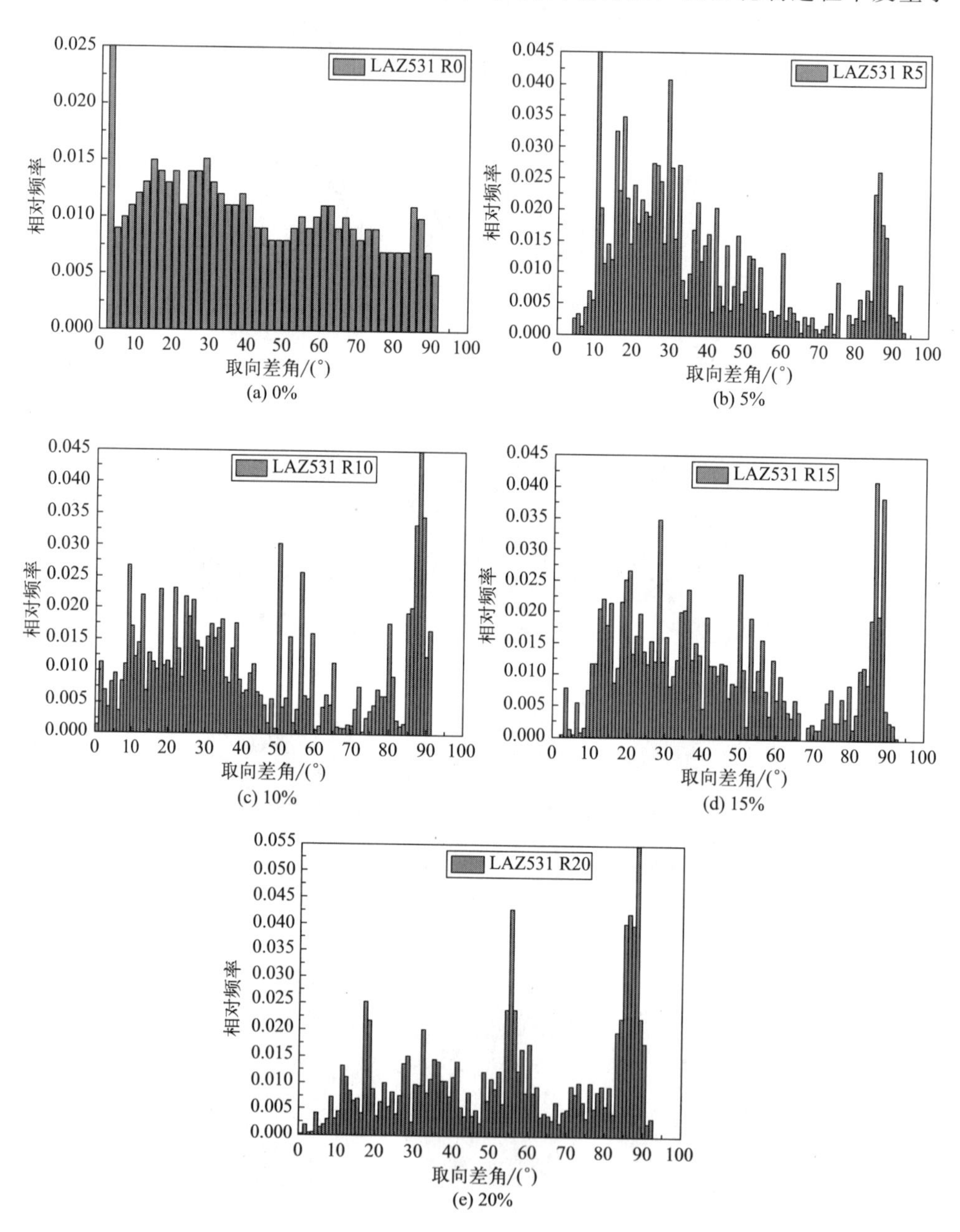

图 6.23　不同压下量 LAZ531 轧制板材的取向差角分布图

$\{10\bar{1}2\}$ 拉伸孪生。随着压下量的增大，取向差为 86°对应的峰强增加，说明随着轧制压下量的增大，$\{10\bar{1}2\}$ 孪生的程度增加。这主要是由于在变形过程中，孪生所需要的时间远小于滑移，在大压下量下，板材的应变速率提高，同一时间内发生的变形量增加，当滑移变形还来不及进行时，孪生已经大量发生。另外，当轧制压下量为 20%时，在取向差为 56°附近出现了较大程度的统计值，这说明此时还发生了 $\{10\bar{1}1\}$ 压缩孪生。

综上所述，可以推测 LAZ531 挤压板材在不同压下量的轧制变形下的塑性变形模式如下：5%轧制变形下主要发生 $\{11\bar{2}0\}$ 柱面滑移及锥面滑移；10%与 15%轧制变形下主要发生 $\{10\bar{1}2\}$ 拉伸孪生与锥面滑移；20%轧制变形下主要发生 $\{10\bar{1}2\}$ 拉伸孪生与 $\{10\bar{1}1\}$ 压缩孪生。

6.4 本章小结

本章主要研究了不同 Li 含量对 AZ31 室温轧制板材显微组织和力学行为的影响，着重考察了不同轧制压下量下 Mg-xLi-3Al-1Zn ［LAZx31，x=1，3，5；%（质量分数）］板材的塑性变形行为。得出主要结论如下：

① Li 含量较低的 AZ31 板材在室温塑性变形过程中只能启动基面滑移，而较高含量的 Li 可以使得板材的非基面滑移得以启动。LAZ331 与 LAZ531 板材相对于 LAZ131 拥有较弱的基面织构与较多非基面取向的晶粒，这就使得前者在室温拉伸时表现出较高的延伸率。

② 轧制变形使得 LAZ131 挤压板材的各向异性得到了有效的改善，但是对 LAZ331 与 LAZ531 的各向异性的改善效果不明显。

③ 三种合金板材在不同变形量的室温轧制下，表现出不同的塑性变形模式：LAZ131 在整个轧制变形过程中均以基面滑移和孪生为主；LAZ331 在 5%轧制变形下主要发生柱面滑移与 $\{11\bar{2}2\}$ 锥面滑移，10%时主要发生 $\{10\bar{1}2\}$ 拉伸孪生与 $\{11\bar{2}2\}$ 锥面滑移，15%时主要发生 $\{10\bar{1}2\}$ 拉伸孪生与 $\{10\bar{1}1\}$ 压缩孪生，20%时主要发生 $\{10\bar{1}1\}$ 压缩孪生与 $\{10\bar{1}1\}$-$\{10\bar{1}2\}$ 二次孪生；LAZ531 在 5%轧制变形下主要发生 $\{11\bar{2}0\}$ 柱面滑移及锥面滑移，10%与 15%时主要发生 $\{10\bar{1}2\}$ 拉伸孪生与锥面滑移，20%时主要发生 $\{10\bar{1}2\}$ 拉伸孪生与 $\{10\bar{1}1\}$ 压缩孪生。

参考文献

[1] 金晨，林占宏，赵寿，等．超细晶镁合金的研究现状及展望 [J]. 世界有色金属，2021 (18)：1-2.

[2] ZHANG H，REN S，LI X，et al. Dramatically enhanced stamping formability of Mg-3Al-1Zn alloy by weakening (0001) basal texture [J]. Journal of Materials Research and Technology，2020，9 (6)：14742-14753.

[3] DUAN M，LUO L，LIU Y. Microstructural evolution of AZ31 Mg alloy with surface mechanical attrition treatment：grain and texture gradient [J]. Journal of Alloys and Compounds，2020，823：153691.

[4] 陈振华，夏伟军，程永奇，等．镁合金织构与各向异性 [J]. 中国有色金属学报，2005，15：1-11.

[5] Pekguleryuz M，Celikin M，Hoseini M，et al. Study on edge cracking and texture evolution during 150℃ rolling of magnesium alloys：The effects of axial ratio and grain size [J]. Journal of Alloys and Compounds，2012，510：15-25.

[6] 战春．旋转磁场条件下 AZ31 镁合金微观组织演变规律 [D]. 沈阳：沈阳工业大学，2019.

[7] KARAKULAK E. A review：Past，present and future of grain refining of magnesium castings [J]. Journal of Magnesium and Alloys，2019，7 (3)：355-369.

[8] AGNEW S，HORTON J，YOO M. Transmission electron microscopy investigation of ⟨c+a⟩ dislocations in Mg and α-solid solution Mg-Li alloys [J]. Metallurgical and Materials Transactions A，2002，33：851-858.

[9] ZENG Y，JIANG B，LI R H，et al. Effect of Li content on microstructure，texture and mechanical properties of cold rolled Mg-3Al-1Zn alloy [J]. Materials Science and Engineering：A，2015，631：189-195.

[10] MACKENZIE L，PEKGULERYUZ M. The influences of alloying additions and processing parameters on the rolling microstructures and textures of magnesium alloys [J]. Materials Science and Engineering：A，2008，480：189-197.

[11] DONG H W，PAN F S，JIANG B，et al. Mechanical properties and deformation behaviors of hexagonal Mg-Li alloys [J]. Materials and Design，2015，65：42-49.

[12] LI R H，PAN F S，JIANG B，et al. Effect of Li addition on the mechanical behavior and texture of the as-extruded AZ31 magnesium alloy [J]. Materials Science and Engineering：A，2013，562：33-38.

[13] LI R H，PAN F S，JIANG B，et al. Effects of combined additions of Li and Al-5Ti-1B on the mechanical anisotropy of AZ31 magnesium alloy [J]. Materials and Design，2013，46：922-927.

[14] VESPA G，MACKENZIE L，VERMA R，et al. The influence of the as-hot rolled microstructure on the elevated temperature mechanical properties of magnesium AZ31 sheet [J]. Materials Science and Engineering：A，2008，487：243-250.

[15] PRASAD Y，RAO K. Effect of crystallographic texture on the kinetics of hot deformation of rolled Mg-3Al-1Zn alloy plate [J]. Materials Science and Engineering：A，2006，432：170-177.

[16] 刘楚明，朱秀英，周海涛．镁合金相图集 [M]. 长沙：中南大学出版社，2006：45.

[17] SHARMAS K, MACHT M P, NAUNDORF V. Size dependence of tracer-impurity diffusion in amorphous $Ti_{60}Ni_{40}$ [J]. Physical Review B, 1992, 46: 3147.

[18] LAIK A, BHANUMURTHY K, KALE G. Single-phase diffusion study in β-Zr (Al) [J]. Journal of Nuclear Materials, 2002, 305: 124-133.

[19] CHANG L L, SHANG E F, WANG Y N, et al. Texture and microstructure evolution in cold rolled AZ31 magnesium alloy [J]. Materials Characterization, 2009, 60: 487-491.

[20] YANG Q S, JIANG B, ZHOU G Y, et al. Influence of an asymmetric shear deformation on microstructure evolution and mechanical behavior of AZ31 magnesium alloy sheet [J]. Materials Science and Engineering: A, 2014, 590: 440-447.

[21] HUANG X, SUZUKI K, WATAZU A, et al. Microstructure and texture of Mg-Al-Zn alloy processed by differential speed rolling [J]. Journal of Alloys and Compounds, 2008, 457: 408-412.

[22] LEBYODKIN M, BRECHET Y, ESTRIN Y, et al. Statistics of the catastrophic slip events in the Portevin-Le Châtelier effect [J]. Physical Review Letters, 1995, 74: 4758.

[23] 王聪，徐永波，韩恩厚．LA41 镁合金的 PLC 效应及其解释 [J]. 金属学报，2006，42：191-194.

[24] LI T Q, LIU Y B, CAO Z Y, et al. The twin mechanism of Portevin Le Chatelier in Mg-5Li-3Al-1.5Zn-2RE alloy [J]. Journal of Alloys and Compounds, 2011, 509: 7607-7610.

[25] ROHATGI A, VECCHIO K, GRAY G. The influence of stacking fault energy on the mechanical behavior of Cu and Cu-Al alloys: Deformation twinning, work hardening, and dynamic recovery [J]. Metallurgical and Materials Transactions A, 2001, 32: 135-145.

[26] EVANS J. Interaction between lithium atoms and dislocations in AlLi solid solutions [J]. Scripta Materialia, 1987, 21: 1435-1438.

[27] LIU T, ZHANG W, WU S, JIANG C, LI S, XU Y. Mechanical properties of a two-phase alloy Mg-8%Li-1%Al processed by equal channel angular pressing [J]. Materials Science and Engineering: A, 2003, 360: 345-349.

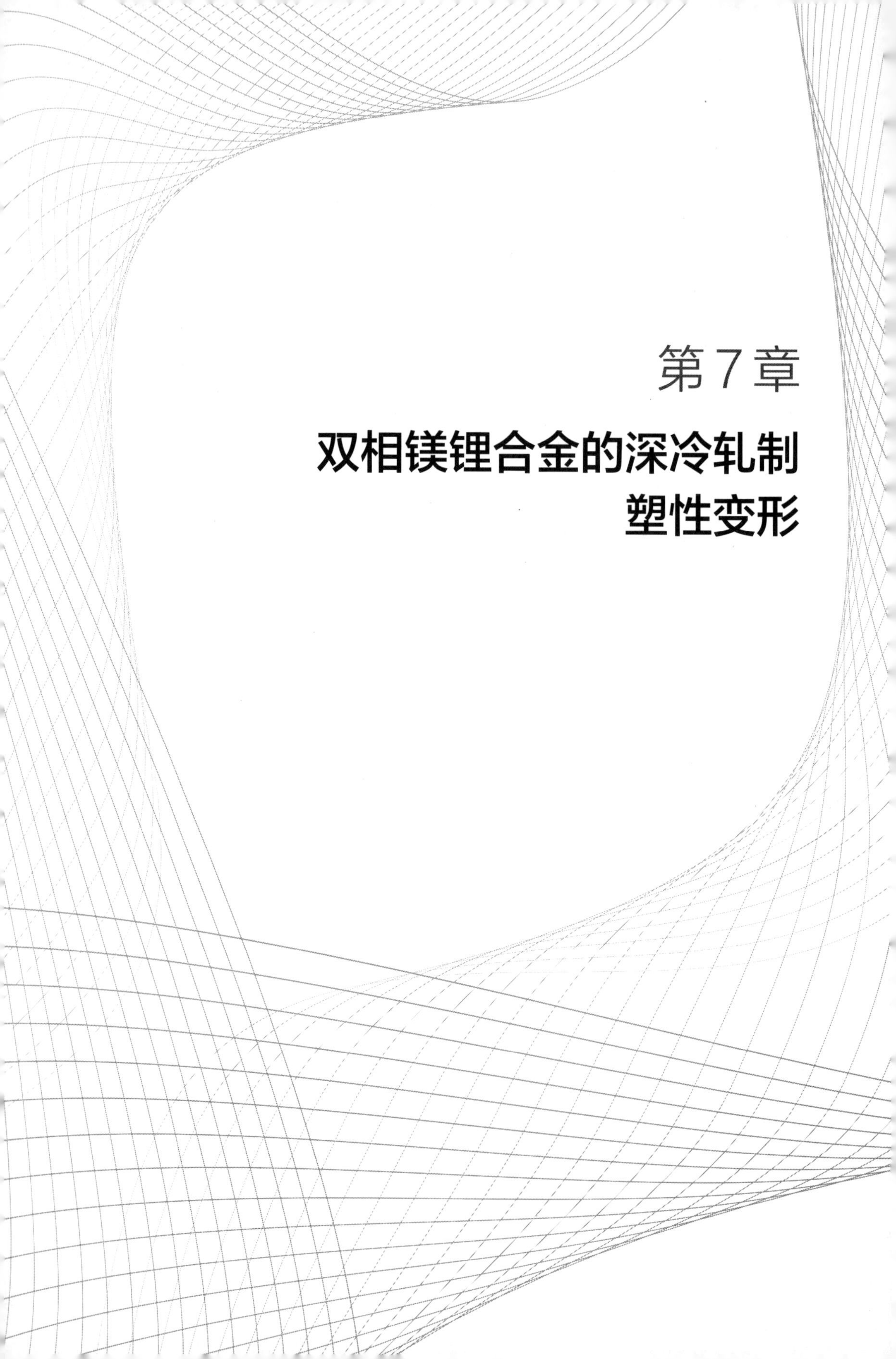

第7章

双相镁锂合金的深冷轧制塑性变形

7.1 深冷技术概述

深冷处理（deep cryogenic treatment，DCT），主要是以液氮作为制冷剂，在－130～－190℃低温环境中对材料进行保温一段时间的冷处理工艺，是常规热处理工艺的延伸。有大量的研究表明，深冷处理能够显著增加钢铁合金内部的缺陷，为析出相提供大量的形核位置，有利于获得弥散分布的沉淀相，提高沉淀强化效果，细化钢铁组织，改善钢铁的性能。因该工艺操作简单，同时还具有无污染、成本相对较低的优点，近年来逐步由钢铁材料扩大到有色金属材料中[1]。

深冷轧制技术是在冷轧的基础上发展而来的塑性变形手段[2]。深冷轧制是对材料进行深冷处理后立即进行轧制，在较低的温度（液氮）下某些金属材料具有良好的塑性变形性能，较低的温度会限制部分合金的再结晶行为和变形阶段的位错运动，使金属材料晶粒细化，提高了金属材料的强度和韧性。相对于目前应用普遍的冷轧、热轧来说，深冷轧制是一次革命性科学技术[3]。

早在一百多年前瑞士人就利用了深冷处理的技术来延长金属材料的使用寿命，他们把钟表的关键零件埋在深雪中冰冻，以延长钟表零件的使用寿命。深冷技术正式被作为生产技术应用到工业中可追溯到20世纪初，外国学者对黑色金属进行了深冷处理的实验研究，但由于当时制冷技术限制，没能达到真正深冷所需的温度，因此不算真正意义上当今人们所定义的深冷处理。直到1938年，苏联在理论上实现了－80℃低温处理，但并不能实现真正的应用[4]。

20世纪中叶，液氮的出现，使深冷处理技术在材料上的应用进入一个全新时代[5]。美国科学家巴伦使用冷却介质对合金钢52100、D-2、A-2、O-2、M-2等进行深冷处理后，经过深冷处理后的合金钢磨损抗力得到显著提高。由于苏联一直在深冷处理研究方面处于领先地位，并且利用深冷处理技术延长了工具钢的使用寿命，在深冷处理工艺上制定了详细的工艺标准，为深冷处理技术的发展做出了重大贡献。

20世纪80年代后期，专门用于深冷处理的设备出现，欧美等发达国家的一些大型企业，如摩托罗拉公司逐渐将深冷处理技术应用在实际生产中[6]。我国也开始对深冷技术有了初步的认知，将深冷技术引入到国内，国内的一些学者开始了对深冷处理技术的研究与应用。

20世纪末，轧制技术迅速发展，尤其是在钢铁轧制领域基本实现了自动化、连续化、高精度化。

7.1.1 黑色金属深冷变形研究现状

深冷处理技术作为目前常规超低温处理方式，最早应用在黑色金属如模具钢、工具钢和高速钢中，并取得了优异的效果。

经过深冷处理后，黑色金属组织中会有细小碳化物的析出，深冷后马氏体中的碳化物短程扩散到孪晶上，提高合金的性能。张旭等人[7]对深冷处理后的H13钢研究发现，残余奥氏体向马氏体转变，大量的碳化物析出，细化了合金晶粒和板条马氏体。深冷处理后使钢中的残余奥氏体转变成了马氏体，转变后的马氏体轴比 c/a 与基体马氏体的轴比 c/a 不相同，因此说明深冷处理后的钢中有新生马氏体产生；新生马氏体轴比 c/a 在室温时没有发生改变，说明深冷处理后的钢中残余奥氏体转变成新生马氏体的过程是不可逆的[8-10]。马氏体的生成，使得合金的强度和硬度得到提升。

于良等人[11]在对PCBN（聚晶立方氮化硼）刀具进行深冷处理研究发现，PCBN刀具深冷18h后，刀具的寿命可以提高24.78%。经过深冷处理6h、18h的PCBN刀具磨损程度和切削强度均得到改善；胡文祥等人[12]在对合金铸铁的深冷处理研究中发现，经过深冷处理后残余奥氏体的体积分数由19.6%减小到14.8%，硬度由50.6HRC提高至53.6HRC，热膨胀系数由 $13.34\times10^{-6}K^{-1}$ 减小至 $10.97\times10^{-6}K^{-1}$。段元满等人[13]在对钼系高速钢的深冷处理研究表明，深冷12h后在650℃下钼系高速钢的红硬性得到明显改善。由此可知深冷处理在改善黑色金属综合性能方面起到了积极的作用。

7.1.2 有色金属深冷变形研究现状

深冷技术在有色金属领域，如镁合金、铝合金、铜合金等材料中的应用也取得了一定的效果。深冷处理技术最常应用于铝合金。深冷处理通过急冷处理产生较大的温差，铝合金中的残余应力被降低或者消除。李敬民等人[14]对ZL204铝合金的深冷处理研究发现，深冷处理的去除残余应力效果优于传统方法。在Al-Si合金的固溶+22h深冷+时效中发现，Al-Si合金基体中会产生大量的第二相和位错，改善了合金的强度和塑性[15]。在 ZL109 深冷处理加时效的过程中会发生短时时效，提高弥散强化效应。深冷处理的急冷急热作用也会影响铝合金材料的尺寸稳定性和微屈服应力[16]。

深冷技术作为新型变形技术，应用在镁合金上也获得了一定的效果。镁合金经深冷处理后可以促进第二相析出，提高强度、耐磨性和塑性。李雪珂等人[17]对 ZK60 镁合金进行深冷处理研究发现，深冷 15h 后 ZK60 镁合金的延伸率和抗拉强度分别提升了 26.9%和 2.3%，在 ZK60 合金的晶界处析出大量细小的第二相，晶粒内部有少量的第二相析出，在深冷 3h 和 15h 出现硬度双峰值。饶楚楚等人[18] 研究发现，深冷处理工艺使得 AZ91 镁合金的微观组织得到细化，促使第二相 β-$Mg_{17}Al_{12}$ 形成颗粒状且弥散均匀析出，显著提高了其力学性能和耐磨性能。铸态 AZ31 镁合金在液氮中进行深冷处理，随着深冷时间的延长，AZ31 合金的晶粒呈现先减小后长大的现象，第二相逐渐减少，抗拉强度先急剧下降后逐渐提高。1h 深冷处理后铸态性能达到最高值，其主要原因为 AZ31 镁合金在深冷处理过程中产生了一种类似“框状”孪晶，导致原有晶粒取向的演变[19]。

Dong Ningning 等人[20] 对 Mg-2Nd-4Zn 合金深冷处理发现，经过深冷处理 6 天后，合金的拉伸、压缩强度和拉伸、压缩伸长率分别提高了 3.2%、7.6%、20.9%和 14.8%，随着深冷时间的增加，晶粒细化效果越显著，$NdZn_2$ 相数量随之增加，在深冷处理过程中，晶粒取向发生了改变，伸长率增加的原因是深冷处理引起了基面滑移，深冷处理过程中 Mg-2Nd-4Zn 合金的晶格收缩，导致晶粒细化，第二相析出，宏观织构改变，位错产生，从而使镁合金力学性能提高。

深冷轧制技术是在深冷处理的基础上发展起来的一种新型轧制工艺，与传统的热轧和冷轧工艺相比，能在轧制过程中最大程度抑制动态回复的发生，减小对机器的负荷，更大程度地提高材料综合力学性能。近些年来深冷轧制主要应用在铝合金、铜合金和镁合金中。

铝合金通过深冷轧制后的综合力学性能远超室温轧制，主要是铝合金在深冷轧制的过程中晶粒尺寸大幅减小。经深冷轧制后的纯铝带材平均晶粒尺寸为 220nm，异步轧制后铝合金平均为晶粒尺寸 500nm，晶粒尺寸得到明显细化。杨丽娟等人[21] 对铝合金的深冷轧制研究表明，AA6069 合金晶粒细化，产生大量高密度位错，促进第二相的析出及均匀分布。深冷轧制后经过 205℃保温 5min、130℃保温 10h 热处理后，铝合金材料的抗拉强度达到 $488N/mm^2$，屈服强度达到 $425N/mm^2$，强度和塑性都得到了提高。

铜合金经深冷轧制后的机械性能优于常规冷轧铜合金带材的机械性能，并具有更高的延伸率和屈服强度。郭晓妮等人[22] 研究表明，经过深冷轧制的 H65 黄铜板材抗拉强度由 505MPa 增加到 734MPa，随着深冷变形量的增加，H65 黄铜的晶粒呈长条状，当厚度为 70μm 时，黄铜的晶界变得模糊并出现了纤维组织，且内部出现大量高密度位错，同时有孪晶产生，位错和孪晶的相互作用构成了黄铜冷轧变形的主要机制。

王豪[23] 对 AZ31 镁合金板材低温塑性变形行为及机制研究表明，随着拉伸温度的降低，当 AZ31 合金经过 77K 深冷处理后拉伸，其抗拉强度与屈服强度比室温拉伸的 AZ31 合金分别提高了 112MPa 和 98MPa。任凤娟[24] 对冷轧变形及轧后退火对双相镁锂合金微观组织与力学性能影响研究表明，经过变形量为 75%深冷轧制后，Mg-9Li 合金的抗拉强度与屈服强度与铸态相比增幅分别为 79%与 104%。Liu Hongyu 等人[25] 对 Mg-14Li-1Al 合金深冷轧制的研究表明，深冷轧制 Mg-14Li-1Al 合金的抗拉强度为 223MPa，延伸率为 25.8%，经过深冷轧制处理的材料中发现了大量的纳米孪晶，这些孪晶的生成能够钉扎位错运动和促进再结晶晶粒形成，使试样表现出优异的力学性能。

Mg-Li 合金作为目前最轻的金属结构材料，在塑性变形方面受到了广泛的关注，如轧制、挤压、旋压等。双相镁锂合金组织通过不同的方法能够提高其综合性能，从而扩大双相镁锂合金在各行各业中的使用范围。低污染、高效、低成本的工艺技术对进一步推动镁锂合金的应用和发展起到至关重要的作用[26,27]。本章阐述双相镁锂合金的深冷处理及深冷轧制变形行为。通过研究深冷处理条件、深冷轧制条件、双相组织分布与力学性能之间的关系，探究深冷轧制对双相镁锂合金微观组织及力学性能的影响规律，揭示镁锂合金中 α-Mg 相与 β-Li 相协调变形机制，为制备综合力学性能优异的镁锂合金板材提供技术支持和理论依据。

7.2 深冷处理对双相镁锂合金的微观组织和力学性能的影响

所用材料：厚度为 5.6mm 的 LZ91（Mg-9Li-1Zn）、LAZ931（Mg-9Li-3Al-1Zn）双相镁锂合金板材，通过 ICP 检测其化学成分，如表 7.1 所示。

表 7.1　LZ91 合金与 LAZ931 合金板材实际成分

合金	Li(质量分数)/%	Al(质量分数)/%	Zn(质量分数)/%	Mg(质量分数)/%
LZ91	8.92	—	1.01	余量
LAZ931	8.85	3.55	1.00	余量

深冷处理：对 2 种材料进行对比，分别为 LZ91 与 LAZ931 合金深冷处理。通过线切割将原试样切割成 15mm×12mm 的块状材料。探索深冷处理对 2 种材料的作用机理。深冷处理工艺的设备为双层保温液氮罐，深冷处理使用的制冷剂为液氮，深冷温度为−196℃。试样均采用直接在液氮中浸泡的方式进行深冷处理，深冷时间分别为 2h、4h、6h、8h、10h、12h、14h、16h、18h、20h，深冷处理结束后，试样被取出于室温中放置。

深冷轧制：对经不同深冷时间处理后的 LZ91 及 LAZ931 镁锂合金立即进行轧制。深冷轧制的设备为普通二辊轧机，深冷处理的时间为 4h、20h，每道次轧制后，LZ91 及 LAZ931 镁锂合金置于液氮中的时间不低于 10min，轧制的速度为 10mm/s，轧辊直径为 120mm，轧辊转速为 1250r/min，每道次轧制的压下量为 8%～10%，连续进行 4 道次轧制。

为了研究深冷处理及深冷轧制对 LZ91 与 LAZ931 合金微观组织演变的影响，采用线切割切取 15mm×12mm×5.6mm 的金相试样。用 400#、600#、800#、1000#、2000# 干湿两用砂纸在流动水下磨制试样，直至试样表面光滑无划痕，用酒精清洗其表面，迅速用吹风机吹干。对所得样品进行微观组织侵蚀实验，LZ91 的腐蚀剂配比为 HNO_3(1mL)+无水乙醇（24mL）制成 4%的硝酸酒精溶液，腐蚀时间为 25～30s，LAZ931 的腐蚀剂为苦味酸（0.5g)+乙酸（1mL)+无水乙醇（9.5mL），腐蚀时间为 10～15s。随后使用金相显微镜对试样进行微观组织的观察。

物相分析通过 X 射线衍射仪进行；合金的微观组织形貌及断口形貌观察通过光学显微镜、扫描电子显微镜来完成。维氏硬度于硬度测试系统上进行，施加载荷为 4gf，保压时间为 10s。测试过程中，在每个试样光滑表面上均匀取 7 个点进行硬度测量，除去一个最大值和一个最小值，取剩余 5 个硬度点的平均值作为该试样的硬度值。拉伸试验遵循 ISO 6892-1:2009 MOD 金属材料拉伸试验标准，由电子万能试验机在室温下以 2mm/min 的速度进行。相同实验条件下的试样进行 3 次实验，取 3 次实验结果的平均值作为最终结果。拉伸试样的尺寸如图 7.1 所示。

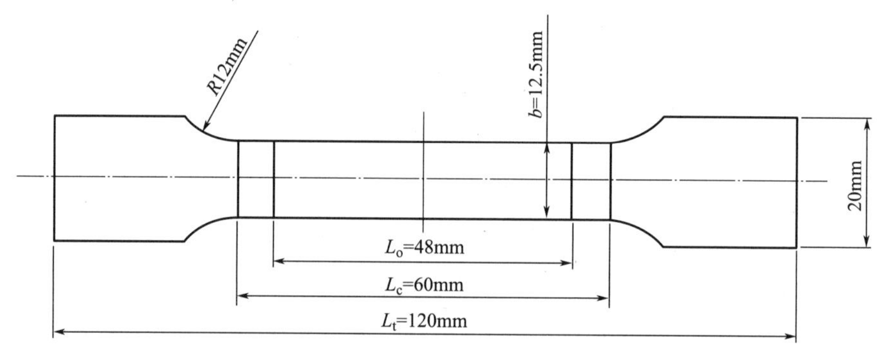

图 7.1 拉伸试样尺寸图

L_o—原始标距；L_c—平行长度；L_t—试样总长度

7.2.1 深冷处理对双相镁锂合金微观组织的影响

不同深冷条件下 LZ91 双相镁锂合金的金相组织与 SEM 组织如图 7.2 与图 7.3。图 7.2(a) 为原始态 LZ91 合金，其中浅色为 α-Mg 相，深色为 β-Li 相（图中箭头指出）。可以看出 α-Mg 相呈椭圆状和纤维状于 β-Li 相相间分布，这主要是由于轧制过程中两相变形抗力不同所致。此外，观察到原始态 LZ91 镁锂合金中第二相的数量较少。图 7.2(b) 为深冷处理 2h 后金相组织，α-Mg 相由连续的纤维状逐渐转变为不连续状。直到深冷时长为 4h，如图 7.2(c) 所示，α 与 β 相分布较为均匀且析出物的含量明显增加。β 相晶界处开始有细小的析出物。图 7.2(d) 为深冷 6h 的显微组织，可以看出纤维状 α 相增多，且析出物的分布更加均匀细小。图 7.2(e) 与图 7.3(e) 为深冷 8h 的微观组织，可以发现 α-Mg 相进一步细化，且均匀分布在 β-Li 相基体上，同时在晶界上有更多第二相析出。当深冷时间进一步增加到 16h 时，如图 7.2(i)，第二相大量析出且聚集在 α 与 β 相相界附近及 β 相内部，如图 7.3(i) 所示。随着深冷时间的继续增加，第二相数量增加且呈弥散状分布。

图 7.4 与图 7.5 为不同深冷条件下 LAZ931 双相镁锂合金的金相组织图与 SEM 图。图 7.4(a) 与图 7.5(a) 为原始态 LAZ931 合金微观组织，深色区域为 β-Li 相，浅色 α-Mg 相呈长条状分布于基体上，同时在合金中发现析出相（箭头所示）。从图 7.4(b) 可以看出，经 2h 深冷处理后 α-Mg 相明显发生变化，由初始的长条状变为边界不规则的椭圆状，并且出现分布均匀的第二相。随着深冷时间的延长如图 7.4(f) 所示，α-Mg 相形貌进一步变短。如图 7.5(j) 所示，第二

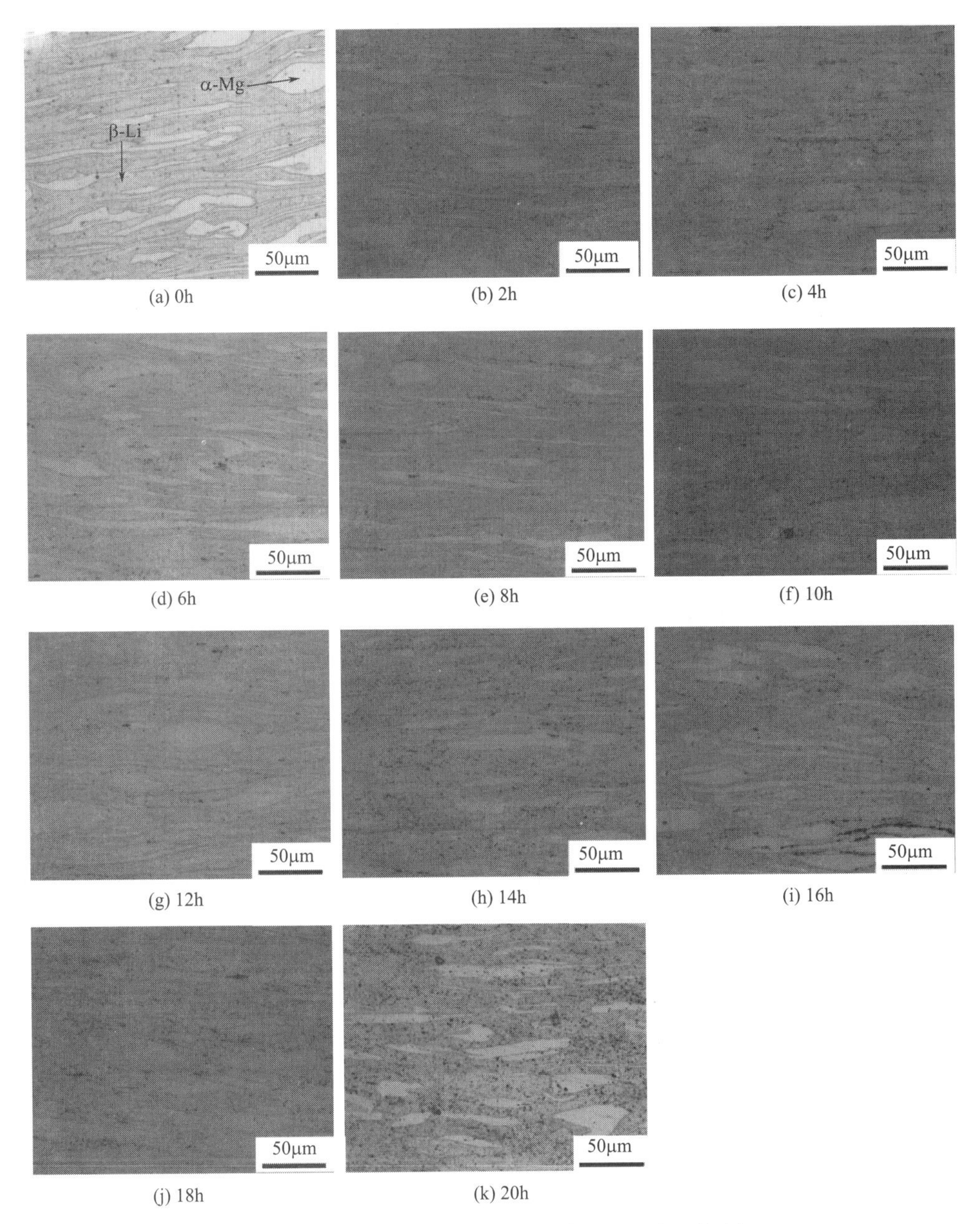

图 7.2 不同深冷时间下 LZ91 合金的金相组织图

相的含量增加，且形状主要为短棒状与球状。当深冷时间从 0h 依次增加至 20h，如图 7.4(a)～(g) 所示，可以看出 LAZ931 合金随深冷时间的增加，α-Mg 相逐渐细化且相界不规则。如图 7.5(i) 所示，第二相数量增加且分布均匀。

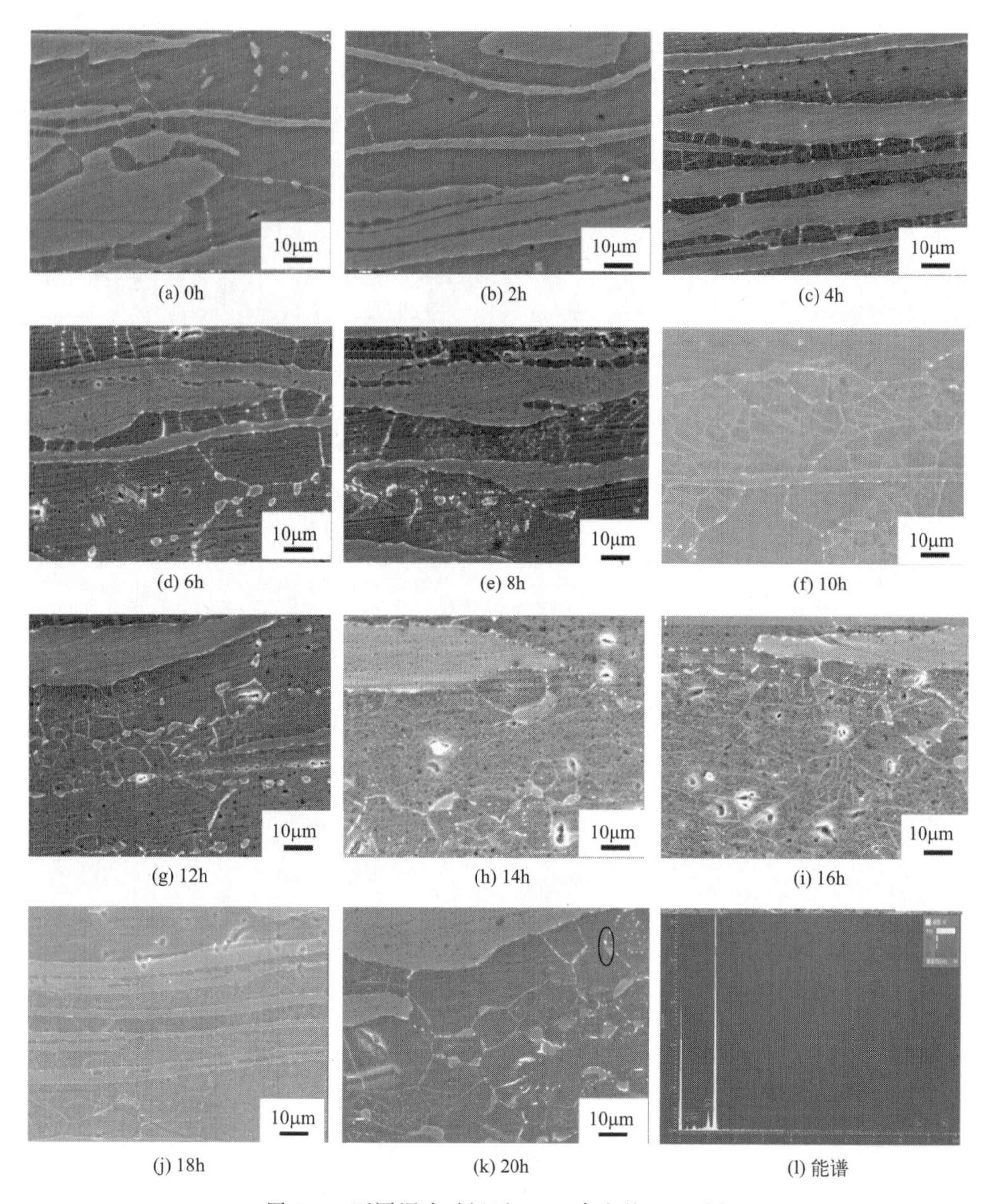

(a) 0h (b) 2h (c) 4h
(d) 6h (e) 8h (f) 10h
(g) 12h (h) 14h (i) 16h
(j) 18h (k) 20h (l) 能谱

图 7.3 不同深冷时间下 LZ91 合金的 SEM 图

综上所述，随着深冷时间的延长，LZ91 合金呈颗粒状第二相的数量逐渐增多且呈弥散分布，多数分布在 β-Li 相中或 α-Mg 与 β-Li 相相界处，α-Mg 相逐渐呈边缘不规则的长条状，α-Mg 相细化、β-Li 相的晶粒细化。添加 3%Al 元素的 LAZ931 合金随深冷时间的增长第二相数量增多，第二相形貌更加丰富，有颗粒状、棒状及大块状，同时 α-Mg 相细化。

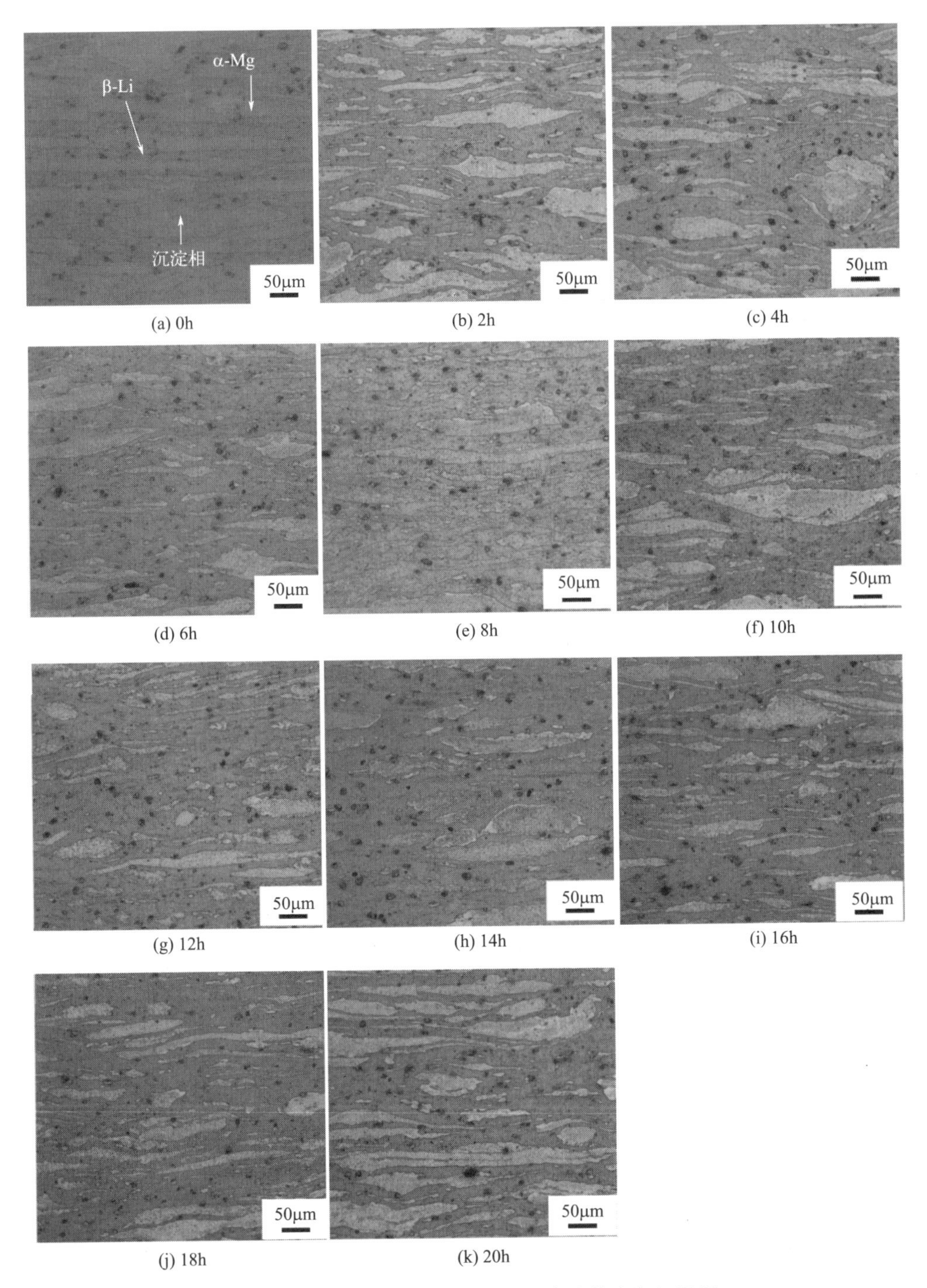

图 7.4 不同深冷时间下 LAZ931 合金的金相组织图

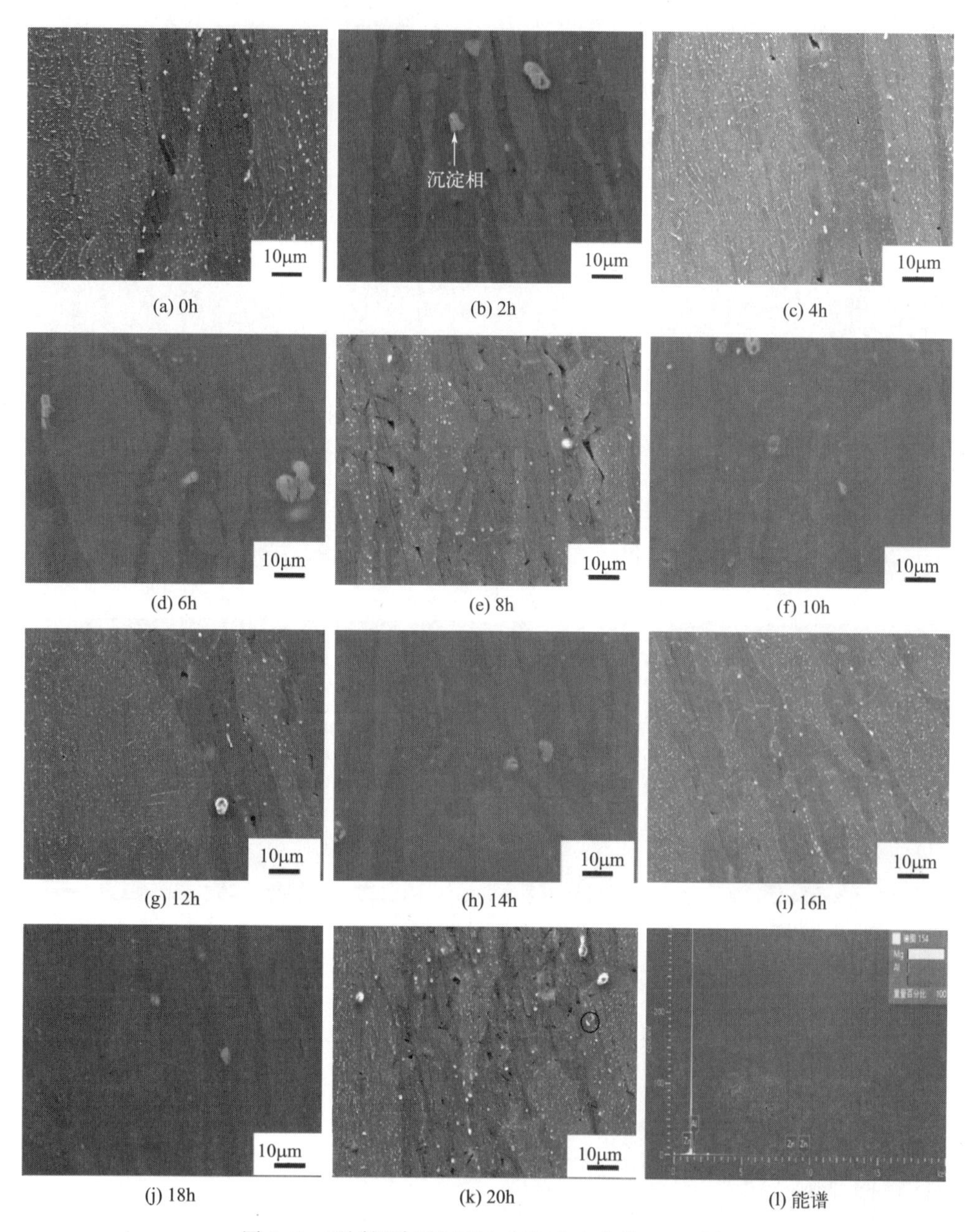

(a) 0h (b) 2h (c) 4h (d) 6h (e) 8h (f) 10h (g) 12h (h) 14h (i) 16h (j) 18h (k) 20h (l) 能谱

图 7.5 不同深冷时间下 LAZ931 合金的 SEM 图

7.2.2 深冷处理对双相镁锂合金中物相演变规律的影响

在深冷处理过程中试样从室温迅速冷却，导致合金发生体积收缩，在合金内部产生较大的变形能和压应力，为第二相的析出提供了驱动力。此外，第二相析出有可能是有序固溶体引起的晶格常数的减少所导致。

对深冷处理前后的 LZ91 合金进行物相分析，通过对数据进行处理，得到不同深冷时间下 LZ91 合金的 XRD 分析结果如图 7.6(a) 所示。结果发现，LZ91 合金的主要相组成为 α-Mg 相和 β-Li 相。同时还存在少量的第二相 Mg_2Zn_{11} 和 LiZn。随着深冷处理时间延长到 10h 时，XRD 图谱中 α$(10\bar{1}0)$、α$(10\bar{1}1)$、β(110) 对应的衍射峰的峰位向左发生小角度偏移，说明随着深冷时间的延长，α-Mg 相和 β-Li 相的晶格常数有变化，如图 7.6(b) 所示。结合微观组织分析的结果，可以认为 LZ91 合金中的析出相 Mg_2Zn_{11} 在转变为 LiZn 的过程中一部分 Zn 元素重新固溶于 α-Mg 相中，导致 α-Mg 相的晶格畸变。Dong Ningning 等人[20] 通过对 Mg-2Nd-4Zn 合金进行深冷处理，也发现了深冷处理会使镁合金中的晶粒发生偏移。

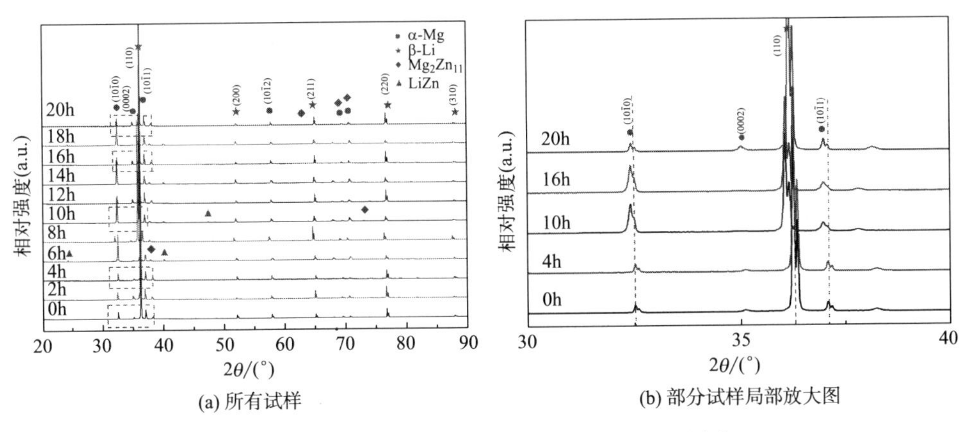

(a) 所有试样　　(b) 部分试样局部放大图

图 7.6　不同深冷时间下 LZ91 合金的 XRD 图谱

随着深冷时间的延长，会析出新的第二相——Mg_2Zn_{11} 相。深冷处理后对应 α-Mg 相的衍射峰峰强随着 Mg_2Zn_{11} 相析出有所减弱。此外，从 XRD 图中可以观察到，深冷前后的基体相晶面衍射峰的峰值都发生了明显变化。与原始的试样相比，经过 4h、10h 深冷处理后，α-Mg 相 $(10\bar{1}1)$、(0002) 晶面峰值明显降低，$(10\bar{1}0)$ 晶面峰值明显增大；经过 18h 深冷处理后，α-Mg 相 $(10\bar{1}0)$ 晶面峰值增加；经过 20h 深冷处理后，α-Mg 相（$10\bar{1}0$）与（$10\bar{1}1$）晶面峰值比未深冷处理前的晶面峰值增强较多。

当主强峰与次强峰的比值发生变化时，证明晶粒发生了转动[28]。因此经过深冷处理后 LZ91 合金的晶粒发生转动，且晶粒 c 轴取向朝着 α-Mg 相（$10\bar{1}0$）晶面发生偏转。晶粒转动是由于镁锂合金在深冷过程中受到激冷作用使晶体发生体积收缩，金属材料内部产生较大的内应力从而导致晶粒转动，这种现象可以弱化织构。

衍射峰的半高宽表示微观平均晶粒大小，衍射峰的峰强则表示晶粒结晶度的完整性[29]。表 7.2 统计了不同深冷时间下 LZ91 合金的两相重要衍射峰的半高宽值。由表可知，随着深冷时间的延长，LZ91 合金中，α-Mg 相与 β-Li 相半高宽逐渐增大，且深冷 20h 后 β-Li 相（110）的峰强最高。半高宽越大平均晶粒越小，因此证明深冷处理可以细化 β-Li 相中的晶粒。衍射峰峰强越大晶粒结晶度的完整性越好，因此 20h 深冷后 LZ91 合金的晶粒最细小。

表 7.2　不同深冷时间下 LZ91 合金 α-Mg 和 β-Li 的衍射峰的半高宽

深冷时间 /h	α-Mg			β-Li		
	α($10\bar{1}1$) /Rad	α($10\bar{1}1$) /Rad	α($10\bar{1}2$) /Rad	β(110) /Rad	β(211) /Rad	β(221) /Rad
0h	0.077	0.073	0.107	0.080	0.078	0.078
4h	0.113	0.117	0.121	0.116	0.090	0.118
10h	0.127	0.145	0.234	0.086	0.137	0.178
16h	0.111	0.114	0.131	0.105	0.087	0.115
20h	0.190	0.156	0.112	0.118	0.089	0.103

LAZ931 合金经过不同时间深冷处理后 XRD 图谱如图 7.7 所示。LAZ931 合金的第二相主要是 $MgLi_2Al$ 相，随着深冷时间的延长，合金内部产生内应力，导致不稳定的 $MgLi_2Al$ 相分解为 AlLi 相。由图 7.7(b) 可知，经过深冷处理后的 α-Mg 相主要衍射峰向右发生偏移，α-Mg 相晶格常数减小。随深冷处理时间的延长衍射峰的半高宽逐渐增大，峰强也逐渐增大，因此深冷处理可以细化 LAZ931 镁合金晶粒同时保证晶粒的完整度。

如图 7.7(a) 所示，与 LZ91 镁合金的 XRD 物相分析结果相比，经过不同时间深冷处理后的 LAZ931 镁锂合金出现了新的析出物衍射峰，且深冷处理同样改变了合金的衍射峰峰强与位置。LAZ931 合金在深冷处理后的最强衍射峰仍为 β-Li 相（$11\bar{2}0$）的晶面，但随着深冷时间的增加，β-Li 相（$11\bar{2}0$）衍射峰峰强逐渐

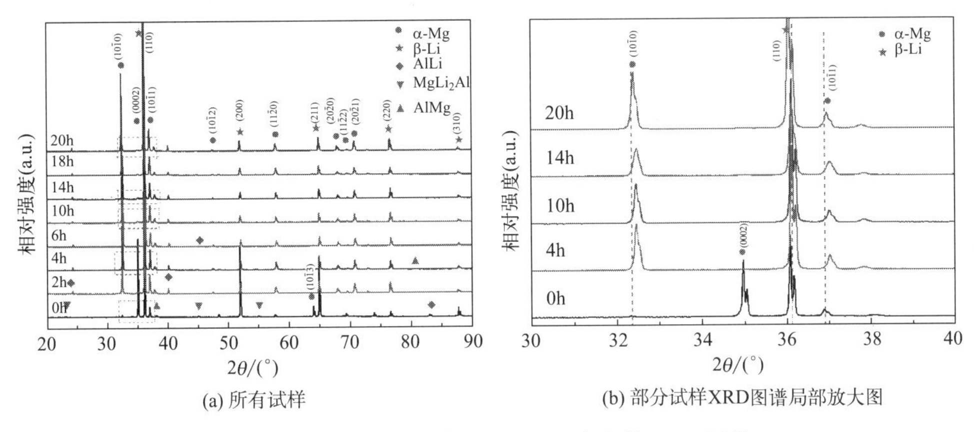

图 7.7 不同时间深冷下 LAZ931 合金的 XRD 图谱

增强，而β-Li 相（200）与（211）衍射峰峰强逐渐减弱，说明 LAZ931 双相镁锂合金经过深冷处理后向 β-Li 相晶粒也发生了偏转。

由图 7.3 可知，LZ91 合金中第二相主要沿两相相界面及 β-Li 相内的晶界处分布，在 α-Mg 相中几乎没有析出。根据两相界面错配度计算，可以推测两相的取向关系，进而为析出相的形核条件提供理论指导。由此本章计算了 Mg_2Zn_{11} 相与两个基体相的晶面错配度，结果如表 7.3 所示。

错配度计算公式如式(7.1) 所示。当合金中母相与第二相的错配度小于 12%时，那么该第二相优先在母相上形核[30]。

$$f_d = \left| \frac{d_2 - d_1}{d_2} \right| \times 100\% \tag{7.1}$$

式中，f_d 为错配度；d_1 为第二相化合物密排面的晶面间距；d_2 为合金中 α-Mg 相或 β-Li 相密排面的晶面间距。

表 7.3 LZ91 合金第二相与 α-Mg 和 β-Li 的错配度

晶面	$(10\bar{1}1)$Mg/ $(321)Mg_2Zn_{11}$	$(10\bar{1}0)$Mg/ $(400)Mg_2Zn_{11}$	(0002)Mg/ $(400)Mg_2Zn_{11}$	$(10\bar{1}1)$Mg/ (311)LiZn
错配度/%	5.9	25.5	38.5	22.7
晶面	(110)Li/ $(321)Mg_2Zn_{11}$	(211)Li/ $(400)Mg_2Zn_{11}$	(210)Li/ $(400)Mg_2Zn_{11}$	(220)Li/ (311)LiZn
错配度/%	7.9	9.7	9.8	7.5

由表 7.3 可以看出，Mg_2Zn_{11} 相与 β-Li 相晶面错配度大部分都小于 12%，而 Mg_2Zn_{11} 相只有（321）晶面与 α-Mg 相 $(10\bar{1}1)$ 晶面错配度为 5.9%，其他都

大于12%，这也是Mg_2Zn_{11}相优先在β-Li相形核并长大，而在α-Mg相中几乎不存在的原因之一。

通过对图7.2和图7.3分析发现，由于α-Mg是密排六方结构，β-Li是体心立方结构，密排六方结构比体心立方结构排列更加紧密，所以扩散能力远不如体心立方结构，因此在深冷处理的过程中，β-Li相相对收缩更快且更有利于第二相的析出。

通过对图7.4和图7.5分析发现，LAZ931合金的第二相主要分布在α-Mg中，随着深冷时间的延长，在β-Li相中有第二相析出。这是由于LAZ931合金中的$MgLi_2Al$第二相主要分布在α-Mg相中，经过深冷处理后，内应力促使部分$MgLi_2Al$相分解成AlLi相，LAZ931合金的析出物在α-Mg相与β-Li相均增加。

7.2.3 深冷处理对双相镁锂合金的力学性能的影响

LZ91合金与LAZ931合金经过深冷处理前后均具有相同的屈服特征：即较高的延伸率，屈服现象不明显。经过深冷处理后的LZ91合金具有更高的延伸率和屈服强度。如图7.8为三种条件下的LZ91合金应力-应变曲线图。合金的抗拉强度和屈服强度随着深冷时间的增加呈平稳增加。当深冷20h时，LZ91合金的拉伸性能增加。

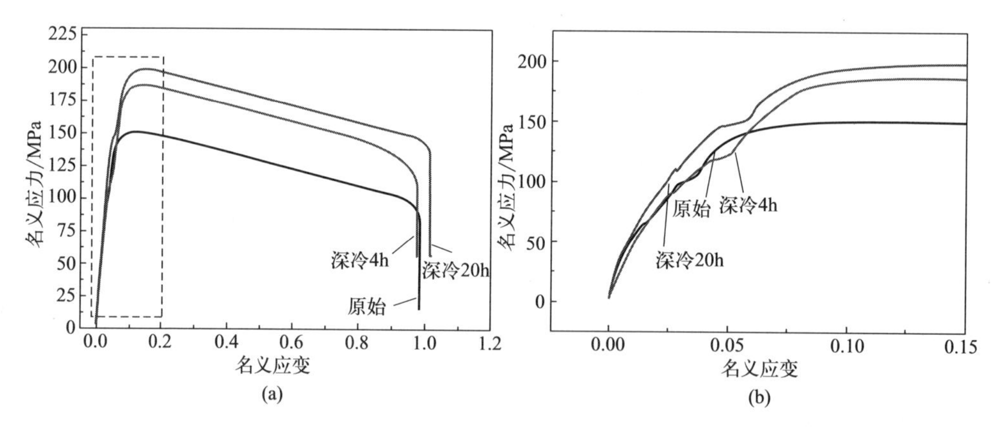

图7.8 不同深冷时间下LZ91合金的应力-应变曲线（a）及其图中局部放大图（b）

由图7.8(b)可知，深冷20h后LZ91合金的加工硬化率（θ）明显大于未深冷合金。根据加工硬化率理论可知，材料发生塑性变形程度越大，位错不断发生增值，位错密度增加，位错在运动中遇见无法越过的障碍物势垒从而发生位错堆积，同时位错之间的相互缠结也使位错运动困难，因此产生了加工硬化现象[31]。在宏观上表现为随着变形的进行，材料屈服强度呈直线上升趋势。

图 7.9 为经不同深冷时间处理后 LZ91 双相镁锂合金的力学性能结果。由图可知，未经深冷处理时，LZ91 合金的 σ_b 约为 151MPa，σ_s 约为 111MPa，δ 约为 84%，而经过 4h 深冷处理时，合金的 σ_b 增大到约为 187MPa，σ_s 增加到约为 125MPa，δ 增大到约为 103%。经过 20h 深冷处理后，σ_b、σ_s、δ 分别增加到 199MPa、156MPa、111%。随着深冷处理时间的延长，LZ91 合金的抗拉强度 σ_b、屈服强度 σ_s 和断裂伸长率 δ 均有所增加。材料塑性随着深冷处理时间的延长而提高，主要由于长时间的深冷处理，抑制了晶粒的长大，β-Li 相中的晶粒大小趋于均匀化，α-Mg 相与 β-Li 相两相均匀分布，因此细晶组织提高了 LZ91 合金的塑性，但又不降低合金的强度。

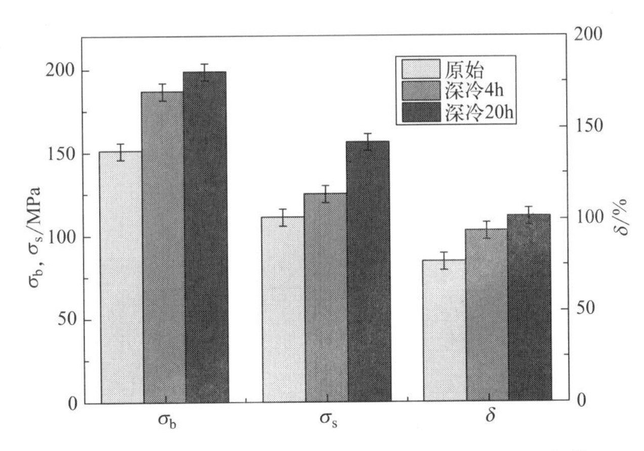

图 7.9　不同深冷时间下 LZ91 合金板材的力学性能

图 7.10 为经不同深冷时间处理后 LAZ931 合金拉伸应力-应变曲线图。从图中发现随着深冷时间的延长，合金强度增加的同时塑性下降，同时伴随着加工硬化率的增加。由图 7.11 可知，随着深冷处理时间的延长，LAZ931 合金的延伸率 δ 有所降低，但其抗拉强度 σ_b、屈服强度 σ_s 均有所增加。室温下 LAZ931 合金的 σ_b、σ_s 分别为 187MPa、90MPa。经过深冷处理后 LAZ931 合金的 σ_b、σ_s 分别增加了 28MPa、42MPa。

深冷处理使 LZ91 合金与 LAZ931 合金的强度都得到改善，但 LAZ931 合金的塑性有所降低，由于 Al 元素的加入，随深冷时间增加，LAZ931 合金中硬而脆的 AlLi 第二相越来越多，因而 LAZ931 合金随深冷时间的延长塑性下降。

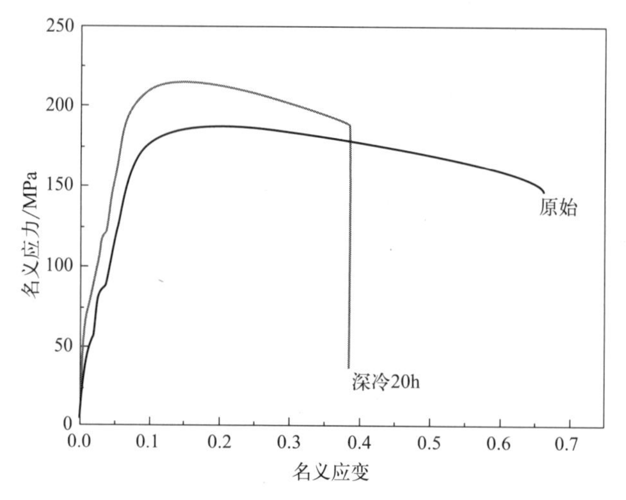

图 7.10　不同深冷时间下 LAZ931 合金的名义应力-应变曲线

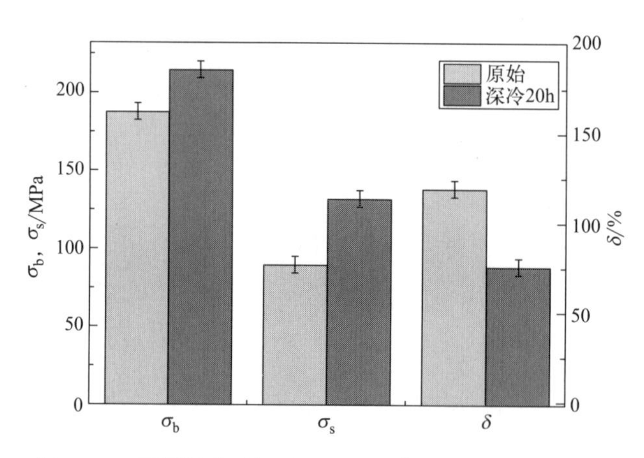

图 7.11　不同深冷时间下 LAZ931 合金板材的力学性能

不同深冷处理时间下 LZ91 合金和 LAZ931 合金的维氏硬度变化情况分别如图 7.12、图 7.13 所示。合金的变化曲线为 $HV=vt^k$，其中 v 为常数，t 为深冷时间变量。

LZ91 合金的硬度变化曲线为 $HV=46.3t^{0.0348}$。从图 7.12 可知，硬度值都分布在曲线附近，硬度值随着深冷时间的延长而逐渐增大，硬度的变化趋势基本与方程一致。LAZ931 合金的硬度变化曲线为 $HV=60.4t^{0.01431}$。从图 7.13 可以看出，深冷处理能够使 LAZ931 合金的硬度有所提升。

不同深冷处理时间下 LZ91 合金的拉伸断口形貌如图 7.14 所示。从图中可以看出未经深冷处理的合金断口处存在少量的解离台阶及大量较浅韧窝，明显为韧性断裂形貌。经过深冷处理后，合金断口处的韧窝明显增多，且韧窝较深，沿着某一方向形成撕裂韧窝，长时间深冷处理，晶粒长大受到抑制，深冷处理使晶粒细化且均匀分布，第二相细小均匀分布，这与深冷处理后材料伸长率增加相符。

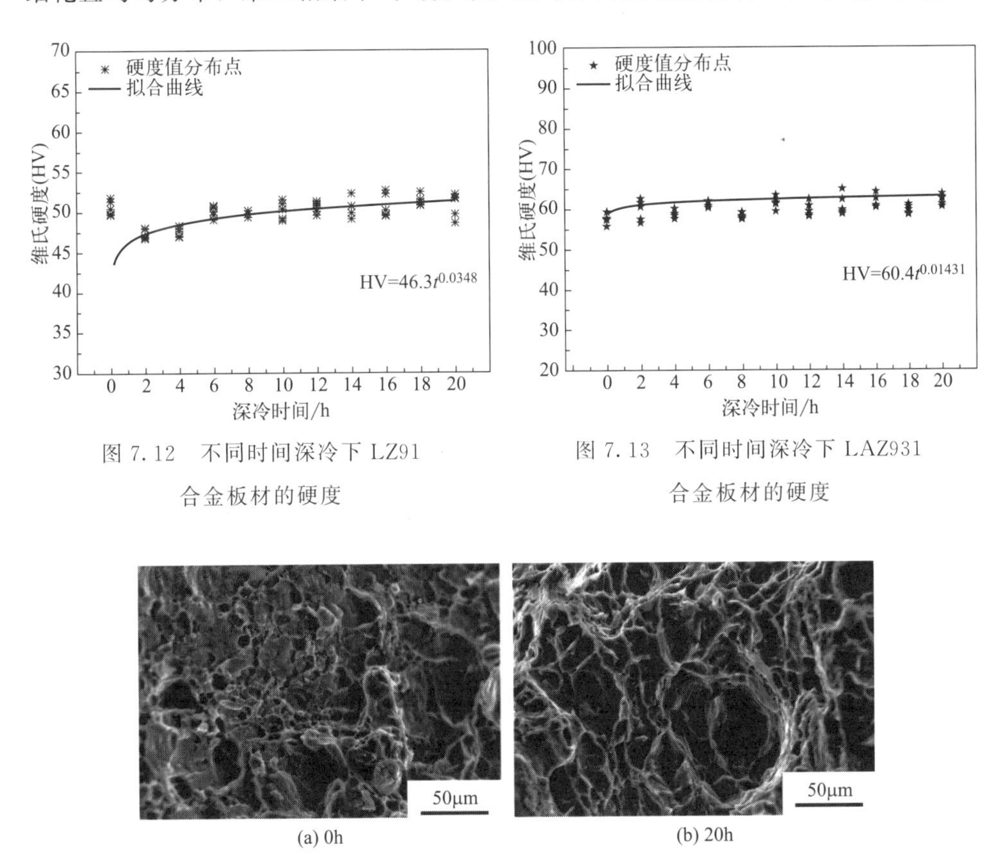

图 7.12 不同时间深冷下 LZ91 合金板材的硬度

图 7.13 不同时间深冷下 LAZ931 合金板材的硬度

(a) 0h　(b) 20h

图 7.14 不同深冷时间下 LZ91 合金的断口形貌

LAZ931 合金不同深冷时间下的拉伸断口形貌如图 7.15 所示。深冷处理前

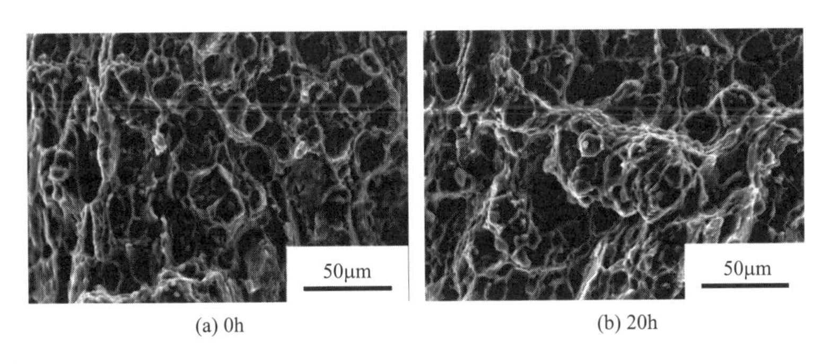

(a) 0h　(b) 20h

图 7.15 不同深冷时间下 LAZ931 合金的断口形貌

合金的断口存在大量较浅的韧窝，且撕裂棱光滑，合金主要为脆性和塑形断裂的混合模式。经过深冷处理后，韧窝和撕裂棱减少且沿着一定方向交差汇集，在韧窝底部发现第二相的存在，脆性相的析出使合金发生了解理和韧性混合断裂。

7.3 Mg-9Li-1Zn 合金的深冷轧制变形行为

由于合金在深冷轧制的过程中温度较低，极大程度地限制了内部位错的运动，使合金在轧制变形的过程中，内部累积了更多的位错密度和变形能，因此较普通轧制试样而言，由于变形温度极低，可以获得不同于常规轧制所得的力学性能与微观组织[30]。LZ91 双相镁锂合金分别进行室温轧制、深冷处理 4h 和深冷处理 20h 后进行轧制，每道次压下量为 8%，共进行 4 道次轧制实验。对比分析不同深冷轧制工艺对 LZ91 双相镁锂合金板材的微观组织和力学性能的影响。

7.3.1 深冷轧制对 LZ91 双相镁锂合金显微组织演变的影响

图 7.16 为室温轧制不同变形量下 LZ91 双相镁锂合金的显微组织图。由图可以看出，LZ91 合金的组织分为白色 α-Mg 相和深灰色 β-Li 相两部分，在初始状态［图 7.16(a)］LZ91 合金中，α-Mg 相呈粗纤维状分布在 β-Li 相中，α-Mg 相尺寸较大。经过轧制后，α-Mg 相的方向性更加明显。随着变形量的增加，这种被拉长的组织更加明显。当轧制变形量达到 32%［图 7.16(e)］时，α-Mg 相呈细纤维状分布且几乎不存在椭圆状的 α-Mg 相。由图仔细观察组织可以发现，在变形量为 16%［图 7.16(c)］和 24%［图 7.16(d)］时，合金中两相分布不均匀。微观组织取样为板材厚度的 1/2 处，板材上部和下部的 α-Mg 相比中间区域的 α-Mg 相更细小，而且这种 α-Mg 相不均匀的情况在变形量为 24%合金中进一步加剧，但在变形量为 32%［图 7.16(e)］时，合金中组织不均匀的现象消失。轧制初始阶段板材较厚，因此表层金属变形量大，中心部位变形量小；在变形后期，板材整体厚度变小，摩擦力对中心层金属和表层金属影响的差异减小，因此组织不均匀的情况随即消失。

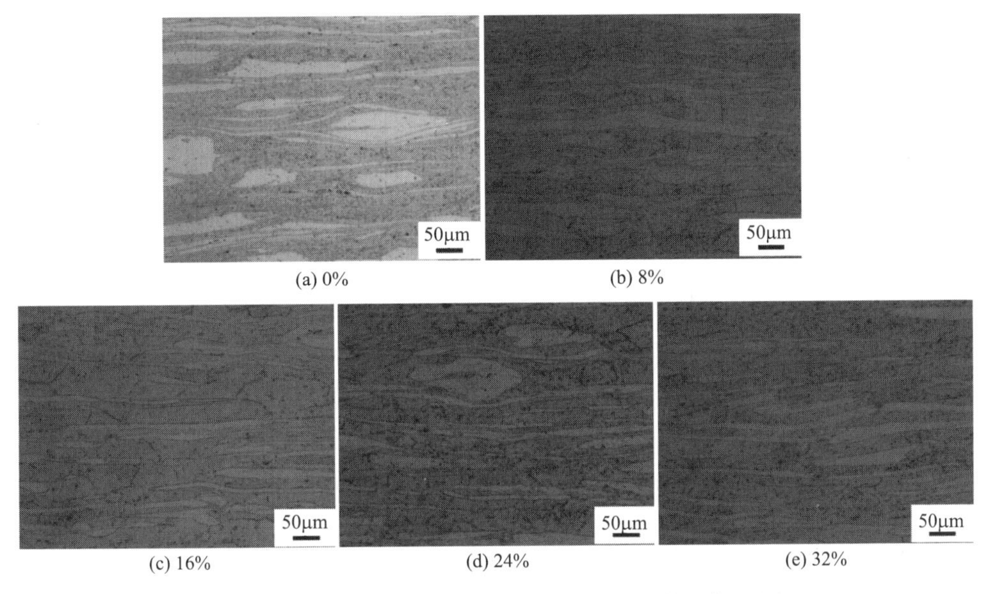

(a) 0%　(b) 8%　(c) 16%　(d) 24%　(e) 32%

图 7.16　LZ91 合金室温处理不同变形量下轧制的微观组织

经过深冷处理 4h 不同变形量轧制后微观组织如图 7.17 所示。轧制变形率分别为 0%、8%、16%、24%、32%，当变形率为 8%与 16%时，深冷轧制使得镁锂合金板材中 α-Mg 相沿 RD（轧制方向）被拉长。初始晶粒被压缩，β-Li 相晶粒沿着轧制方向（RD）拉长，法向（ND）“厚度”（α-Mg 相宽度）减小，呈椭

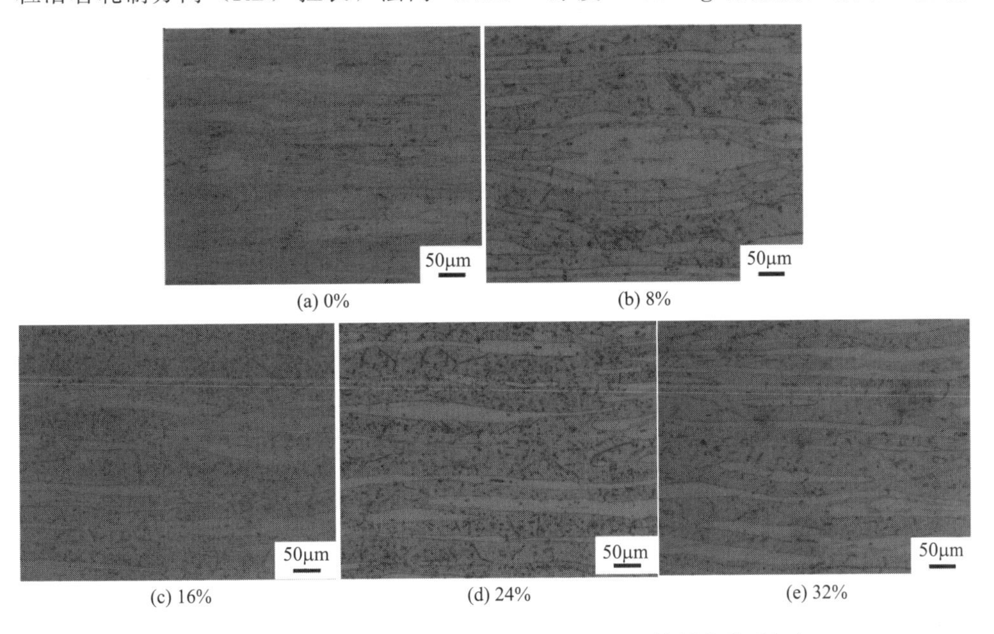

(a) 0%　(b) 8%　(c) 16%　(d) 24%　(e) 32%

图 7.17　LZ91 合金深冷处理 4h 不同变形量下轧制的微观组织

圆状，α-Mg 相尺寸分布不均匀。随着压下量的不断增加，α-Mg 相逐渐发生了变形，沿轧制方向伸长，呈细纤维状。当压下量为 24%时［如图 7.17(d)］细纤维状 α-Mg 相被轧制成椭圆形，α-Mg 相有细化趋势。轧制压下量越大，α-Mg 相被轧制拉断的越多，晶粒越细小。同时深冷 4h 轧制后的微观组织伴有少量孪晶的存在。

LZ91 合金深冷处理 20h 经不同压下量轧制后微观组织及 SEM 图如图 7.18 和图 7.19 所示，α-Mg 相与室温轧制态具有相同的变化趋势，随着变形量的增加，α-Mg 相仍为长条状，没有呈现断开的现象。随着深冷轧制压下量的增加，β-Li 相中析出物越来越细小，且沿着轧制方向均匀地分布在 β-Li 相中，如图 7.19 所示。

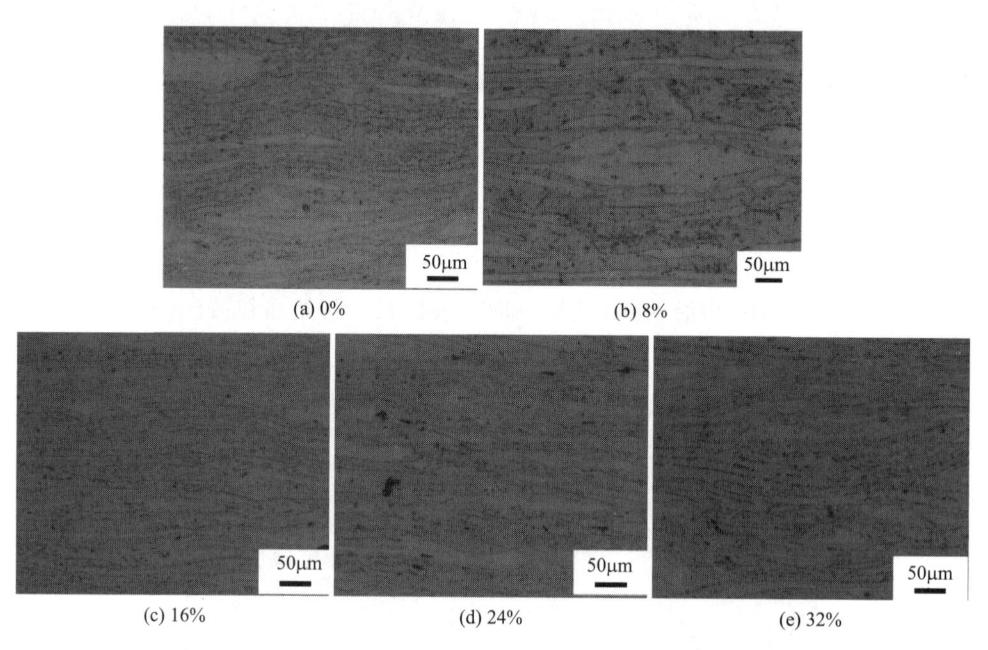

(a) 0%　(b) 8%　(c) 16%　(d) 24%　(e) 32%

图 7.18　LZ91 合金深冷处理 20h 不同变形量下轧制的微观组织

根据 Von-Mises 准则[32]，金属材料发生塑性变形时要保证晶粒的连续性，至少要同时开动五个独立的滑移系，才能较好地完成协同变形。LZ91 合金由密排六方的 α-Mg 相和体心立方的 β-Li 相双相组成，且密排六方的 α-Mg 相晶体对称性低、滑移系少，较低温度下孪生可能在轧制变形的过程中发挥了重要作用。

镁合金通常有 3 个滑移系，分别是基面、柱面和锥面滑移，临界剪切应力（CRSS）的大小决定了这三种滑移系是否能启动，温度主要影响 CRSS 值的大

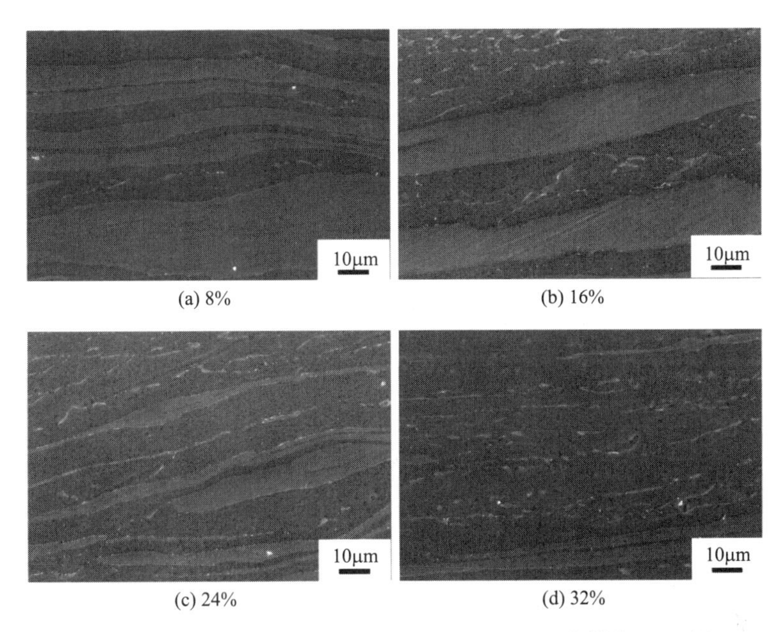

(a) 8%　(b) 16%　(c) 24%　(d) 32%

图 7.19　LZ91 合金深冷处理 20h 不同变形量下轧制的 SEM 图

小[33]。温度越低基面滑移启动时所需要的临界剪切应力越大，室温时所需的临界剪切应力越小。常温下能够启动柱面滑移和锥面滑移所需 CRSS 值大约为基面滑移的一百倍，温度越低需要的 CRSS 值越大。LZ91 合金中 α-Mg 相为 HCP 晶格结构，层错能较低，且在常温下参与变形的仅有基面滑移，位错的运动才是滑移的本质，合金相边界比相内的能量要高，因此位错运动在相界处受阻产生了应力集中，滑移启动所需要的 CRSS 远高于孪生，轧制过程中孪生变形为应力激活机制，因此孪晶很容易在此处形核。孪晶形核后，快速地沿着有利于晶体扩展的方向发生移动，同时加速协调塑性变形的发生，使 LZ91 合金产生良好塑性。

从图 7.16～图 7.18 中可以看出，随着深冷时间的延长，板材的微观组织发生了明显的变化，室温轧制时随着压下量增大，α-Mg 相呈纤维状被拉长并分布于 β-Li 基体上；深冷处理 4h 后经不同压下量轧制时，α-Mg 相发生变形，呈现短小纤维状，与 β-Li 相分布更加均匀；深冷处理 20h 后经不同压下量轧制时，与室温轧制的组织形貌特征相似。在所有轧制样品中，晶粒沿轧制方向被拉长。随着压下量的增加，晶粒发生破碎。深冷处理 20h 轧制变形导致了晶粒难以长大和高密度位错的积累，使 α-Mg 相在深冷轧制过程中没有出现晶粒破碎的现象。说明不同深冷处理时间对深冷轧制 LZ91 合金的微观组织有着非常重要的影响。

为了研究在深冷轧制过程中 LZ91 合金中物相演变规律，对室温轧制及深冷

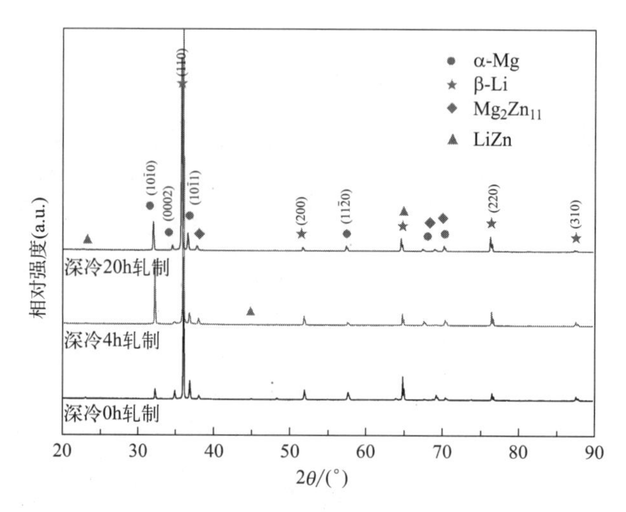

图 7.20　不同深冷时间轧制下的 LZ91 合金的 XRD 图

轧制的镁锂合金进行了 XRD 物相分析，结果如图 7.20 所示。从图中可以看出，室温轧制和深冷轧制合金均由 α-Mg 相、β-Li 相及 LiZn、Mg_2Zn_{11} 化合物组成，在深冷轧制变形中没有发现新相的产生。此外，经过不同深冷时间轧制变形后 α-Mg 相（10$\bar{1}$0）和 β-Li 相（110）晶面与室温轧制相比，其衍射峰的强度明显增强。说明深冷轧制后，LZ91 合金的晶粒发生了转动。

7.3.2　深冷轧制对 LZ91 双相镁锂合金力学性能的影响

LZ91 双相镁锂合金深冷轧制板材的工程应力-应变曲线如图 7.21 所示。从图中可以看出，随着深冷时间的增加，LZ91 合金深冷轧制板材的屈服强度和抗拉强度呈现先增大后减小的趋势，延伸率随着深冷时间的延长不断降低，但深冷 20h 后延伸率降低缓慢，在轧制 2 道次和 3 道次时延伸率略有提高。拉伸数据结果统计如图 7.22 和表 7.4 所示。合金的强度随轧制道次的升高而增加，与室温相比，相同轧制道次下深冷轧制样品的强度明显提升，而延伸率较室温轧制降低。深冷处理 4h 经 4 道次轧制后的抗拉强度比 4 道次室温轧制提高了 42MPa，屈服强度增加了 36MPa。深冷处理 20h 经 4 道次轧制与 4 道次室温轧制相比，抗拉强度提升了 20MPa；屈服强度增加了 50MPa。从图 7.22 可以观察出，LZ91 双相镁锂合金板材的抗拉强度和屈服强度随深冷时间的增长和轧制道次的增加呈现明显增加趋势，且相同轧制道次下，深冷处理 4h 后的抗拉强度高于深冷处理 20h 后抗拉强度，而合金的屈服强度呈相反趋势。

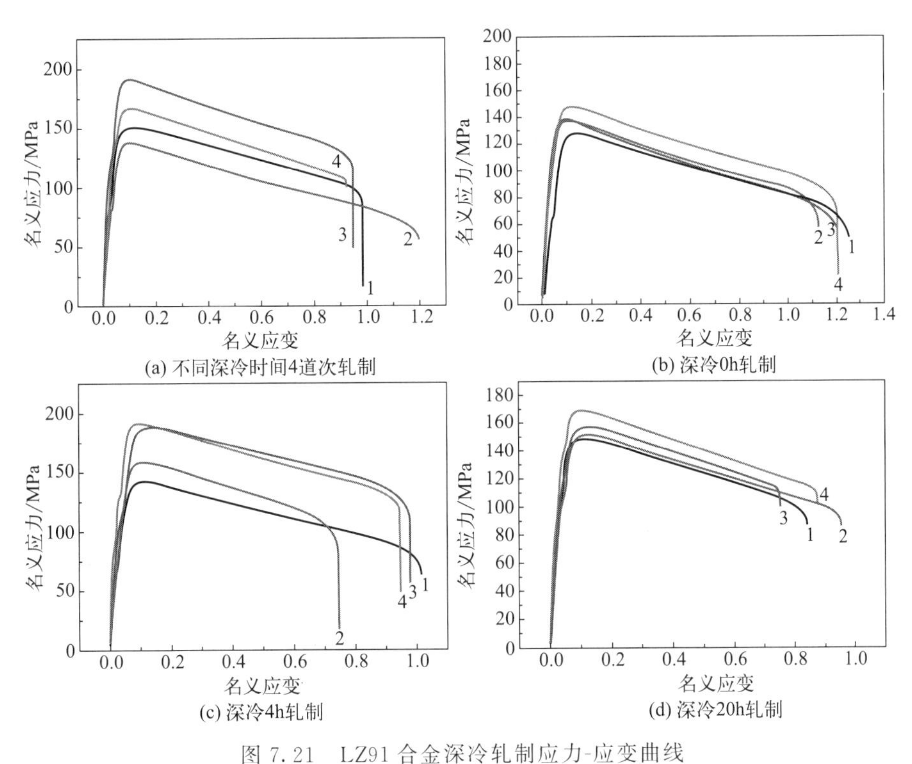

图 7.21 LZ91 合金深冷轧制应力-应变曲线

1—原始；2—深冷 0h+4 道次；3—深冷 4h+4 道次；4—深冷 20h+4 道次

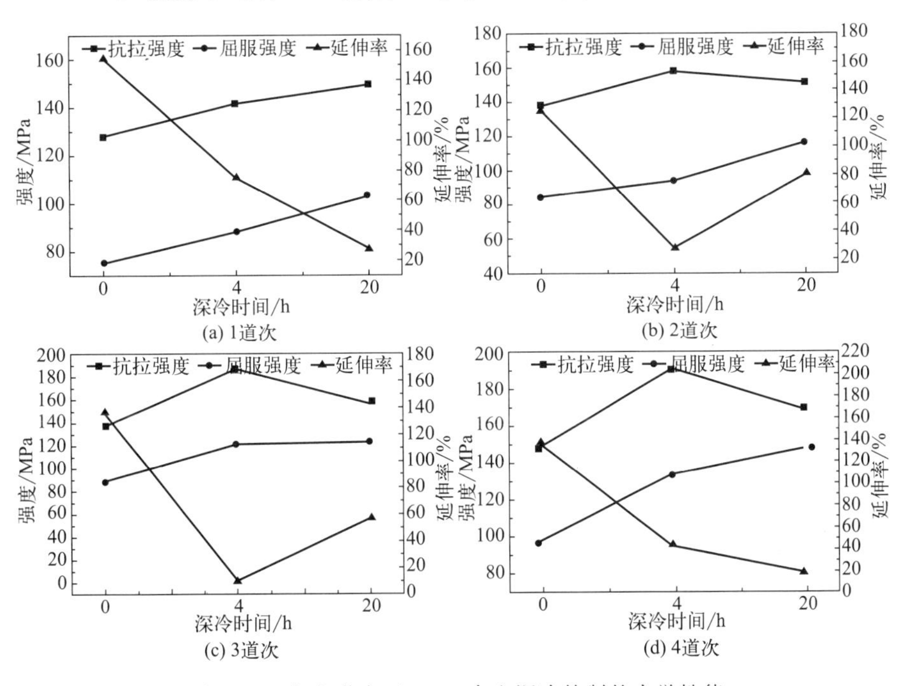

图 7.22 各个道次下 LZ91 合金深冷轧制的力学性能

表 7.4　不同深冷时间下 LZ91 合金的 4 道次轧制力学性能

轧制工艺	抗拉强度/MPa	屈服强度/MPa	延伸率/%
室温轧制 4 道次	149	99	151
深冷 4h 轧制 4 道次	192	135	96
深冷 20h 轧制 4 道次	169	149	81

材料在深冷条件下，原子间的距离减小，热振动程度和扩散能力不断下降，同时材料的晶格弹性畸变能增大，晶体点阵畸变增加了位错运动的阻力，因此位错需要更大的能量跨过势垒，进而促进合金的强化。另外，深冷条件下产生激冷作用使双相镁锂合金的内部产生较大内应力和形变能，引起材料内部较大的应力集中，导致深冷条件下位错运动受阻，进而提高了双相镁锂合金的拉伸强度。

经过深冷处理后，LZ91 深冷轧制双相镁锂合金板材屈服强度升高。常温下镁合金内的位错激活需要 100J/mol 的激活能，在液氮温度下位错激活能小于 100J/mol[34]，因此经过长时间深冷处理后轧制的镁锂合金更易产生位错塞积等。屈服强度的增强主要是由长程位错（孪晶或者晶界起到阻碍作用）和短程位错（林位错）发生交互作用而引起。

因此可以用位错在运动的过程中受到的短程阻力 σ_{th} 与长程阻力 σ_i 之和来表示合金材料的屈服应力值 $\sigma_{(T)}$ 的大小，如式(7.2) 所示：

$$\sigma_{(T)}=\sigma_{th}+\sigma_i \tag{7.2}$$

在室温轧制条件下，短程阻力 σ_{th} 对温度具有较强的感知能力，室温下会加剧原子的热激活能，导致短程阻力快速减弱甚至消失，因此通常位错在较高温度下发生的攀移或滑移是长程阻力 σ_i 的主要阻力，在较高温度下的热力学条件，原子具有大的热振动能量，较大的热激活能促使位错滑移从最初的平衡位置迁移到相邻的平衡位置，长程阻力 σ_i 仅需要较小的外力就足以被克服，温度的变化对长程阻力 σ_i 的影响比较小。当合金处于深冷状态下，低温降低了原子热振动能力，削弱了长程位错的作用，但是在低温下短程阻力 σ_{th} 却得到了增大，短程位错成为深冷轧制试样位错运动的主要障碍，短程交互作用的障碍物（如林位错）阻挡了可移动位错，使之难以运动，但在热力学点阵激活能与晶体内应力的作用下，短程阻力能够被克服，从而使位错恢复运动。在深冷条件下晶格的热振动能减小，位错移动跨越势垒需要更大的外力，使位错难以移动，因此只有在较大的外力作用下位错才能实现在平衡的位置上滑移。宏观上表现为经过长时间深冷后轧制合金的屈服强度值 $\sigma_{(T)}$ 值越来越大。

变形率为0%、8%、16%、24%和32%的不同深冷时间轧制试样的显微硬度分布如图7.23所示，在变形率为8%的合金试样中，未深冷处理的镁锂合金轧制试样硬度值为53HV，而深冷4h轧制样品硬度值为47HV；在变形率为16%、24%、32%的样品中，未深冷轧制试样硬度值均高于深冷4h后轧制试样。经过深冷20h后轧制的试样硬度均高于未深冷轧制硬度。在不同深冷时间轧制的过程中，试样组织都发生了不同程度的细化，合金板材在轧制变形的过程中产生了加工硬化，存储了高密度位错，提高了材料的硬度。随着压下量的增加，深冷0h与深冷20h后轧制均增加了材料的平均硬度。除去变形率为32%的样品外，变形率为8%、16%的平均硬度相似。变形率为8%时，深冷20h轧制和深冷0h轧制样品的显微硬度分别为51HV和50HV。轧制变形量为32%，深冷0h轧制和深冷20h轧制样品的显微硬度分别为55HV和53HV，显然深冷20h轧制试样的硬度高于深冷0h轧制。

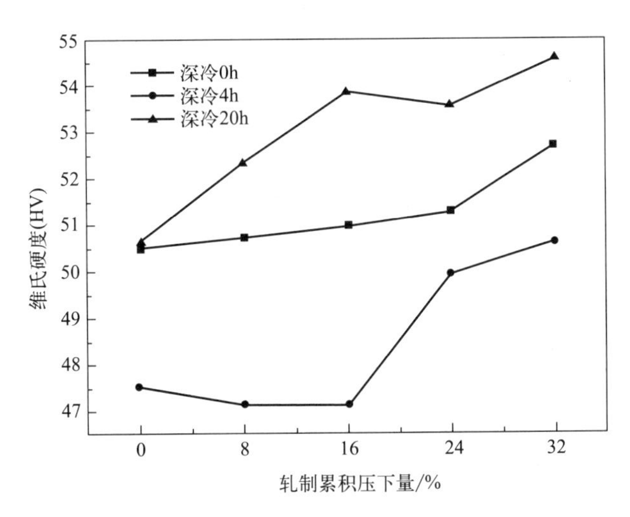

图7.23　LZ91合金深冷轧制板材硬度

室温轧制4道次、深冷4h轧制4道次、深冷20h轧制4道次LZ91合金拉伸断口微观形貌如图7.24所示。从图7.24(a)中可以看到没有经过深冷处理的轧制样品断口组织中存在等轴韧窝，且韧窝的直径较小且深。在宏观上观察拉伸轴线与拉伸断口面大约呈45°的杯锥形状，表面呈现锯齿状，断口处具有明显的塑性断裂特征，因此LZ91合金常温轧制断口形貌属于韧性断裂。在经过深冷4h与深冷20h后四道次轧制的拉伸断口组织中，仍存在大量的韧窝，且少量的解理平面出现，解理面之间通过扩展的撕裂棱相互连接。LZ91 合金深冷轧制板材以韧性断裂为辅。

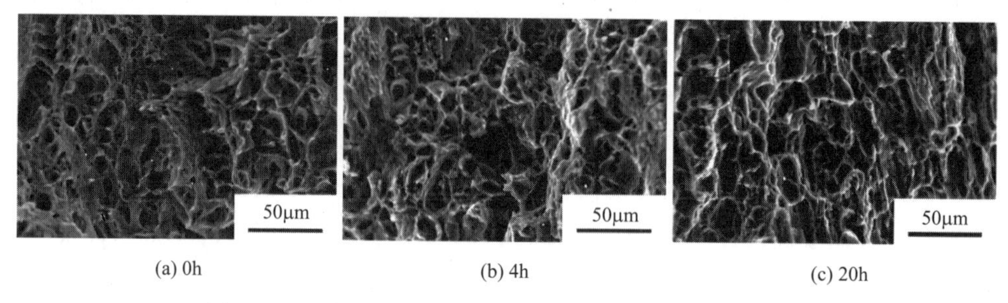

(a) 0h (b) 4h (c) 20h

图 7.24 不同深冷时间下 LZ91 合金轧制 4 道次断口形貌

7.4 Mg-9Li-3Al-1Zn 合金的深冷轧制变形行为

7.4.1 深冷轧制对 LAZ931 双相镁锂合金显微组织演变的影响

图 7.25 为 LAZ931 合金的累积压下量为 0%、8%、16%、24%及 32%的轧制态微观组织。压下量为 8%时，合金中的 α-Mg 相及晶粒都比较粗大，由图 7.25(a) 所示。当变形量为 16%和 24%时，α-Mg 相明显被拉长呈细纤维状，均匀地分布在 β-Li 相间，由图 7.25(c)、(d) 所示。整个轧制过程第二相均匀地分布在 α-Mg 相与 β-Li 相中。

图 7.26 为 LAZ931 合金深冷处理 4h 后累积压下量为 8%、16%、24%及 32%的轧制态微观组织。与室温轧制相比，深冷轧制态合金的组织有明显变化，随着轧制变形量的增加，合金中 α-Mg 相由沿轧制方向呈现长条状分布更加明显。组织中还存在着细小第二相分布于两相界面处，对这些第二相进行能谱分析，如图 7.27 所示。根据能谱分析结果得知，这些第二相为含有 Al 元素的第二相。当压下量为 24%与 32%时，α-Mg 相呈边缘不规则的纤维状且占比增多，析出物含量增多，如图 7.26(c)、(d) 及表 7.5 所示。

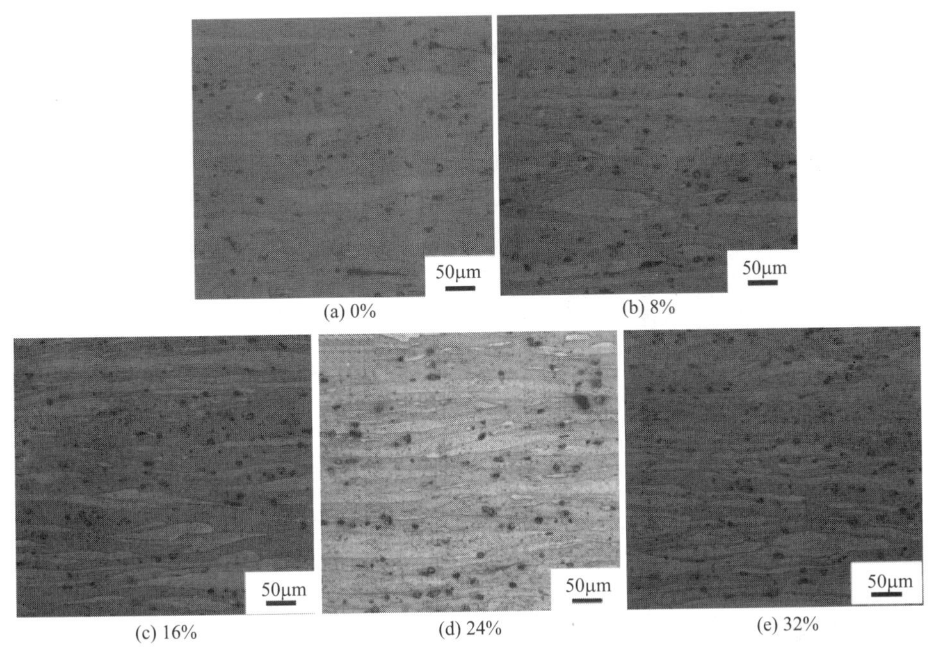

(a) 0%　(b) 8%

(c) 16%　(d) 24%　(e) 32%

图 7.25　LAZ931 合金室温处理不同变形量下轧制的微观组织

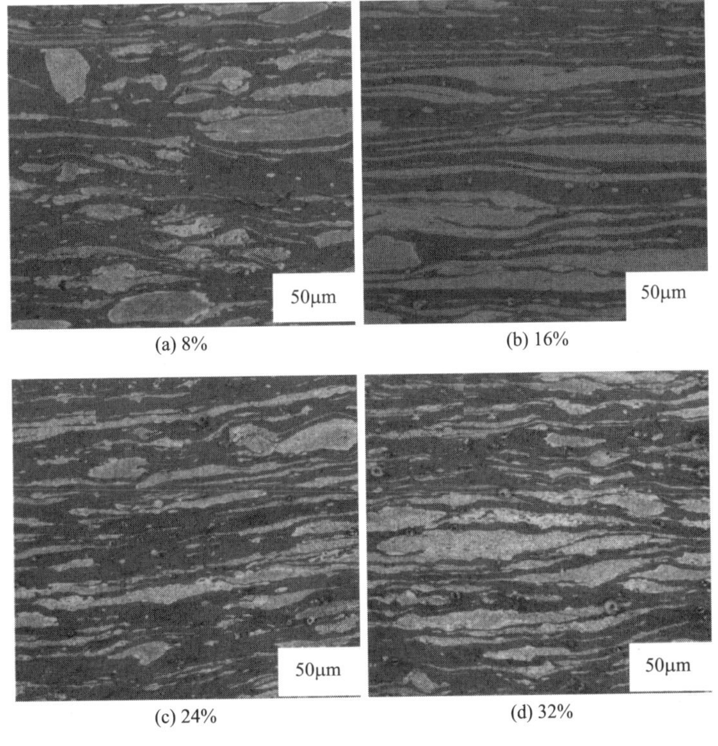

(a) 8%　(b) 16%

(c) 24%　(d) 32%

图 7.26　LAZ931 合金深冷处理 4h 不同变形量下轧制的微观组织

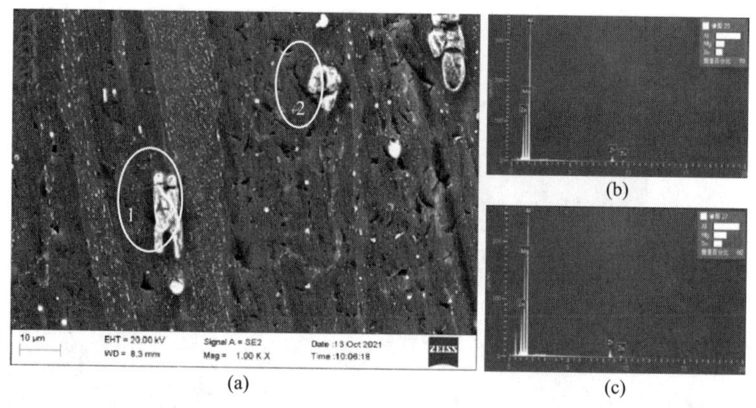

图 7.27 LAZ931 合金深冷轧制板材微观组织及能谱图

(a) 微观形貌；(b) 1 号位置能谱；(c) 2 号位置能谱

表 7.5 LAZ931 合金深冷轧制后 α-Mg 相的占比

轧制工艺	1 道次/%	2 道次/%	3 道次/%	4 道次/%
深冷 4h 轧制	32	34	35	36
深冷 20h 轧制	25	26	31	30

图 7.28 为 LAZ931 合金深冷处理 20h 后累积压下量为 8%、16%、24%及 32%的轧制态微观组织。压下量为 8%时，α-Mg 相为粗大的纤维状，第二相含量较少，如图 7.28(a) 所示。压下量为 16%时，α-Mg 相细小且均匀，第二相含量增多，如图 7.28(b) 所示。压下量为 24%时，α-Mg 相沿轧制方向呈现拉长的状态且 α-Mg 相的含量增加，如图 7.28(c) 所示。压下量为 32%时，α-Mg 相与 β-Li 相相界模糊，同时有更多的第二相析出，如图 7.28(d) 所示。相同压下量下，相比深冷 4h 轧制，深冷 20h 轧制后各个道次的 α-Mg 相明显更加纤长。

对不同深冷轧制工艺下制备的 LAZ931 合金进行了物相分析，结果如图 7.29 所示。LAZ931 合金中除 α-Mg 相和 β-Li 相外，还存在 $MgLi_2Al$、AlLi 及 AlMg 第二相。这些第二相的形态丰富（颗粒状、棒状、针状），其与基体的位向关系较为复杂，对合金在塑性变形过程中的孪生和位错滑移具有关键性的影响。研究发现，与基面大块第二相相比，柱面析出的球状及棒状第二相对位错滑移有更好的阻碍作用。此外，析出相对孪生的形成也有重要的影响。经过时效的 Mg-9Al 和 Mg-5Zn 镁合金的沉淀粒子会抑制孪晶的产生[35]。有研究发现，Mg-5Zn 合金中的棒状第二相能够抑制孪晶生长，但会促进孪晶形核，合金中存在的大量 $Mg_{17}Al_{12}$ 相降低了孪生的体积分数[36]。

从图 7.29 中对比不同深冷轧制工艺下制备的 LAZ931 合金的物相变化。深

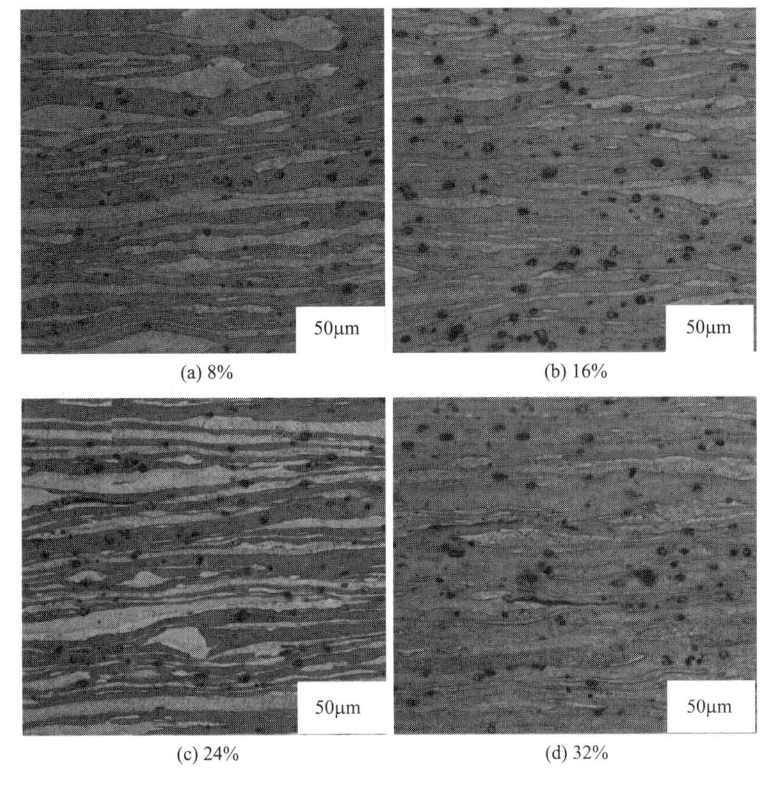

(a) 8%　(b) 16%

(c) 24%　(d) 32%

图 7.28　LAZ931 合金深冷处理 20h 后不同变形量下轧制的微观组织

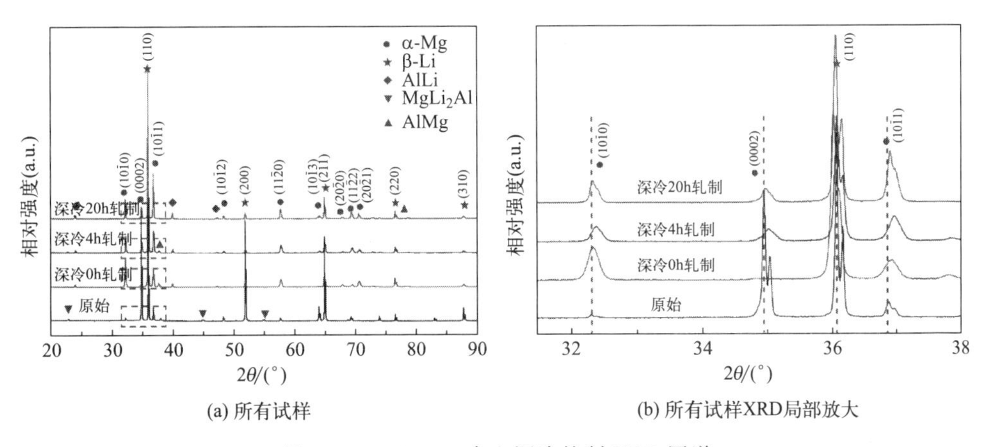

(a) 所有试样　(b) 所有试样XRD局部放大

图 7.29　LAZ931 合金深冷轧制 XRD 图谱

冷 4h 轧制后合金中β-Li 相的（110）、（200）、（211）的衍射峰峰强较未深冷轧制的峰强大幅度降低，α-Mg 相（10$\bar{1}$1）峰强略微增大。当经过深冷 20h 轧制后 β-Li 相（110）及 α-Mg 相的（10$\bar{1}$0）、（10$\bar{1}$1）的峰强都增大，证明晶粒发生了转动。由图 7.29（b）可以明显看出随着深冷时间的延长，深冷轧制后 α-Mg 相的衍射峰向右偏移，根据显微组织分析，第二相 AlLi 相在深冷轧制过程中析出导致 LAZ931 合金中 β-Li 相晶格常数减小，发生衍射峰向高角度偏移。

经过深冷 20h 轧制后，$MgLi_2Al$ 完全转化成 AlLi 相。经过室温轧制及深冷轧制试样的衍射峰的半高宽略微增加，说明经过深冷轧制后晶粒得到了细化，这与微观组织相符。同时深冷轧制的试样在深冷过程中体积收缩，位错密度增加，形成了大量第二相，这也是深冷轧制后衍射峰偏移、半高峰增加的原因。

7.4.2 深冷轧制对 LAZ931 双相镁锂合金力学性能的影响

将室温轧制、深冷 4h 轧制及深冷 20h 轧制的各个道次样品进行单轴拉伸实验，得到 LAZ931 合金不同轧制状态下的拉伸曲线及相关力学性能数据，如图 7.30 及表 7.6 所示。随着轧制变形量的增加，材料的强度也随之增加，延伸率

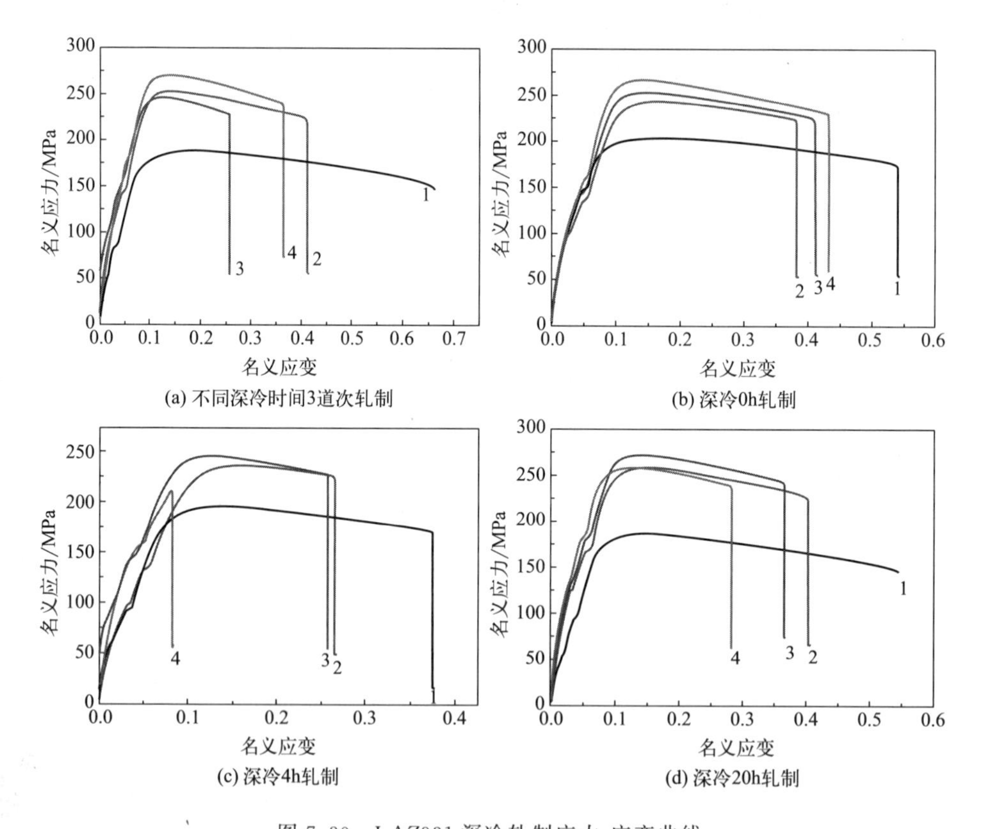

图 7.30 LAZ931 深冷轧制应力-应变曲线

1—原始；2—深冷 0h+3 道次轧制；3—深冷 4h+3 道次轧制；4—深冷 20h+3 道次轧制

呈相反趋势，在深冷4h轧制4道次时，材料出现了边裂导致材料在拉伸过程中快速断裂。经过深冷轧制后，材料在轧制3道次时，合金的综合力学性能最佳。

不同深冷轧制工艺下的LAZ931合金的力学性能数据如表7.6所示。LAZ931合金的抗拉强度和屈服强度随着轧制累积压下量的增加而增大。在相同累积压下量下，经过深冷4h轧制的LAZ931合金的力学性能低于未深冷轧制合金的力学性能。深冷4h轧制的LAZ931合金的抗拉强度在轧制1道次（压下量为8%）时降低7MPa，轧制4道次（压下量为32%）降低55MPa；屈服强度1道次轧制降低50MPa，在压下量为16%、24%、32%的屈服强度降低小于8MPa，因此证明LAZ931经短时间的深冷处理后轧制不能提高LAZ931合金的力学性能。但经过20h深冷处理后，相同轧制压下量的条件下，累积压下量为24%时，材料的抗拉强度增加了约为17MPa，屈服强度增加了31MPa。因此经过长时间的深冷处理后LAZ931合金轧制后的强度增加。

表7.6 不同深冷时间下LAZ931合金深冷轧制力学性能

LAZ931的状态	抗拉强度/MPa	屈服强度/MPa	延伸率/%
原始态	187	91	138
室温轧制1道次	203	151	113
室温轧制2道次	243	149	80
室温轧制3道次	252	159	86
室温轧制4道次	266	169	90
深冷4h+1道次轧制	195	101	79
深冷4h+2道次轧制	236	141	56
深冷4h+3道次轧制	246	156	52
深冷4h+4道次轧制	211	165	17
深冷20h+1道次轧制	185	101	113
深冷20h+2道次轧制	257	175	84
深冷20h+3道次轧制	270	191	76
深冷20h+4道次轧制	257	188	59

随深冷时间的延长和轧制压下量的增大，LAZ931合金内部会产生大量的位错增殖、缠结，位错堆积。在深冷状态下，合金内部自由能也随之改变，导致合金内部相平衡被破坏，所以基体中第二相的强化作用得到提高，位错与LAZ931合金交互作用增强，合金中一系列的位错运动如滑移、攀移也会受到影响，因此

LAZ931 合金在深冷处理 20h 轧制过程中强度得以提高。

LAZ931 合金累积压下量为 0%、8%、16%、24%、32%的未深冷轧制、深冷 4h 轧制及深冷 20h 轧制后的维氏硬度如图 7.31。由图可知，随着轧制压下量的增加，合金硬度逐渐增加。在压下量为 32%时，3 种深冷时间处理后的轧制合金硬度的最大值分别约为 65HV、67HV 及 65HV。因此深冷 20h 提高了合金的硬度，合金硬度的增加主要是由第二相 AlLi 相（脆硬相）的析出及 α-Mg 相占比的增加所引起。

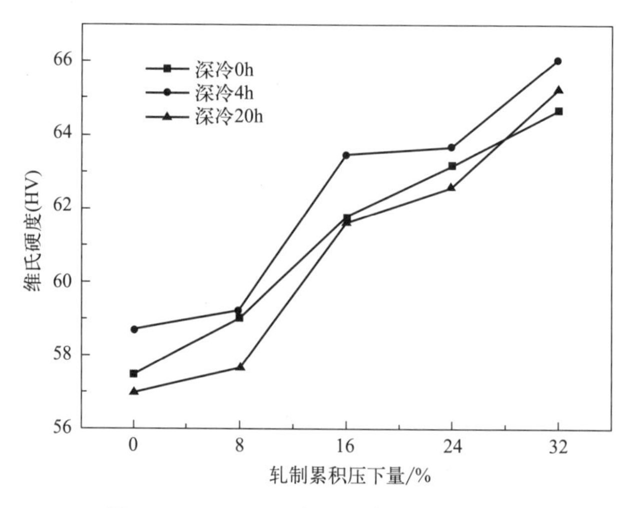

图 7.31　LAZ931 合金深冷轧制板材硬度

不同深冷时间下 LAZ931 合金轧制 3 道次断口形貌如图 7.32 所示。LAZ931 合金中因含有较多第二相，且第二相尺寸相对较大，在深冷条件下变形时，LAZ931 合金以韧性断裂为主。图 7.32(a) 为未深冷轧制 3 道次拉伸后断口形貌，从图中能够看出拉伸后的断口形貌主要以大量韧窝结构为主，韧窝小而深。当进行深冷 4h 和 20h 轧制 3 道次的断口形貌可以看出，断口形貌与室温

(a) 0h　(b) 4h　(c) 20h

图 7.32　不同深冷时间下 LAZ931 合金轧制 3 道次断口形貌

轧制相差不大，深冷轧制后的断口处撕裂棱相对较多，表现为强度增加，塑性降低。

7.5 本章小结

本章主要针对双相镁锂合金在深冷处理及深冷轧制过程中微观组织及力学性能进行了研究，对深冷条件下的第二相析出行为进行了深入分析，并探讨了双相镁锂合金深冷变形机制。

经深冷处理后 LZ91 合金组织中的 α-Mg 相细化，随着深冷时间的延长，α-Mg 相逐渐成椭圆形，并伴随第二相析出。LAZ931 合金经深冷处理后 $MgLi_2Al$ 相向 AlLi 相发生转变，同时第二相数量有增多的趋势，且深冷处理过程中双相镁锂合金的晶粒发生了转动。

深冷处理能够明显改善双相镁锂合金的力学性能。其中 LZ91 及 LAZ931 合金经深冷处理 20h 后的抗拉强度分别为 199MPa 与 215MPa，屈服强度分别为 156MPa 与 132MPa，延伸率分别为 111%与 88%。

深冷轧制对于双相镁锂合金的强度提高有较为明显的作用。当累积变形量为 32%时 LZ91 深冷轧制合金的力学性能最好。室温轧制 LZ91 合金抗拉强度、屈服强度分别为 149MPa 与 98MPa，延伸率为 151%；经过深冷 4h 轧制及深冷 20h 轧制后的抗拉强度分别为 192MPa 与 169MPa，屈服强度分别为 135MPa 与 148MPa。

室温轧制 LAZ931 合金的抗拉强度、屈服强度分别为 187MPa 与 91MPa。当累积变形量为 24%时 LAZ931 深冷轧制合金的力学性能最好，经过深冷 4h 轧制及深冷 20h 轧制后，材料的抗拉强度分别为 246MPa 与 270MPa；屈服强度分别为 159MPa 与 191MPa。深冷轧制使合金内部产生大量的位错塞积以及形变能，同时基体中析出大量第二相，在变形中能够阻碍位错运动，使得合金的强度提高。

参考文献

[1] ASL K M, TARI A, KHOMAMIZADEH F. Effect of deep cryogenic treatment on microstructure,

creep and wear behaviors of AZ91 magnesium alloy [J]. Materials Science and Engineering A, 2009, 523 (1-2): 27-31.

[2] 李建广. 冷轧及深冷 Fe-32Ni 合金退火后的组织与力学性能 [D]. 秦皇岛: 燕山大学, 2021.

[3] 艾峥嵘, 于凯, 吴红艳, 等. 快速退火对深冷轧制 6063 铝合金组织性能的影响 [J]. 轻金属, 2021 (07): 37-41.

[4] HUANG Z, WEI J, HUANG Q, et al. effect of cryogenic treatment prior to rolling on microstructure and mechanical properties of AZ31 magnesium alloy [J]. Rare Metal Materials and Engineering, 2018, 47 (10): 2942-2948.

[5] 杨柱. 深冷处理对挤压态 ZK60 镁合金显微组织和力学性能的影响 [D]. 山东: 山东建筑大学, 2019.

[6] 夏雨亮, 金滔, 汤珂, 等. 深冷处理工艺及设备的发展现状和展望 [J]. 低温与特气, 2007, 25 (1): 4-8.

[7] 张旭, 何文超, 魏鑫鸿, 等. 深冷处理对 H13 钢组织和热疲劳性能的影响 [J]. 金属热处理, 2021, 46 (10): 81-85.

[8] 封源, 黎军顽, 谢尘, 等. 铣刀深冷处理过程中残留奥氏体演变的数值模拟 [J]. 材料热处理学报, 2014, 35 (S2): 230-235.

[9] 周龙梅. 深冷处理对 SDC99 冷作模具钢性能和微观组织的影响研究 [D]. 上海: 上海大学, 2017.

[10] 陈九龙, 鲁苏皖, 龚易恺, 等. 钢铁材料深冷处理的研究进展 [J]. 四川冶金, 2020, 43 (04): 2-8.

[11] 于良, 郑光明, 杨先海, 等. 深冷处理对 PCBN 刀具切削性能的影响研究 [J]. 中国机械工程, 2022 (20): 2450-2458.

[12] 胡文祥, 李建新, 史正良, 等. 深冷处理对合金铸铁组织及耐磨性能的影响 [J]. 金属热处理, 2021, 46 (07): 168-172.

[13] 段元满, 朱丽慧, 吴晓春, 等. 深冷处理时间对 M2 高速钢红硬性的影响 [J]. 材料研究学报, 2021, 35 (01): 17-24.

[14] 李敬民, 李凤春, 滕宇, 等. 深冷处理在 ZL204 铝合金中的应用 [J]. 金属热处理, 2021, 46 (01): 80-83.

[15] 孙梅, 熊能, 周永芳. 深冷处理对 Al-7Si-2Cu-0.3Mg 合金组织与力学性能的影响 [J]. 热加工工艺, 2020, 49 (10): 92-94.

[16] 郭春霞, 李智超. 深冷处理对 ZL109 组织与性能的影响 [J]. 热加工工艺, 2005 (10): 40-41.

[17] 李雪珂, 杨铁皂, 李炎粉. 深冷时间对汽车用 ZK60 镁合金组织与力学性能的影响 [J]. 热加工工艺, 2022, 51 (5): 1-3.

[18] 饶楚楚, 周明安, 兰叶深, 等. 深冷处理对 AZ91 镁合金组织与性能的影响 [J]. 轻合金加工技术, 2021, 49 (05): 66-71.

[19] 郭超凡. 深冷处理对 AZ31 镁合金组织及性能的影响研究 [D]. 吉林: 吉林大学, 2019.

[20] DONG N, SUN L, MA H, et al. Effects of cryogenic treatment on microstructures and mechanical properties of Mg-2Nd-4Zn alloy [J]. Materials Letters, 2021, 305: 130-699.

[21] 杨丽娟，吴红艳，高冠军，等．深冷轧制对 AA6069 铝合金组织和性能的影响 [J]. 轻合金加工技术，2018，46 (01)：14-19.

[22] 郭晓妮，黄慧强，龚殿尧，等．深冷轧制态 H65 黄铜板料抗拉强度的尺寸效应 [J]. 材料热处理学报，2017，38 (10)：23-28.

[23] 王豪．AZ31 镁合金板材低温塑性变形行为及机制研究 [D]. 哈尔滨：哈尔滨工业大学，2016.

[24] 任凤娟．冷轧变形及轧后退火对双相镁锂合金微观组织与力学性能影响研究 [D]. 重庆：重庆大学，2018.

[25] LIU H Y，YANG W，LI B，et al. Effect of cryogenic rolling process on microstructure and mechanical properties of Mg-14Li-1Al alloy [J]. Materials Characterization，2019，157：109903.

[26] 刘宏宇．深冷轧制和 Yb 合金化对 Mg-14Li-1Al 合金组织和性能的影响 [D]．哈尔滨：哈尔滨工程大学，2020.

[27] 刘观日，吴迪，姚重阳，等．航天运载器结构先进材料及工艺技术应用与发展展望 [J]. 宇航材料工艺，2021，51 (04)：1-9.

[28] 张家龙，卢立伟，康伟，等．轧后深冷处理工艺对 AZ31 镁合金板材组织和力学性能的影响 [J]. 塑性工程学报，2022，29 (02)：126-133.

[29] 张冠世．Mg-12Gd-4.5Y-2Zn-0.4Zr 合金大变形组织演变和力学性能研究 [D]. 太原：中北大学，2021.

[30] ZHANG M X，KELLY P M. Edge-to-edge matching and its applications：Part I. Application to the simpleHCP/BCC system [J]. Acta Materialia，2005，53 (4)：1073-1084.

[31] 周永丹，于艳涛．高速冲击作用下 20 钢加工硬化行为 [J]. 矿山机械，2021，49 (09)：55-60.

[32] 惠生猛，湛利华，徐永谦．塑性各向异性屈服准则对铝锂合金贮箱顶盖蠕变时效成形预测精度的影响 [J]. 塑性工程学报，2021，28 (12)：192-198.

[33] 宋晓．基于深低温变形制备高强塑纯钛过程中的形变孪生机理研究 [D]. 北京：北京科技大学，2020.

[34] 文璟．新型医用 β 钛合金的双级时效与低温轧制行为研究 [D]. 湘潭：湘潭大学，2016.

[35] 郭伟．商用变形镁合金的低温力学性能研究 [D]. 重庆：重庆大学，2016.

[36] 罗小萍．深度塑性形变对镁合金微观组织和强塑性影响研究 [D]. 太原：太原科技大学，2013.

（a）挤压态

（b）挤压退火态

彩图 4.9　Mg-3Li 板材的 EBSD 取向成像图

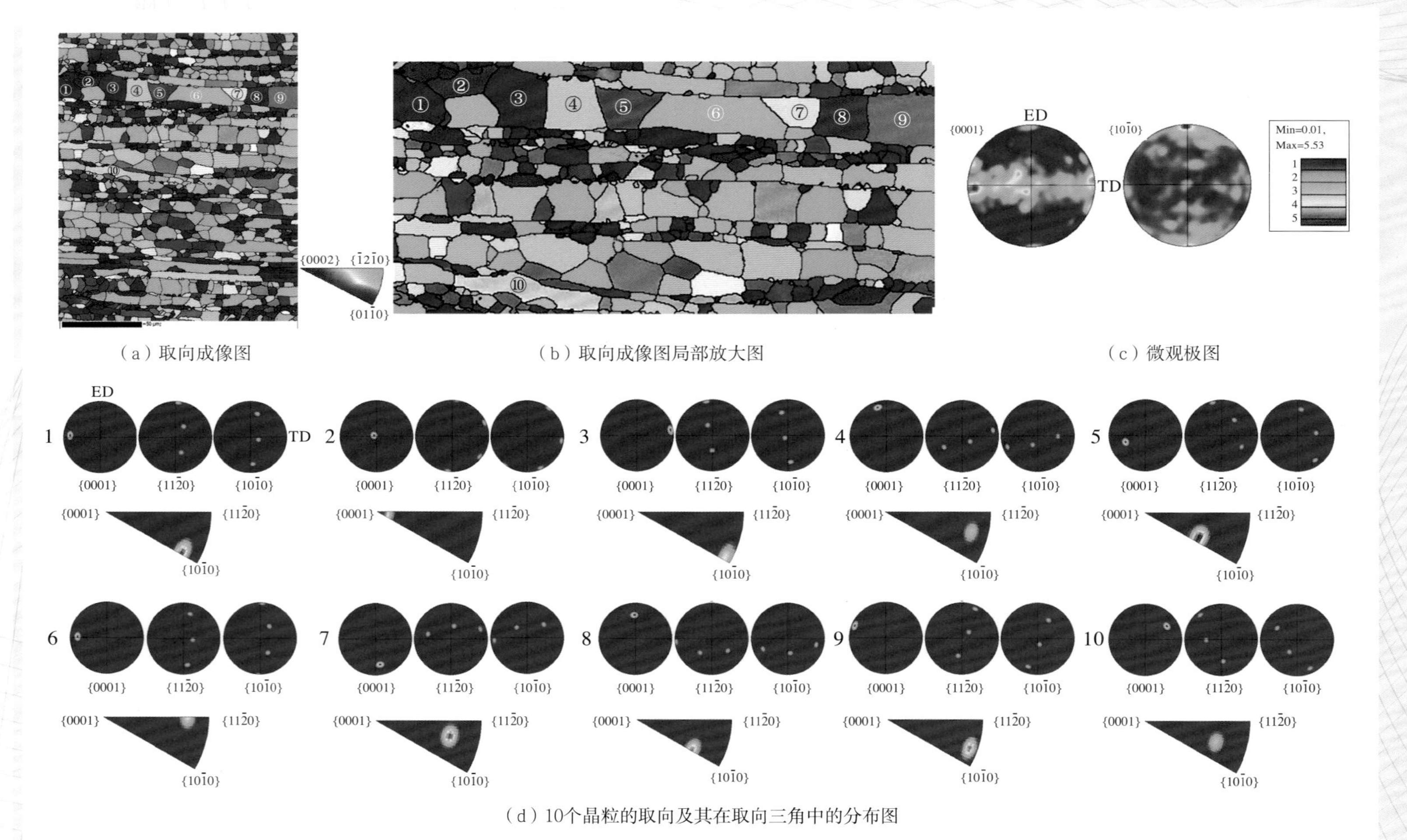

（a）取向成像图

（b）取向成像图局部放大图

（c）微观极图

（d）10个晶粒的取向及其在取向三角中的分布图

彩图 4.12　挤压态 Mg-3Li 板材的 EBSD 数据分析

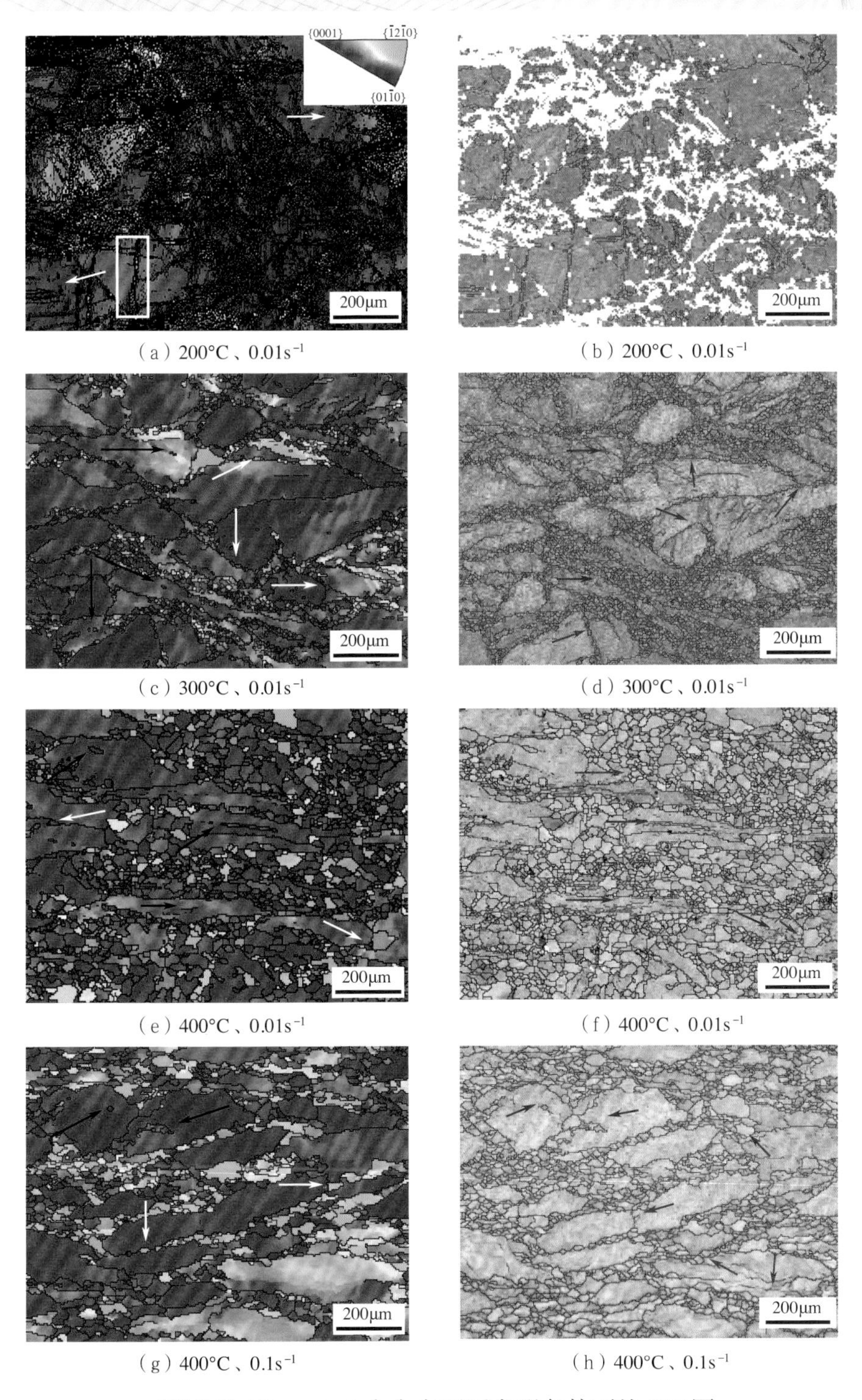

（a）200°C、$0.01s^{-1}$　（b）200°C、$0.01s^{-1}$

（c）300°C、$0.01s^{-1}$　（d）300°C、$0.01s^{-1}$

（e）400°C、$0.01s^{-1}$　（f）400°C、$0.01s^{-1}$

（g）400°C、$0.1s^{-1}$　（h）400°C、$0.1s^{-1}$

彩图 5.19　LA11 合金在不同变形条件下的 IPF 图 [（a）、（c）、（e）、（g）] 和晶界图 [（b）、（d）、（f）、（h）]

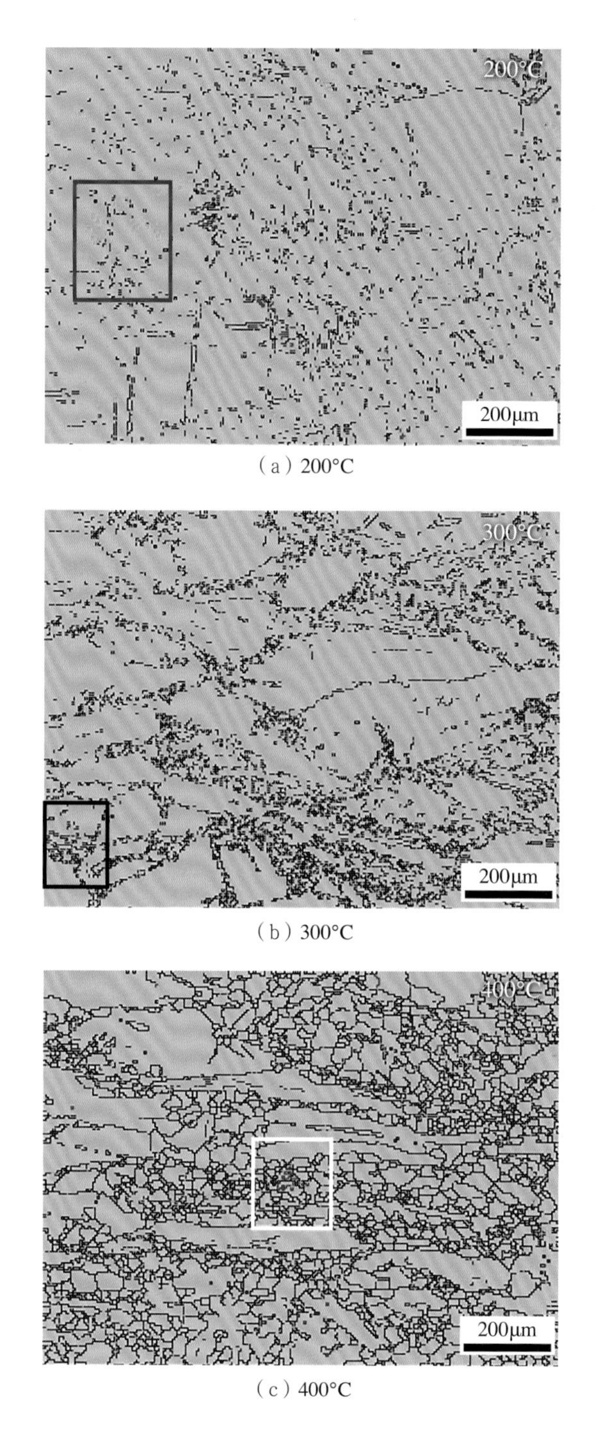

（a）200°C

（b）300°C

（c）400°C

彩图 5.20 LA11 合金在应变速率为 $0.01s^{-1}$ 时的晶界图

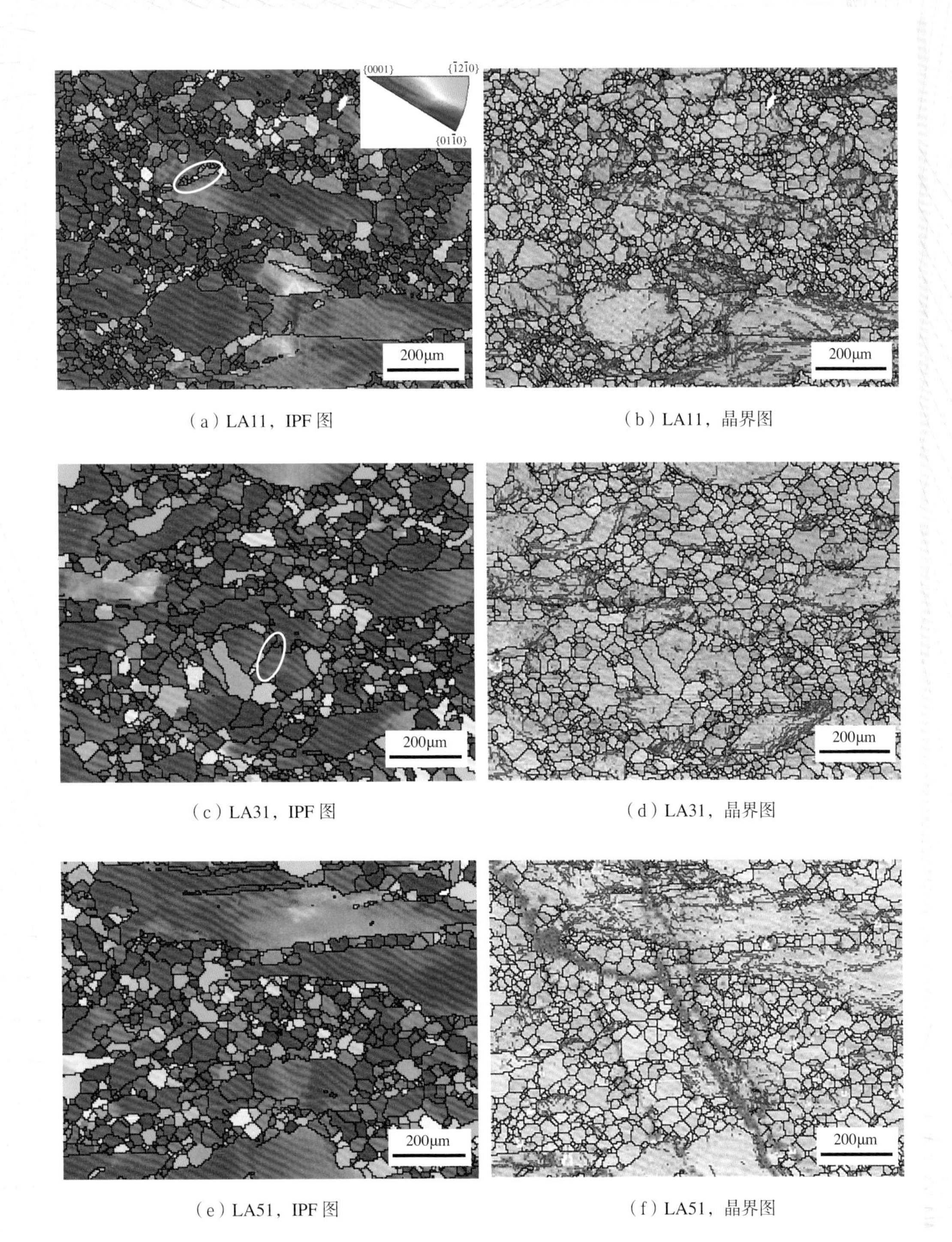

（a）LA11，IPF 图

（b）LA11，晶界图

（c）LA31，IPF 图

（d）LA31，晶界图

（e）LA51，IPF 图

（f）LA51，晶界图

彩图 5.21 Mg-xLi-1Al(x=1,3,5) 合金在 400°C、0.01s^{-1} 变形条件下的 IPF 图和晶界图

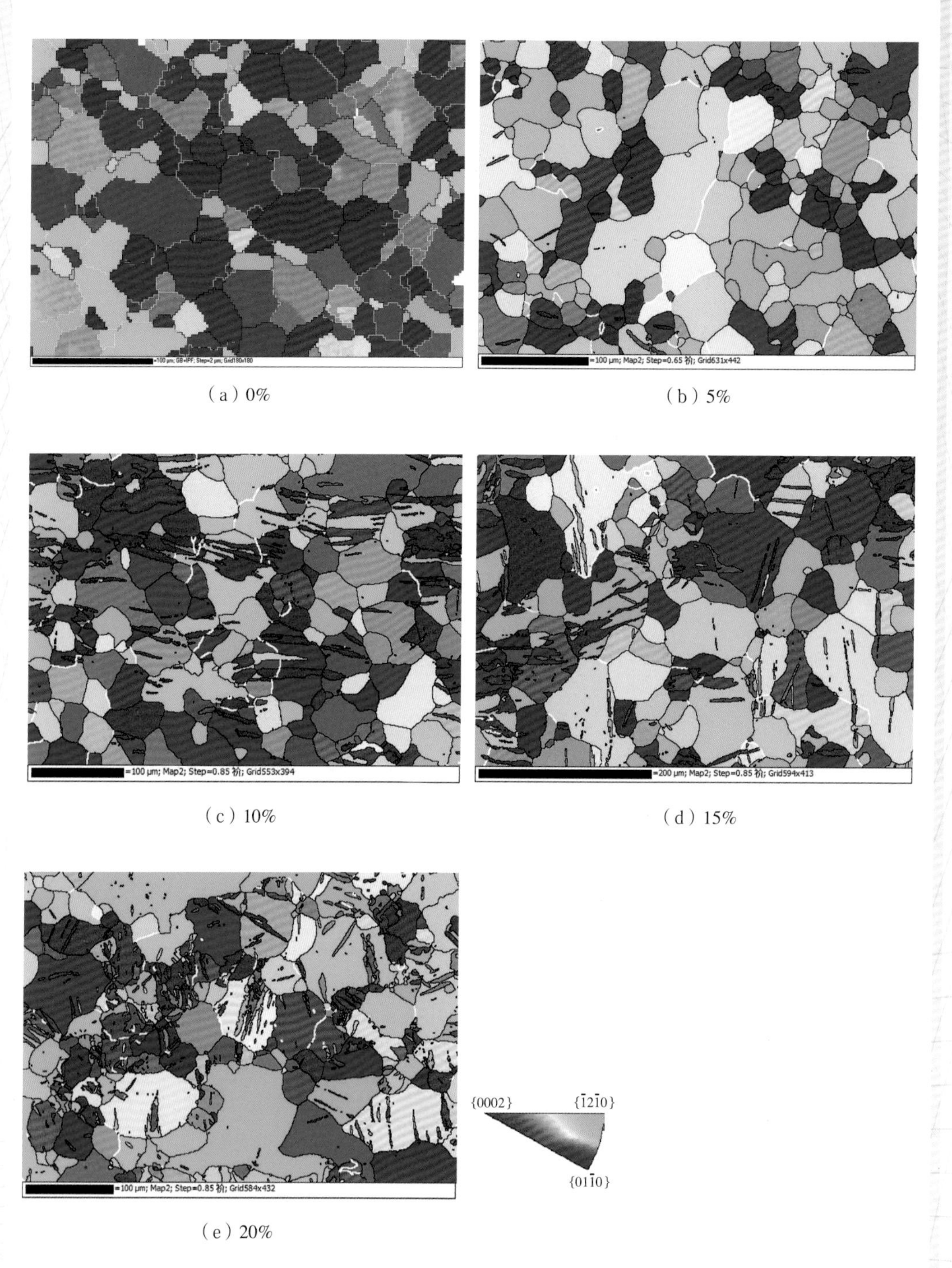

（a）0%　（b）5%　（c）10%　（d）15%　（e）20%

彩图 6.16　不同压下量 LAZ331 轧制板材的取向成像图

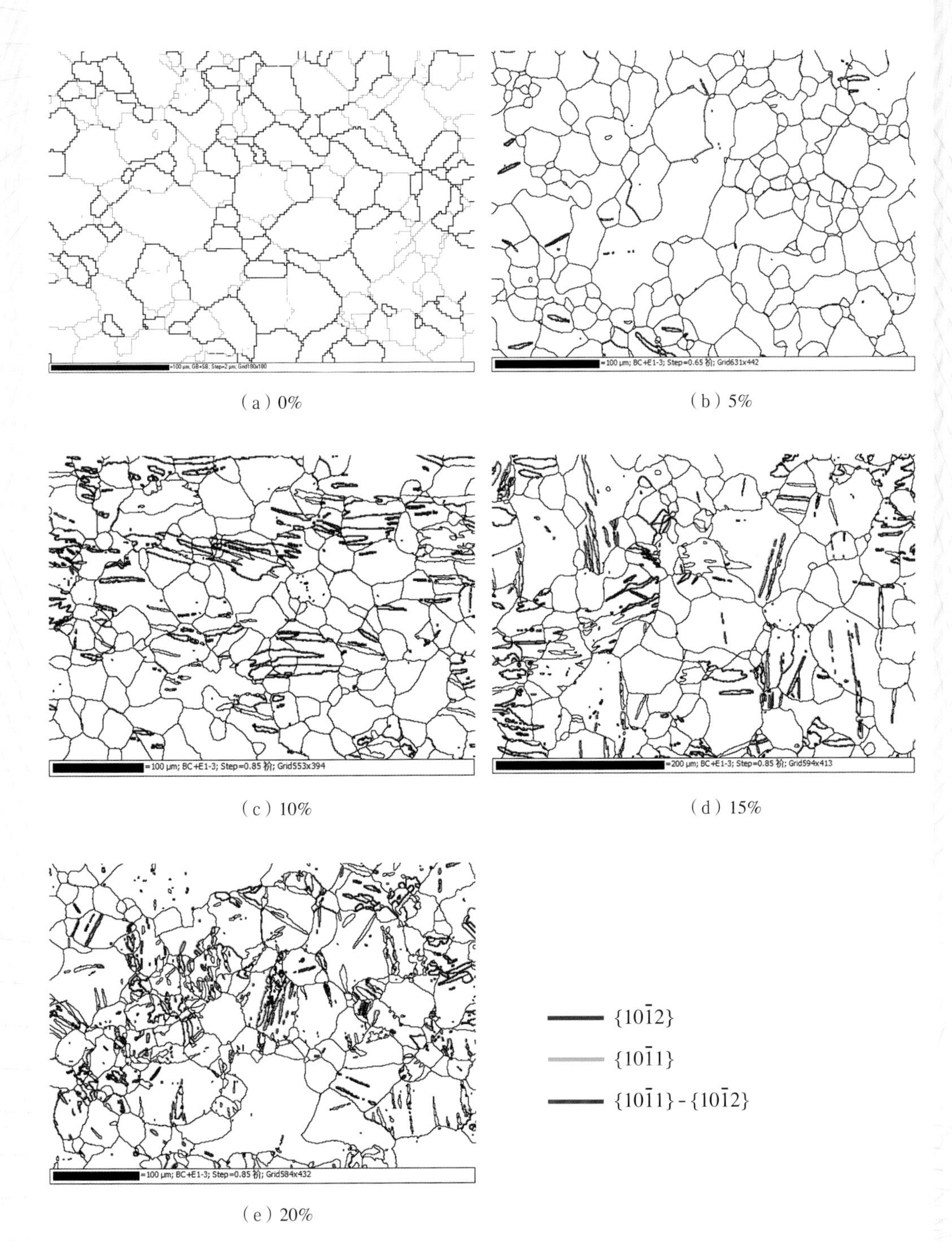

（a）0%

（b）5%

（c）10%

（d）15%

（e）20%

彩图 6.17 不同压下量LAZ331轧制板材的孪晶图

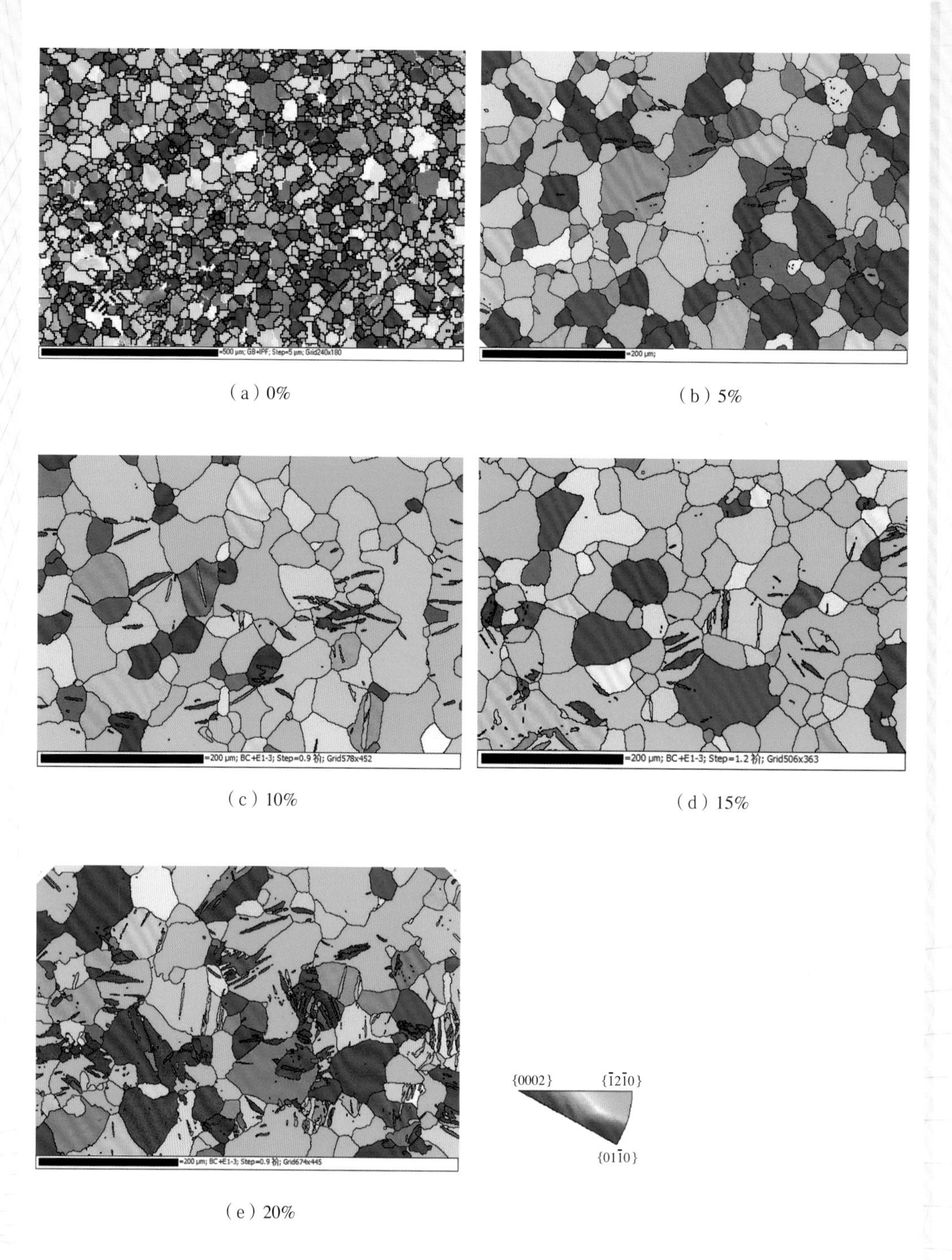

彩图 6.21 不同压下量 LAZ531 轧制板材的取向成像图